Chris de Stoop

Das ist mein Hof

Geschichte einer Rückkehr

Aus dem Niederländischen von
Birgit Erdmann

S. FISCHER

Dieses Buch wurde mit Unterstützung des Flämischen Literaturfonds
herausgegeben (www.flemishliterature.be).

Flemish
Literature
Fund

MIX
Papier aus verantwortungsvollen Quellen
FSC® C083411

Erschienen bei S. FISCHER

Die niederländische Originalausgabe erschien 2015
unter dem Titel »Dit is mijn hof«
im Verlag De Bezige Bij, Amsterdam / Antwerpen

Karte: Peter Palm, Berlin

Satz: Pinkuin Satz und Datentechnik, Berlin
Druck und Bindung: CPI books GmbH, Leck
Printed in Germany
ISBN 978-3-10-002545-6

Für meinen Bruder

»Ich habe mich ein bisschen umgesehen und herumgefragt«,
sagte Casy. »Was ist denn hier passiert?
Weshalb jagt man denn die Leute von ihrem Land?«
– John Steinbeck, *Früchte des Zorns*

Schore
's-Heerenhoek
Zandfort
Westerschelde
NIEDERLANDE
Hedwige-Polder
Prosper-Polder
Doel-Polder
Arenberg-Polder
Terneuzen
Antwerpen
Meerdonk
Verrebroek
Beveren
N
S
Sint-Niklaas
BELGIEN
Temse
Schelde
Lokeren
Bornem
Gent
Drongen
Willebroek
Wetteren
Schelde
Dendermonde
0
5
10 km

Inhalt

1.

Prolog

Hier stehen wir nun, mein Bruder und ich, am späten Nachmittag, tief im Schlamm, blau vor Kälte, und rufen die Kühe, »kommt, kommt, kommt«, während hinter uns plötzlich Kugeln auf das Stalldach prasseln. Instinktiv ducken wir uns und schauen uns um. Zwischen übervollen Wassergräben erstrecken sich vor uns die abgesoffenen Felder und Wiesen bis zum Horizont. Das einzig Ungewöhnliche, das wir hinter dem Zaun sehen, ist ein Bulldozer auf der anderen Seite der Weide.

Die älteren Kühe lassen sich willig zusammentreiben. Sie hören noch auf ihre Rufnamen wie Stampffuß, Spitzhorn oder Weißkopf, und sie kennen die Winterzeit im warmen Stall. Behäbig waten sie durch das Gatter in den Hof, vorbei an dem langen, frischen Mais-Silo, aus dem ein bittersüßer Geruch wie nasser Dampf in die Luft aufsteigt. Mit ihren dicken Hintern schwanken sie wackelnd und vor Zufriedenheit brummelnd in den Stall, geradewegs zum Trog, um Heu zu fressen.

Die sieben jungen Färsen mit den noch glänzenden orangefarbenen Chips in den Ohren lassen sich jedoch nicht einmal mit Stockhieben zu dem Gatter hinübertreiben, durch das sie im September zum ersten Mal, gemeinsam mit dem Zuchtbullen, auf die Weide gekommen waren. Mit den Armen fuchtelnd, scheuchen wir sie auf, rufen und zetern, rutschen aus und werden klatschnass. Im nächsten Moment drehen sie sich um und stürmen an uns vorbei. Laut muhend laufen sie in alle Richtungen davon. Und weil es schon seit unseren Kindertagen ausgemachte Sache ist, dass mein Bruder der Stärkere ist, aber ich der Schnellere bin, fällt es wie immer mir zu, hinter ihnen herzurennen.

Der Wind frischt auf, ich springe über die Grasbüschel am Rand einer Riesenpfütze, verliere mein Gleichgewicht und falle der Länge nach in den Schlamm. Erschöpft betrachte ich eine halbe Minute lang die großen Flächen, grau und schwarz, die sich über mir im Himmel ineinanderschieben. Wie oft wir das schon gemacht haben! Ich fand es immer großartig, gemeinsam mit meinem Bruder die Herde in den Stall zu treiben oder sie hinauszulassen. Dafür bekomme ich alle paar Jahre ein Rinderhinterviertel. Nicht von der besten Kuh, die viel Geld wert ist, sondern von der schlechtesten. Ich habe mir extra eine Kühltruhe gekauft und esse manchmal monatelang Rindfleisch, bis es mir zum Halse raushängt – was umso schneller geschieht, wenn ich die fragliche Kuh gut gekannt habe.

Indem wir den Weidezaun an einer anderen Stelle weit öffnen, gelingt es uns schließlich, die Färsen über einen Umweg zum Hof zu treiben – ein oft erprobtes Ablenkungsmanöver. Mein Bruder streut mit der Gabel Heu aus und lockt das Vieh so in den Stall. Als auch das letzte Tier hineingetrottet ist, schieben wir rasch den Riegel vor. Todmüde lehnen wir uns an die Stallwand, von der die untere Hälfte vom Mist ganz schwarz ist. Wir glänzen vor Schweiß und Dreck.

Auch wenn ich schon seit zwanzig Jahren nicht mehr rauche, drehe ich nun eine Zigarette, gemeinsam mit ihm. Eine dünne, denn er ist sparsam mit seinem Tabak und schaut mir auf die Finger. Wir rauchen und röcheln, ohne ein Wort zu sagen.

Das Vieh ist nun weg von der Weide, und nur der Bulldozer bleibt im Regen zurück, der allmählich in nassen Schnee übergeht. Drinnen zwischen den dampfenden Kuhleibern ist es behaglich. Aber dieses Mal plaudern wir nicht wie früher mit Befriedigung über die ganze Aktion, wärmen nicht endlos auf, wie heikel es gewesen ist und wie wild sie waren und wie viel Glück wir hatten, dass wir die Tiere wieder in den Stall bekommen haben, nein.

»Das mit der Landwirtschaft geht zu Ende«, sagt mein Bruder zum x-ten Mal mit einem Gesichtsausdruck zwischen Schrecken und Groll. »Sie wollen uns weghaben.«

»Noch lange nicht«, sage ich.

Wir schweigen wieder und blicken uns im Stall um, in dem sich an den verbogenen Rohren und rostigen Tränken der Verfall immer deutlicher zeigt. Die Kühe haben sich schon hingelegt, dicht beieinander, den schweren Kopf auf dem Bauch der nächsten Kuh. Sie sehen uns mit glänzenden Augen an. Ihr Atem steigt in Dampfwolken auf. Die jungen Färsen sind noch unruhig. Manchmal halten sie die Krätze nicht mehr aus und scheuern sich an den Wänden. Manchmal krümmen sie den Rücken und heben den Schwanz in die Höhe, um plätschernd zu pinkeln und zu scheißen. Es spritzt in unsere Gesichter.

»Brave Tiere«, sage ich verkrampft, um ihn einzuwickeln. »Ein schöner, in sich geschlossener und gesunder Betrieb für die Mutterkuhhaltung. Was will ein Bauer mehr?«

»Sie haben die Scheißerei«, sagt er, »und der Bauernhof läuft nicht mehr.«

Der Betrieb braucht eine neue Umweltgenehmigung, und mein Bruder fürchtet, dass der alte offene Misthaufen zum Problem wird, dass sie sagen werden, die Jauche sickere in den Boden, der Misthaufen sei nicht abgedeckt, die Nachbarn stören sich an dem Gestank. Und wie es mit der Ammoniakemission und der Stickstoffdeposition stehe?

Ich gehe hinaus zum Pinkeln. Nichts ist so entspannend, wie gegen einen Baum oder Strauch zu pinkeln, Eichel im Wind, eins mit der Natur, frei wie ein Vogel. »Die Blumen gehen davon kaputt, ihr Rotznasen«, rief Ma früher. Aber wir Rotznasen mit unseren pickligen Gesichtern taten es, um unser Territorium abzustecken, beim nächsten Mal wieder. Ich war vier, fünf Jahre alt, als mein Bruder mir grinsend vorschlug, auf den Weidedraht zu pinkeln. Ein klassisches, albernes Spiel unter Bauernkindern, das wusste ich wohl. Ein Stromstoß fuhr durch meinen Penis, als hätte der Blitz eingeschlagen.

Jetzt sitzt mein Bruder auf der niedrigen Mauer neben dem alten Schweinestall, seinem Lieblingsplatz, von dem man die Kühe sehen kann, sowohl im offenen Laufstall als auch auf der Weide hinter dem Obstgarten. So hat er im Auge, ob sie brünstig sind oder trächtig oder kurz vorm Kalben. Ich setze mich neben ihn. Zusammen betrachten wir die Tiere. Wie wir da so sitzen, übermannt mich wieder die Wehmut, die manchmal an mir klebt. Ein Gefühl, das viel mehr umfasst als nur Familie, es geht um den Hof und die Felder und die kleinen Wasserläufe, es geht um das Leben, das mit dem Land und der Luft zusammenhängt, es geht um all das Alte und Vertraute, das hier immer schon gewesen ist.

Ich überlege, wie schön es doch ist, mit so großen, gutmütigen Tieren zusammenzuleben, wie man es hier seit Menschengedenken macht, und ich frage mich, ob irgendwann, wenn alle Vegetarier sind, Fleisch im Labor gezüchtet wird oder der letzte Bauer ausgestorben ist, der Tag kommen wird, an dem wir uns nicht mehr vorstellen können, jemals tausend Kilo schwere Kühe als Haustiere gehabt zu haben. Und ob wir das bedauern würden.

Hinter uns im Gebüsch ertönt der heisere Ruf eines Fasans. Ein Vogelschwarm zieht über uns hinweg, sind es Kiebitze? Nein, Tauben.

Wieder fallen Schüsse. Ich springe auf und höre eine Ladung kleiner Schrotkugeln auf dem Wellblech aufschlagen. Ein scharfes, prasselndes Geräusch, als würde ein Eimer Murmeln über das Dach gekippt. Links und rechts fallen angeschossene Tauben vom Himmel, manche gurren noch, andere in Fetzen, durch einen kräftigen Kugelhagel am Flug gehindert.

Natürlich, es ist der Jäger, dieser komische Kauz. Vom Erlenhain aus schießt er auf Ringeltauben. Bekämpft er sie nicht, kann er für den Schaden, den sie anrichten, persönlich zur Rechenschaft gezogen werden. Ma hat ihn früher ein paarmal angerufen, wenn die Tauben im Gebälk des Kuhstalls ihre Nester gebaut und sich wie Ratten vermehrt haben. Sie scheißen alles voll, sogar die Kühe. Die zuvor braunen Gitter und Gatter sind dann weiß vor Taubendreck.

»Es ist eine Schande«, murre ich. »Ein Blutbad.«

Mit großen Schritten geht mein Bruder in das Haus, in dem er schon – bis auf das eine Jahr Militärdienst – sein ganzes Leben wohnt, das aber mit einem Mal anders aussieht und sich anders anfühlt. Jetzt herrscht hier ein Durcheinander. Krimskrams auf dem Tisch, schimmelige Teller im Spülbecken, Spinnweben vor den Fensterscheiben. Denn Ma, die immer für ihn gesorgt hat, liegt nun, festgeschnallt an ein Krankenhausbett, zwischen summenden und brummenden Apparaten. Ma war immer da, um zu reden, über das Wetter und das Vieh, über die Ernte und alle anderen Bauernfragen. Tatsache ist, dass er nun zum ersten Mal in seinem Leben allein ist. Und allein sein ist nichts für ihn, und noch weniger für Ma. Für mich schon, ich bin gut im Alleinsein. Aber er klagt nicht, er hat noch genug Tabak, und die Kühltruhe ist voll.

Regen und Wind peitschen um das alte Bauernhaus, die Dachrinnen klappern, die triefenden Sparren vor dem Fenster wanken und knarzen. Mein Bruder klopft mit dem Fingerknöchel gegen das Barometer, so wie Pa es früher getan hat. Die Nadel springt auf »schlechtes Wetter«. Auch der Wetterbericht im Radio sagt für die kommenden Tage viel Schnee und strengen Frost voraus. Dann könnten die Tränken der Kühe zufrieren, und er muss den Tieren tagelang Wasser mit dem Eimer geben. Es wird ein scheußlicher Winter.

»Eine normale Jahreszeit gibt es nicht mehr«, sagt er.

»Der Wettermann kann sich irren«, beschwichtige ich.

Wir sitzen am Ofen, wie eh und je, mein Bruder halb versunken in seinem schwarzen Ledersofa, eine Hand unterm Kinn, Rauch umhüllt den Kopf. Er tut mir leid.

»Ma ist kaputt«, sagt er. »Das wird nicht mehr. Die kommt nicht mehr wieder.«

»Das wissen wir doch nicht.«

Er drückt seine Zigarette aus und dreht sich sofort die nächste. Dann sagt er etwas, das sich eigentlich nicht bestreiten lässt. »Dies ist ein Familienbetrieb.«

Aber ich bestreite es doch. »Komm schon, das ist dein Hof. Schon seit Jahren.«

»Das ist unser Hof«, sagt er mit Nachdruck, als hätte er es vorher geübt.

»Ja«, gebe ich zu und stehe auf, »so ist es. Es ist ein Familienbetrieb.«

»Sag mal«, fragt er dann mit geschlossenen Augen, »wann fährst du wieder?«

»Übermorgen«, sage ich vorsichtig. »Nach Haiti. Wegen des Erdbebens. Schauen, wie die Kleinbauern dort überleben.«

Er mochte es noch nie, mein Gerede über Reisen. Als wäre schon das eine Form von Fahnenflucht. War es hier etwa nicht interessant genug?

Aber heute kommt kein Wort des Protests. Er nickt, geht nicht darauf ein. Wir sprechen fast nie über meine Welt, immer über seine. Unsere.

Und so lasse ich ihn zurück mit seinem eine Woche alten Stoppelbart, den nikotingelben Fingern und der Stirn voller horizontaler Falten, die aussehen wie Notenlinien. Als ich ins Auto steige, watscheln laut schnatternd ein paar Gänse über den Hof. »Da sind die Frostgänse«, sagte Ma früher. »Haltet euch an den Baumästen fest, denn es gibt Frost, dass es kracht.«

2.

Zaligem. Die Weite

Ich habe Ma auf die Toilette gesetzt. Wie ein lahmer Vogel sitzt sie auf der Schüssel, mit einem vor Sorge verzerrten Gesicht. Sie leidet an Konstipation, und wenn ich ihr das glauben soll, sind die Schmerzen schlimmer als bei meiner Geburt. Nach zehn vergeblichen Minuten bittet sie mich, sie in ihr Zimmer zu bringen.

»Der Bauernhof ist verloren«, sagt sie wieder. »Sechzig Jahre habe ich den Hof bewirtschaftet. Und das gerne.«

»Noch mit achtzig die Kälber versorgt«, sage ich.

»Tausende Kälber habe ich aufgezogen. Zehntausende Ferkel. Kühe gemolken. Jeden Tag den Entrahmer und die Melkmaschine gewaschen.«

»Und den Haushalt gemacht.«

»Getreidegarben binden, Kartoffeln lesen, Rüben jäten. In der brennenden Sonne. Im schlimmsten Regen. Bei jedem Wetter.«

»Kein Sitzfleisch besessen.«

»Ein Pferdezahn und eine Frauenhand stehen nie still, lautet ein Sprichwort. Ausgehen gab es nicht, die Tiere gingen immer vor.«

»Und die Kinder.«

»Bis zum Schluss habe ich mich um den Gemüsegarten

gekümmert. Jetzt kann ich nichts mehr. Nicht mehr laufen. Nicht mehr aufstehen. Mich nicht mehr waschen.«

Ma fasst sich an den Bauch. »Nicht einmal mehr auf die Toilette gehen.«

Sie sieht mir tief in die Augen. »Ich kann nicht einmal mehr weinen.« Sie hat fast all ihre Körperfunktionen eingebüßt, aber das findet sie im Moment das Schlimmste. Danach sehnt sie sich mit all der Kraft, die sie noch hat. Wieder weinen können.

Sie sitzt beim Balkon, mit Sicht auf die gewaltige Marienstatue auf der Spitze des Kirchturms, im Volksmund wegen der Unmengen an Blattgold Goldmarie genannt. Es ist jetzt ein paar Monate her, seit wir zum letzten Mal die Kühe in den Stall getrieben haben. Es hat tatsächlich starken Frost und Schnee gegeben und auch Ma ist nicht mehr auf den Bauernhof zurückgekehrt. Sie hat jetzt ein Zimmer im Pflegeheim *Het Hof*, das die Schwestern der Heiligen Familie in der Hofstraat in Sint-Niklaas leiten. Mit viel Wärme und Zuneigung wurde sie von den Nonnen und Pflegerinnen aufgenommen.

Ma, die nie eine Minute stillsitzen konnte, die immer Energie für zwei hatte, ist nun an einen Rollstuhl gefesselt. Die Osteoporose hat sie im Griff. Ihre Knochen sind nahezu entkalkt und brüchig wie Schilfrohr im Winter. Sie ist gestürzt und hat sich die Kniescheibe, die Hüfte und das Becken gebrochen. Mein Bruder hatte ihr an dem Morgen erst beim Ankleiden geholfen und danach die Kühe gefüttert. Als er wieder aus dem Stall kam, fand er sie auf dem Boden. Er hob sie hoch und rief den Doktor an. Als sie aus dem Haus getragen wurde, richtete sie sich auf und rief ihm zu: »Ich komme wieder.« Eine Operation an der Kniescheibe missglückte, und bei dem Rest hat man es gar nicht erst probiert. Nichts verheilt mehr.

»Ich habe seit heute früh alle offiziellen Dokumente zusammen«, sage ich.

»Und?« Sie sieht mich mit glasigen Augen an.

»Ich bin ab heute sozusagen Landwirt im Nebenberuf. Teilzeitbauer. Ich habe eine Firma, die ich auch *Het Hof* genannt habe. Ich habe eine Betriebsnummer und kann gleich anfangen.«

Das heitert sie auf. Um ihren Mund spielt ein schwaches Lächeln, das sie erst noch vergeblich zu unterdrücken versucht. Das erste Mal seit Monaten. »Du, der immer seine Nase nur in Bücher gesteckt hat. Und nun Bauer?«

»Ja, aber ohne viel Sachverstand.«

»Jede Kuh hat mal als Kalb angefangen.«

»Es ist ja nur für eine Weile, um alles zusammenzuhalten.«

Solange sie noch lebt. Das sage ich nicht, aber das ist der Plan. Ihren Bauernhof und das Land instand halten, zwischendurch schreiben, und endlich wieder in den Polder hinein.

Ma wimmert vor Bauchweh, sie muss dringend auf die Toilette. Ich schiebe sie ins Badezimmer. Als sie fertig ist, ziehe ich schnell mit geschlossenen Augen die Spülung. Kaum wieder beim Balkon sitzend, fragt sie besorgt nach der Farbe ihres Stuhlgangs. Ich bleibe ihr die Antwort schuldig.

»War es viel?«, fragt sie mit Nachdruck.

Ich schweige.

»Ich bin doch deine Mutter«, ruft sie. Lautlos fängt sie zu weinen an, ohne Tränen, aber mit zusammengekniffenen Augen und zuckenden Schultern.

»Ja, Ma, es war viel. Sehr viel, Ma. Es war enorm, Ma.«

»Geh schon«, sagt sie leise und erleichtert. »Geh zu unserem Hof.«

***

Wenn ich auf dem Weg zum Polder bin, werde ich zum Schrecken der Straße. Sobald die Mauern der Bürogebäude und Firmengelände, die Lastwagenkolonnen mit ihren Containern, die Verkehrsknotenpunkte von Bahn und Schnellstraßen im Hafengebiet hinter mir liegen und ich die Ausfahrt beim Polderhuis nehme, überkommt mich große Freude und Aufregung. Auf dem Schlängelweg durch Verrebroek und Meerdonk bis nach Sint-Gillis nehmen meine Augen alles begierig auf: Felder und Weiden, Grachten und Deiche. Sie haben meine ganze Aufmerksamkeit genau wie die toten Bauernhöfe, die kaputten Stallungen und die aufgerissenen Scheunen. Wie andere Männer Frauen hinterherschauen, so schaue ich sanftmütigen Kühen und wuchtigen Traktoren nach – bis ich von der Straße abkomme und mit einem Rad in einer Böschung oder im Graben lande.

Woher bloß kommt das Verlangen, das diese Landschaft in mir hervorruft? Was ich sehe, ist für mich offensichtlich von großer Wichtigkeit. Weil sie mit mir und meiner Familie zu tun hat? Sofort bin ich wieder Teil von ihr, auch wenn ich schon seit meiner Studentenzeit weg bin. Dann kommt das Polderkind in mir hoch. Dann breitet sich wieder diese Weite in mir aus.

Sehe ich den Zaligempolder, in dem ich aufgewachsen bin, vor mir liegen, ist der Höhepunkt erreicht. Ich genieße es, unser Feld zu begutachten, unter dem das Kloster liegt, das diese Gegend vor knapp tausend Jahren urbar gemacht hat. Und ich genieße es, auf unseren Hof in der Kemphoekstraat zu fahren. Das große blaue Tor mit den weißen Gitterstäben lässt sich quietschend öffnen. Der Briefkasten, eine Milchkanne mit ausgefrästem Schlitz, ist voll mit Werbebroschüren. Der riesige Nussbaum, der zweihundert Jahre wie ein Wachposten neben dem Tor gestanden hat, wurde vor ein paar Jahren gefällt. Er war krank und morsch, und die Feuerwehr beanstandete seine überhängenden Äste. Das tat weh, denn es erschien wie eine Vorahnung vom Ende des Landwirtschaftsbetriebs.

Der Bauernhof hat sich seine traditionelle Hufeisenform bewahrt. Das längliche Wohnhaus steht abgewandt in einiger Entfernung von der Straße. Die Fassade zeigt Richtung Süden, um möglichst viel Sonne einzufangen. Dem Haus gegenüber steht eine gewaltige Scheune, die fast fünfzig Meter lang und zehn Meter hoch ist, mit einem großen Satteldach aus fünftausend roten Ziegeln, grün gestrichenen Toren, Türen und Fensterläden. Eine identische Scheune hat einmal im rechten Winkel zum Haus gestanden, wurde aber bei einem schweren Sturm zerstört und durch eine moderne Lagerhalle ersetzt. Die Straßenseite des Gehöfts ist offen und wird nur von einer dichten Ligusterhecke abgeschirmt, die immer grün und voller Vögel ist.

Ich mache den Ofen sauber, damit er wieder richtig zieht. In seinen Boden haben sich Ruß und Asche eingebrannt. Mit Genugtuung registriere ich, wie mir die Glut ins Gesicht schlägt und wieder Rauch aus dem Schornstein steigt. Der Ölofen steht in einem großen, flämischen Kamin mit schwarzer Holzeinrahmung und gemauerter Innenwand. Vor langer Zeit ist es noch ein offener Kamin gewesen. Als ich klein war, stand hier ein »Löwener Ofen«, ein gusseiserner Ofen, der nicht nur dazu diente, das Haus zu beheizen, sondern auf dem man auch kochen konnte. Abends saßen wir alle um ihn herum, die bestrumpften Füße unter dem glühenden Rohr. Dieser Platz war das Herzstück des Bauernhofs und der Familie, und er ist es noch.

Neben dem Kamin gibt es zwei gefirnisste braune Türen. Die linke führt hinunter zum Gewölbekeller, einer düsteren, feuchten Welt, wo noch immer das Pökelfass steht, in dem früher das gesalzene Fleisch aufbewahrt wurde. Auf dem Regalbrett über der Kellertreppe liegen noch einige Päckchen Tabak von meinem Bruder. Außer den Hosenträgern meines Vaters finde ich dort auch die alte, rostige Haarschneidemaschine, die bei mir einen kleinen Erinnerungsschock auslöst.

Die rechte Tür führt zur *Voute*, dem immer klammen und kühlen Zimmer im Halbgeschoss über dem Keller, in dem mein Bruder und ich geschlafen haben. Durch die aus dem Keller aufsteigende Feuchtigkeit hatten wir im Winter Eisblumen an den Fenstern. Manchmal legten wir einen erhitzten und in Zeitungspapier gewickelten Backstein ans Fußende, der noch lange Wärme verströmte. Dann lagen wir unter einem Berg aus Decken, die Füße an dem heißen Stein, sicher in unserem stinkenden Nest, und schütteten uns aus vor Lachen, weil mein Bruder wieder irgendwelchen Unsinn verzapfte oder schlüpfrige Bemerkungen machte.

Morgens stand Ma an der Treppe zu unserem Voutezimmer und sang »Auf-wachen, auf-wachen, Zeit zum Weitermachen«, mit Betonung auf der ersten Silbe, die Stimme höher beim Wort »weiter«, dann wieder tief. Ohne Ma hätten wir unsere Abschlüsse nie geschafft. Es war Ma, die uns studieren schickte, und es war der Bauernhof, der uns das

Studium finanzierte. Wenn Ma sang, sprangen wir aus dem Bett und wuschen uns im Hinterhaus an der Pumpe. Mit den Händen formten wir eine Schale, füllten sie mit kaltem Wasser, und wie Spatzen in einer Pfütze tauchten wir die Gesichter hinein. Meistens war das Wasser aus der Pumpe klar, aber manchmal war es trüb und hatte einen unangenehmen Geruch. Ab und zu glitten Schnecken durch den Ausguss. Wasserleitungen wurden zuerst in den Ställen verlegt und später dann im Wohnhaus.

Pa, ein nüchterner, starker Mann, war nicht so sehr ein Kopfarbeiter, sondern vielmehr für die praktischen Dinge begabt. Am Küchentisch packte er uns und setzte uns verkehrt herum auf die Stühle, die Rückenlehne vor der Brust. Dann holte er zu unserem Grauen die Haarschneidemaschine aus dem Schrank. So ein mechanisches Ding, das noch wie eine Schere zusammengedrückt wurde. Es tat weh, weil die Haare immer zwischen den Zähnen der Maschine stecken blieben. Mein Bruder, gut drei Jahre älter als ich, wehrte sich am heftigsten, aber da war nichts zu machen. Mit ein paar schnellen, kräftigen Bahnen schor Pa uns so gut wie kahl. »Bürstenschnitt«, lachte er.

In jenen langhaarigen Zeiten schämten wir uns zu Tode, und zogen uns, wenn wir zur Schule radelten, die Mützen tief über die Ohren. Ausgelacht wurden wir trotzdem. »Stachelschweine« war noch eine der freundlicheren Beschimpfungen. Der schlimmste Spötter wurde eines Morgens vom Flachskopf, einem leicht aufbrausenden Lehrer mit blondem Haar, mit der flachen Hand so heftig geschlagen, dass er gegen die Wand rumpelte. In jener Zeit brauchte man auf dem Land noch keine Pillen, um überdrehte Kinder zur Ordnung zu rufen. Ma schlug uns nie, Pa jedoch erteilte uns schon manches Mal die Absolution mit einer schallenden Ohrfeige.

Und jetzt räume ich das Gerümpel im Wohnzimmer auf, schrubbe den Fußboden, fege die Spinnweben von Wänden und Fenstern. Früher hat es noch eine extra »gute Stube« an der Vorderseite gegeben, in der man fast nie sitzen durfte, außer wenn wir Besuch hatten oder ein Fest ausgerichtet wurde. Aber vor langer Zeit wurde die Zwischenwand eingerissen, und so entstand ein einziger großer Wohnraum. Licht fällt von allen Seiten durch die Fenster. Mit nur einer Kopfbewegung blickt man auf den Hof, den Blumengarten, die Straße und die Felder.

Die mit Holzplatten und -brettern verkleidete Decke wird von einem schweren Mutterbalken getragen, ein vollständiger, grob gesägter und schwarz verräucherter Baumstamm. Kopfüber erkennt man die Knorren und Risse in der uralten Eiche. Wenn es lange und stark regnet, tropft manchmal Wasser durch seine Ritzen.

Ich drehe den Ofen auf die höchste Stufe. Ich sitze auf dem schwarzen Sofa, auf dem mein Bruder immer gesessen hat, blicke über den nassen Hof und höre den Vögeln draußen zu. Ein paar Dohlen machen im alten Kirschbaum Rabatz. Eine Amsel zwitschert hoch und hell auf dem Scheunendach. Und hinter dem Kippwagen scharrt piepsend ein einbeiniges Teichhuhn.

Ich genieße die Wärme. Ich fühle mich wie damals. Ich bin wieder da.

***

Auf unseren Bauernhof waren wir alle mächtig stolz, besonders aber auf den großen Misthaufen, der den Mittelpunkt bildete und die anderen Bauern vor Neid erblassen ließ. Je mehr Mist, umso mehr Kühe im Stall, desto mehr Ertrag auf den Feldern. »Mist ist der Gott der Landwirtschaft«, hat man früher gesagt. Und: »Wer nicht mistet, vermisst.« Eine Quelle des Reichtums also, und wenn man bedenkt, dass eine tüchtige Kuh einige Dutzend Kilo Mist am Tag produzieren kann …

Auch jetzt ist dort wieder ein meterhoher Misthaufen, noch bevor ich teils mit Traktor und Frontlader, teils mit Schaufel und Gabel die Kuhställe gesäubert habe. Der Mist ist fast versteinert. Offenbar wurde viel Mais verfüttert, das sorgt für dicke, trockene Scheiße, die manchmal die Roste und Ablaufrinnen verstopft. Wenn die Kühe nur Gras fressen, ist der Mist weich und grün. Den Gestank merkt man kaum, wenn man damit aufgewachsen ist. Ein alter Knecht hat mir einmal, nachdem er die Senkgrube entleert hatte, schelmisch einen Becher vor die Nase gehalten. »Probier mal, ist wie Likör. Elixir d'Anvers.«

Alles ist so vertraut, so normal, wie Wasser und Brot. Hier finde ich Ruhe, komme zu mir, fühle mich verbunden mit dem Mist und den Boxen und den Trögen und den anderen Dingen um mich herum. Die Welt, die ich hinter mir gelassen habe, muss warten. Ein leidenschaftliches Verlangen nach dem einfachen und rudimentären Leben treibt mich nun an, ohne Internet, Smartphone oder soziale Medien. Bin dann mal offline. Aber ein befreundeter Journalist hat kürzlich auf Twitter von mir berichtet. »Ich twittere, und mein Freund sitzt auf der Mistkarre. Zwei verschiedene Welten.« Stimmt das? Ein Traktor fährt heutzutage auch mit GPS, und es gibt bereits Apps, um die Mistkarre zu programmieren.

Auf dem Hof gab es immer Leben, Menschen, Tiere, Maschinen. Doch nun ist all das Leben weg, seitdem mein Bruder gestorben ist. Die Ställe wurden nach seinem Tod von einem Tag auf den anderen leergeräumt. Wir konnten die Tiere nicht länger versorgen. Sie wurden von einem Viehhändler abgeholt, auch wenn Ma das nicht gewollt hat. Ich war auf Haiti. Das Kettenrasseln und das Hufschaben aber habe ich noch immer im Kopf, auch wenn mittlerweile die einzigen Tiere zwischen den weißgekalkten Mauern und schwarzgeteerten Planken die Tauben sind, die im Dachfirst brüten, und die beiden roten Kater, die Mäuse und Ratten jagen. Es sind die halb verwilderten Hofkatzen meines Bruders, die sich nur von ihm haben streicheln und liebkosen lassen. Ma wollte die beiden Kater nicht im Haus haben, nachdem sie die Nachgeburten auf dem Misthaufen gefressen hatten. Der saftige Mutterkuchen oder »Hausputz«, wie wir es nannten, ist offensichtlich ihre Lieblingsspeise gewesen.

Die Schufterei im Mist erschöpft mich schnell. Schwere körperliche Arbeit ist immer schon eher die Sache meines Bruders gewesen. Aber die Bewegung und die frische Luft tun mir gut, die Arbeit ist befriedigend und lenkt mich ab. Wie bei einer Meditation leert sich der Kopf. Man konzentriert sich auf die Wiederholung der Handlungen. Mit Gabel oder Schaufel in den Mist stechen, die Klumpen und Stücke herausziehen und aufschaufeln, auf die Schubkarre klatschen, Hunderte, wenn nicht Tausende Male hintereinander. Bis man eins wird mit der Mistgabel. Bis an den Händen die Blasen brennen.

Ein Räuspern hinter dem Kipplader. Ich erschrecke. Es kommt vom Pfarrer, ein alter kranker Hirte, der noch immer seine Schäflein besucht, sogar die Schäflein, die schon lange vom Weg abgekommen sind.

Unwillkürlich muss ich an den Priester denken, der mich, den kleinen Jungen, sonntagnachmittags immer abholte, weil er so großen Wert auf meine Gesellschaft legte. Ma gab mich ihm vertrauensvoll mit. Von der Hecke aus winkte sie mir nach. Ach, Ma.

»Ah, auf der Suche nach Inspiration für ein neues Buch?«, lacht der Pfarrer, der selbst gerade ein religiöses Buch in sehr honorigem Ton geschrieben hat. »Sie erbarmen sich Gottes Schöpfung?«

»Eher dem Schöpfen der Scheiße«, sage ich kindisch, und zwinge meinem Mund ein Lächeln ab, um meine Verwirrung zu verbergen.

»Wie geht es Ihrer Mutter? Ihr Wegzug ist ein großer Verlust für unseren geprüften Landstrich. Wie verarbeitet sie die Rückschläge?«

»Sie verarbeitet sie nicht, sie verdrängt sie.«

»Das ist oft der einzige Ausweg aus den Sorgen.«

Ich bitte ihn nicht hinein, biete ihm keinen Likör an, kein Elixir d'Anvers. Ich bleibe verlegen in der Kuhscheiße stehen, in meinen schlabbrigen, verdreckten Kleidern und in Stiefeln, die unübersehbar ein paar Nummern zu groß sind. Ich wische mir die Hände an den Hosenbeinen ab.

»Sagen Sie ihr, dass ich für sie bete und sie nach Pfingsten besuchen komme.«

»Ja, tun Sie das. Sie wird sich darauf freuen.«

Später, als ich am Ofen sitze, bekomme ich zum zweiten Mal Besuch. Es klingelt an der Haustür, was selten geschieht. Bei Bauern kommt man durch die Hintertür und ruft »liebe Leute« oder so etwas. Zwei mir unbekannte Männer stehen auf der Auffahrt. Der eine erweist sich als Landvermesser, der andere stellt sich als der neue Nachbar vor. Er hat das

Grundstück hinter unserer alten Scheune gekauft und fängt nächsten Monat mit dem Bau einer Villa an. Aber aus seinem Vermessungsplan geht hervor, dass die Grenze um eineinhalb Meter verlegt werden müsste. Ob das noch schnell geregelt werden könnte.

»Der Bauernhof in seiner heutigen Form ist mindestens zweihundert Jahre alt«, sage ich, »und meines Wissens hat noch nie jemand die Grenzen angefochten.«

»Und doch ist es so«, sagt der dicke Landvermesser, der mich ansieht wie eine Amsel einen Wurm. »Es wurde nachgemessen. Mein Klient hat das Recht, sich den Grund einseitig anzueignen.«

»Bestimmt nicht«, erwidere ich. »Dann rufe ich die Polizei.«

»Und wer gibt mir das Geld für die verlorenen Meter zurück?«, ruft der Nachbar. »Ich habe sie teuer bezahlt.«

»Gehen Sie doch vor Gericht.«

»Und wie lange wird sich das hinziehen?«, schnauzt er. »Soll ich denn warten, bis uns die Dachziegel auf die Köpfe fallen? Ich sehe doch jetzt schon einen Riss in der Fassade.«

Mein Bruder, so fällt mir ein, hat eine schriftliche Beschwerde bei der Gemeinde eingereicht, nachdem der Nachbar eine Baugenehmigung beantragt hatte. Er hat sich gefragt, ob es überhaupt machbar sei, ein Haus in drei Meter Entfernung einer jahrhundertealten Scheune zu bauen, ohne dass diese Schaden nehmen würde. Zudem sei sicher auch zu erwarten, dass sich die neuen Nachbarn binnen kürzester Zeit über die Lärm- und Geruchsbelästigung von den Rindern beschweren würden. Die Gemeinde sah darin kein Problem und wies die Beschwerde ab.

Ich befehle den beiden Männern, unseren Hof unverzüglich zu verlassen, was sie nicht ohne weiteres tun. Ich höre mich daraufhin Kraftausdrücke und Flüche aussprechen, die ich nie in mir vermutet habe. Ich schätze mich glücklich, dass der Pfarrer nicht mehr in der Nähe ist.

In der Abenddämmerung gehe ich hinter dem Haus durch unseren Obstgarten. Die Obstbäume sind schon lange gerodet. Nur eine schiefe Pappel als Grenzpfahl und die große Stechpalmenhecke als Trennlinie sind stehengeblieben. Hier war immer ein Loch in der Hecke, durch das wir uns mit den beiden Söhnen unserer früheren Nachbarn verbrüdern konnten, die in unserem Alter waren. Hier ritten wir auf den Rücken von weißen Schweinen durch die Bäume. Es war die Zeit von *Bonanza* und anderer Westernfilme im Fernsehen. In der Gracht hinter dem Obstgarten, die später zugeschüttet wurde, fingen wir Kaulquappen und Salamander. Blutegel saugten sich an unseren Beinen fest. Wir holten Maikäfer aus der Hecke, suchten Kiebitznester auf der Weide und kannten den Polder wie unsere Westentasche.

Es war ein bedeutsames Ganzes, in dem alles seinen Platz hatte. Menschen und Tiere und Gebäude passten noch in die Landschaft. Heute aber scheint nichts mehr zu stimmen.

Hinter dem Obstgarten ohne Bäume und der Weide ohne Kühe haben die Arbeiten mächtig Fortschritte gemacht. Vor ein paar Monaten konnte ich noch bis zum Horizont blicken, aber nun wird mir die Sicht von einem gigantischen Tomatenbetrieb mit riesigen Lagerhallen, Vorratstanks, Wasserreservoiren und einem Industriegebäude mit Rohrsystemen und Schornsteinen genommen. Rechts von unserer mittlerweile umzingelten Weide ist ein komplettes Möbelparadies entstanden, das sich immer weiter ausdehnt. Und dahinter verläuft die Nationalstraße, die ein Stück vom Zaligempolder abgeschnitten hat. Und dann noch der Windturbinenpark, der in den kommenden Monaten entstehen soll …

Die Weite ist weg. Definitiv weg, so definitiv wie der Tod. Und wenn die Weite aus der Sicht verschwindet, verschwindet sie auch aus dem Kopf. Dann sieht man das vollständige Ganze nicht mehr.

Wie endlich der Horizont jetzt ist.

Neben dem neuen Treibhauskomplex steht eine mobile Toilettenkabine der Firma *Toi Toi.* Heutzutage fangen die Arbeiter kein Projekt mehr an, wenn sie ihre Notdurft nicht in Ruhe verrichten können. Als wäre dies die Krönung nach zweihundert Jahren Arbeitskampf. Wenn man irgendwo im Feld ein pastellfarbenes WC-Häuschen stehen sieht, weiß man sofort, dass bald auch die Bagger folgen. Fährt man im Waasland durch die Polder, trifft man nun überall auf diese Dixi-Klos.

***

Am nächsten Tag spaziere ich im Zaligempolder umher. Ich atme auf. Immer wenn ich hier bin, breitet sich Gelassenheit und Ruhe in mir aus. Der Wind verjagt schlechte Gedanken und bietet Trost. Nichts außer den Feldern, den Wasserläufen, den Tieren existiert noch für mich. Doch bis auf die wenigen Bauern, die nach wie vor das Privileg haben, hier ihre Landwirtschaft betreiben zu dürfen, redet niemand mehr von Zaligem. Aber über die Saleghemkreken, ein Gebiet mit kleinen und großen Flussläufen. Die alten geschichtsträchtigen Namen werden heute von »den Grünen«, wie sie hier immer noch genannt werden, instand gehalten.

Die Sonne kämpft sich durch die Wolken. Sie legt einen feuchten Glanz über den Polder. Die meisten Äcker sind schon gepflügt, bis auf unsere, die als Stoppelfelder daliegen. Unwillkürlich inspiziere ich die Äcker der anderen Bauern, wie ein Metzger, der die Würste seiner Kollegen begutachtet. Die Furchen verlaufen kerzengerade bis zum Wasserlauf. Das ist nicht weiter schwer für einen mit GPS ausgerüsteten Traktor, aber doch immer wieder schön anzusehen. In einem der Gedichte, die man nun auf den Schildern im Polder lesen kann, heißt es: »Sie rühren mich, die frisch gepflügten Äcker: die Seele der Erde bloßgelegt.«

Es kann hier sehr einsam sein. Früher hat man überall Bauern bei der Arbeit gesehen, aber heute reicht ein Mann mit ein paar großen Maschinen, um mit dem ganzen Polder fertig zu werden. Die Zeit der krummen Rücken ist vorbei. Ich hebe die Hand zu einem kolossalen, selbstfahrenden Miststreuer mit Injektionsschläuchen. Heutzutage muss die Jauche nämlich direkt in den Boden injiziert werden, damit sie nicht in Bäche und Wasserläufe geschwemmt werden kann. Ein Falke setzt zum Flug an und schnellt wie eine Rakete auf seine Beute zu. Hier kreisen nun immer Raubvögel, sogar über den Schnellstraßen, was in meiner Jugend undenkbar gewesen ist. In den vergangenen Jahren wurden in der Gegend einige Bussarde vergiftet.

Wenn ich der Nationalstraße den Rücken zukehre, sieht der Zaligempolder in vielerlei Hinsicht noch so aus wie früher. Es ist eine Landschaft, in der Land, Himmel und Wasser auf fließende Weise zusammenkommen. Die Gleise für den Güterverkehr, die quer über unsere Äcker verlaufen sollten und schon vor Jahren geplant waren, sind glücklicherweise noch nicht verlegt. Und überall stehen Schilder der Naturschutzvereinigung *Natuurpunt*, die die Saleghemkreken verwaltet. »Ruhezone: nicht betreten«, steht auf einem Schild, das mitten im Polder beim langen Schilfsumpf steckt. »Pst … nicht stören.« Doch der Verkehr auf der Nationalstraße, viel dichter als noch vor zehn Jahren, stört sich nicht daran.

Ich klettere auf den Groene Dijk und sehe ein Schild vor dem Tannenwald: »Genießen Sie dieses Stück Natur.« An den Wegesrändern wachsen überall Disteln und Brennnesseln, die ihre Samen im Wind ausschütten. Ich muss ungefähr acht Jahre gewesen sein, als ich auf diesem gerade frisch angepflanzten Tannenacker einen kleinen Baum aus der Erde riss. Wir hatten zu Hause nie einen Weihnachtsbaum, in jenem Jahr aber dann schon. Da ich mich nicht traute, mit meiner im Jutesack versteckten Beute die Kemphoekstraat entlangzulaufen, schlich ich über die Felder, sprang über Wassergräben und kroch durch Stacheldraht, um zu unseren Ställen zu gelangen. Dann stellte ich den Baum unter die Kuckucksuhr und schmückte ihn mit aus Einschlagpapier geschnittenen Girlanden. An seiner Spitze befestigte ich eine schillernde Pfauenfeder.

»Kleiner Blödmann«, sagte mein Bruder lachend.

Jahre später standen wir auf unserem Feld, das an den Tannenwald grenzt, und warteten mit Traktor und Kipplader darauf, das Getreide zum Bauernhof zu bringen. Ein großer gelber Mähdrescher eines Lohnunternehmers mähte und drosch für uns das Korn. Während sie bei der Arbeit waren, kletterte mein Bruder durch eine Wolke aus Spreu und Staub die Leiter zum fahrenden Mähdrescher hoch und ließ sich eine Runde mitnehmen. Ich war ziemlich neidisch. Allerdings hatte die Maschine mittags eine Panne, einer der vielen Rückschläge, die eine Ernte gründlich durcheinanderbringen können. Erst ein paar wenige breite Bahnen hatte der Mähdrescher durch das Getreide gezogen. Die

Zeit drängte, denn hier und da bogen sich die reifen Halme schon durch oder waren umgeknickt.

Stunden warteten wir auf dem hohen, grasigen Binnendeich unter einer Doppelreihe Pappeln und blickten über das Bauernland bis zum Horizont, wo der Kirchturm mit seinen siebzig Metern der höchste Punkt weit und breit war. Dort lag unser Acker, vor uns in der Tiefe. Das frohlockende Gelb des Kornfelds war neben dem Dunkelgrün des Tannenwalds im üppigen Licht der Mittagssonne, die senkrecht am Himmel stand, von berauschender Schönheit. Das Gras kitzelte an den Waden. Die Grillen zirpten. Die Spatzen, die lärmend um verlorene Getreidekörner zwischen den Stoppeln kämpften, bewarfen wir mit Erdklumpen.

Es waren Dinge, die wir immer getan hatten, solange ich denken kann. Wir konnten kaum laufen und mussten schon mit aufs Feld, besonders mein Bruder, der wie selbstverständlich ins Bauerndasein hineintrudelte. Mittags nach der Schule war er aus den Ställen nicht wegzukriegen. Mit sieben fuhr er schon Traktor. Die Pedale bediente er mit einer Stange, die Pa ihm extra montiert hatte, weil seine Beine noch zu kurz waren.

Als wir damals auf dem Deich lagen, wurden wir plötzlich aufgeschreckt. Kreischen, Flügelschlagen. Aus der Gracht neben uns schoss ein Gespenst, das mit weitem Flügelschlag, lang ausgestreckten Beinen und vorgerecktem Hals direkt in den Wald hineinflog. Der verwahrloste Tannenwald war vollkommen zugewachsen. Wir drängten durch das Dickicht, schoben Brombeerzweige zur Seite, stapften über einen halbvermoderten Baumstumpf und kamen zu einer Lichtung mit schwammigem dampfenden Boden. Wir blickten hoch und sahen über uns in den Baumkronen rundum Dutzende große

Nester. Die Luft war voll von heiseren Rufen und Geflatter, denn die ganze Reiherkolonie flog mit einem Mal auf. Verzückt blickten wir ihnen nach. Es rührte uns, dass wir so etwas Imposantes wie Blaureiher gesehen hatten, denn die hatte man damals fast nie zu Gesicht bekommen.

Jetzt laufe ich den Deich hinunter, über das Feld am Waldrand, folge der matschigen Wagenspur und entdecke einige Reiher in den Tümpeln. Sie schauen kaum auf, als ich mich ihnen bis auf zehn Meter nähere. Reglos wie Betbrüder spähen sie ins Wasser. Sie haben ihre Scheu verloren und sich den Menschen angepasst, und umgekehrt, denn manchmal kann man auch einen Angler dabei beobachten, wie er einem Reiher einen Fisch zuwirft. Diese Tümpel und Wiesen werden gegenwärtig von *Natuurpunt* verwaltet und heißen Karnemelkputten, Buttermilchgruben. Der Weihnachtsbaumwald ist zu einem Naturschutzgebiet geworden und heißt Reigerbos, Reiherwald.

Ich setze mich auf den Dwarsdijk, der entlang der Grote Geule verläuft, dem langgestreckten Wasserlauf, der durch den gesamten Zaligempolder fließt. Hier schlitterten wir im Winter auf dem Eis mit einem auf Latten gehämmerten Stuhl, den wir Eisstuhl nannten. Hier radelten und badeten wir und beäugten die Bauerntöchter in ihren schicken Badeanzügen. Rechts der Geule waren immer Leute in den auf Pfählen errichteten Anglerhütten. Kleine Jungen mit ihren Angelruten und alte Männer auf Klappstühlen, brüderlich auf den Holzstegen nebeneinander. Ganze Generationen kamen zum Liebesspiel hierher. Der Dwarsdijk war ein richtiger Gemeinschaftsplatz, voll von Geschichten, die sich mit der Landschaft verknüpften.

Ich selbst muss immer an die Geschichte dieses Nachbarjungen denken, der in einem Strudel ertrank. Heldenhafter aber ist die von einem Wilderer aus der Gegend. Es geschah während des Ersten Weltkriegs. Die deutschen Besatzer hatten in dem kleinen Schloss des Ortes ihre Kommandantur eingerichtet. Bei dem Schloss, das ein paar Kilometer von unserem Hof entfernt am Rand des Zaligempolders liegt, habe ich als Kind öfters gespielt, und irgendwann, als es einige Zeit leer gestanden hat, habe ich mich auch eingeschlichen. Ich war sehr erstaunt, als ich entdeckte, dass die Toilette lediglich ein Brett mit einem Loch über der Sickergrube war. Genau wie bei den Bauern. Und dass es bei dem »Schlossherrn« wohl genauso fürchterlich gestunken hat. Heute ist das Schloss das Hauptquartier des Hafenbarons Fernand Huts.

Weil er sein Jagdgewehr nicht hat abgeben wollen, wurde der Wilderer während des Kriegs festgenommen und auf dem Dachboden des Schlosses eingesperrt. Er knotete die Laken zusammen und konnte entkommen. Er rannte quer durch den Zaligempolder. Die Deutschen merkten sofort, dass er weg war, und nahmen mit zwei Spürhunden die Verfolgung auf. Der Wilderer sprang in de Geule, die Hunde schwammen hinterher. Als sie ihn einholten, packte er ihre Schnauzen und drückte sie so lange unter Wasser, bis sie ertranken. Er kam mit heiler Haut über den »Hochspannungszaun«, der Grenze zu den neutralen Niederlanden. Diese Drahtbarriere, die übrigens mit ebenso viel Volt geladen war wie der elektrische Stuhl, sollte verhindern, dass die Leute scharenweise die Flucht vor den Deutschen ergriffen.

Echte Freibeuter sind sie früher in dieser Gegend gewesen. In Groenendijk, einem Weiler aus Bauern, Wilderern und Schmugglern, kümmerte man sich nicht um Gott und seine Gebote, man schlug sich einfach, so wird erzählt, bei der geringsten Kleinigkeit die Köpfe ein, wahrlich ein Ort, »zu dem der liebe Gott niemals kam«. Die Leute lebten zurückgezogen, »für sich selbst«. Wenn sie sich ins Dorf aufmachten, sagten sie, sie gingen »nach Flandern«. Ende des Ersten Weltkriegs lebte dort ein Bauer, der einen Deutschen erschlagen hatte. Alle wussten es, aber keiner hat ihn verraten. Dieser Deichweiler hat sich seither kaum verändert und beschwört durch seine Zeitlosigkeit Bilder der Vergangenheit herauf.

Heutzutage ist die Geule mit Schilf, Wasserlilien und Teichrosen überwuchert, so dass Schwimmen unmöglich ist. Es gibt eine Bank, einen Picknicktisch und eine Infotafel, auf der steht, dass die Grote Geule 1584–1585 entstanden ist, als die Verteidiger von Antwerpen die Scheldedeiche durchstachen, um die spanischen Truppen von Alexander Farnese aufzuhalten. Durch die jahrzehntelange Preisgabe an Ebbe und Flut entstanden tiefe Wasserrinnen, die nach der Wiedereindeichung als kleine Wasserläufe und Tümpel in der Landschaft zurückblieben.

Von dieser Stelle aus ist die Geule zweifellos schöner und idyllischer als früher. Und doch nagt etwas an mir. In gut einem Kilometer Entfernung steht auf zig Schildern, warum man dieses Gebiet so wertvoll zu finden hat. Sie zeigen, wohin man schauen soll, und erklären, was alles zu sehen ist. Sie geben mir das Gefühl, ein Passant, ein Zuschauer zu sein und die Landschaft nur Dekor, wie in einem Disneyfilm. Die Natur ist nicht mehr etwas, was einfach da ist, was außerhalb unseres eigenen Daseins existiert und sich selbst ausgeliefert ist. Nein, heute ist sie einem Konservator anvertraut.

Je mehr Schilder aufgestellt sind, desto mehr verliert

die Natur ihre Faszination. Wie viel Entzauberung können Mensch und Natur vertragen? Ja, ich darf sie betrachten und erhalte sachkundige Informationen, aber ich bin kein Teil mehr von der Natur. Der Zaligemkreek war für mich als Kind kein einzigartiges »Paradies für Schleimpilze«, sondern der Ort, an dem ich eine Handvoll Brombeeren pflückte, für meine Mutter Brenntorf aus Kappweiden schaufelte und mit meinem Bruder Kaninchen fing.

Während ich auf dem Deich sitze, fährt ein protziger Geländewagen ganz nah an ein Schild heran. Fahrer und Beifahrer steigen nicht aus. Sie lesen den Text und studieren auf ihren Smartphones die Ausflugsroute, der sie folgen.

Hinter der Geule, wo die Weite wieder aufreißt, erkenne ich noch den echten langgestreckten Polder, der auf alten Karten *Kijkverdriet*, Aussichtskummer, genannt wird. Am Horizont ragen hundertsiebzig Meter hoch die Kühltürme des Atomkraftwerks auf. Wenn ich das Land um mich herum betrachte, sehe ich die Entwicklungen der vergangenen Jahre. Immer weniger Bauern, immer weniger Kühe, immer mehr kurzstämmige Obstsorten und immer mehr Natur. Natürlich.

***

Einige Wegbiegungen weiter komme ich zum Naturhaus *Panneweel*, dem Zentrum der Vereinigung *Natuurpunt* auf dem Krekeldijk. Ein altes Gehöft mit Obstgarten und einem weiteren Picknickplatz. Unter der Abbildung einer Rohrweihe gibt eine Infotafel die unvermeidliche Erklärung. Tja, mit einem Teichhuhn kann man heutzutage wohl niemanden mehr beeindrucken, es muss schon ein großer Raubvogel wie die Rohrweihe sein.

Als ich bei naturtrübem Bier und biologischem Gebäck sitze und wieder zu Atem komme, spricht mich ein älterer Mann mit grauem Bart und leuchtenden Augen an. »Hallo Christian, zurück zu den Wurzeln?« Er lacht. »Kannst beruhigt sein, wir haben sie gut bewahrt.«

Es ist mein früherer Biologielehrer aus dem Gymnasium in Sint-Niklaas, Sylvain Lockefeer. Kerzengerade, die Hände auf dem Rücken, ist er zwischen den Schulbänken herumgegangen und hat leidenschaftlich das Wunder der Natur verkündet. Schon in den siebziger Jahren war er Konservator des Wasserlaufs in Kieldrecht. Jetzt ist er hier ein hohes Tier von *Natuurpunt*. Sein Enthusiasmus und seine Leidenschaft haben mich damals angesteckt, und so bin ich mit einem Naturschutzverein auf Exkursion gegangen. In meinem Zimmer klebte ich damals dicke Alben mit Tierfotos voll, und im Klein Paradijs baute ich mir eine Schutzhütte, um Vögel zu beobachten. Ich bewunderte Herrn Lockefeer sehr. Er ist noch ein Naturfreund vom alten Schlag, der an der Bahnlinie mit einem Vergrößerungsglas gebannt auf eine Pflanze starren kann und nicht mitbekommt, wie der Halb-Sieben-Zug heranbraust.

Sein Verhältnis zur Natur sei nahezu religiös, erzählt er mir. Es ist die Schöpfung, die er darin sieht, und das sei wohl seine »christliche Inspiration«. Der Zaligem bedeute für ihn »Vertrautheit und Geborgenheit«. Er finde es allerdings schwierig, mit den Landwirten zusammenzuarbeiten. Immer sei er für die Kleinbauern eingetreten, aber die Bioindustrie habe gewonnen. Wegen der Unmengen von Dung habe das Wasser wie Gerstenbier zu schäumen angefangen, und die Wasserläufe seien grün wie Erbsensuppe gewesen. Und durch die Absenkung des Grundwasserspiegels seien die Vegetation verwildert und im Sommer die Sümpfe ausgetrocknet. Ja, er habe noch Rohrdommeln brüten sehen, aber die sind hier schon lange ausgestorben. Nur die »Opportunisten« machten sich gut, die Arten, die sich am schnellsten an eine veränderte Umgebung anpassen können, wie Dohlen und Tauben.

»Aber jetzt wird der ganze Zaligem zur Natur«, sagt er beschwörend. »Neue Natur. Dauert nicht mehr lange. Es wird zu noch mehr Naturkompensationsmaßnahmen für Hafen und Industrie kommen. Außerdem haben wir endlich, nach knapp fünfundzwanzig Jahren, den Prozess gewonnen. Gegen die Flurbereinigung, wodurch der Wasserspiegel nennenswert steigen wird. Die alten Zustände werden wiederhergestellt.«

Er erzählt mir, dass *Natuurpunt* hier in den vergangenen Jahren bereits eine Anzahl Äcker aufgekauft habe und dies in Zukunft noch verstärkt tun würde. Das wird den Ansturm auf das knappe Ackerland noch verstärken. Naturschutz war früher das Bewahren der bedrohten Natur. Nun geht es vor allem um Naturentwicklung. Die Grünen haben ihre defensive Haltung aufgegeben und wollen noch mehr Boden erobern.

Verwirrt gehe ich weiter und schaue mir die »Unkrautreservate« an, die sie aus einigen Maisäckern geschaffen haben. Auf anderen Grundstücken stehen nun regionaltypische Bäume, keine Exoten mehr. Und auf den Feldern rundum vom Sint-Jacobsgat, das so heißt, weil damals die Deiche am Namenstag des Heiligen brachen, darf sich die Natur von sich aus »wiederherstellen«. Weidenwäldchen, Röhricht, Holundersträucher und Rispengras schießen in die Höhe, ohne dass man irgendetwas dazu tun muss.

Verschiedene Schilder weisen auf die »großen Graser« hin, die für eine abwechslungsreiche Landschaft wie in früheren Zeiten sorgen sollen. Das folgt, kurz gesagt, der ökologischen Theorie von Frans Vera, dem Kopf hinter »der neuen Wildnis«, der die Ansicht vertritt, dass die Urlandschaft nicht nur aus Wald bestanden hat, wie andere Experten es behaupten, sondern aus offenen, parkartigen Stücken, entstanden dank des Weideverhaltens der »großen Graser«. Seine Vorstellung wurde das erste Mal im großen Stil in den Oostvaardersplassen bei Lelystad verwirklicht. Dort kann man auf Safari gehen und die »big five« des Naturreservats bewundern: das Wildpferd, das Urrind, den Rothirsch, den Seeadler und den Fuchs.

Viele Äcker müssen also wieder Natur werden, keine Bauernnatur, sondern »echte«. Und es gibt dafür auch schon Bezeichnungen. Die neue Natur. Die neue Wildnis. Oder, wie es in einer Kampagne der Vereinigung *Natuurmonumenten* genannt wird: Urrr.

In der Nähe des Zauns steht nur ein »großer Graser«. Muss er etwa ganz alleine das Urland wiederherstellen? Ich erkenne ihn. Das ist Turbo, der träge Gaul des Schäfers vom Groenendijk. Ein Fjordpferd, noch zahmer als ein Schaf.

Er kommt schnaubend an und bettelt um Futter. Ich gebe ihm ein Käsebrot. Das schmeckt ihm. Ich streiche ihm die Mähne aus den Augen, zwacke ihn in den Hals, streichle über seinen Rist. Er kriegt eine Riesenerektion.

***

Auf dem Deich an der Geule bleibe ich stehen und bewundere die große Bronzeplastik *Free Foxes.* Ein Stück weiter steht ein Schild mit einem Zitat aus *Reinaert de Vos*. Hier in der Gegend stößt man überall auf Hinweise auf das satirische Tierepos aus dem zwölften oder dreizehnten Jahrhundert, das sich hauptsächlich im Waasland und Zeeuws-Vlaanderen abgespielt haben soll. Schon seit Jahrhunderten versuchen »Fuchsjäger«, die Handlungsorte genau zu lokalisieren.

Als ich sechzehn war, schrieb ich darüber meinen allerersten Artikel für eine Antwerpener Zeitschrift. Der schlaue, aber grausame Fuchs Reinaert wird von König Nobel auf Drängen seiner Höflinge zum Tod durch den Galgen verurteilt. Sein letztes Verbrechen war der Mord am Huhn Coppe auf einem ummauerten Bauernhof, der von manch einem Fuchsjäger als der »Hof von Zaligem« identifiziert wurde. Dieser Klosterbauernhof, der auf alten Karten eingezeichnet ist, liegt heute unter unserem Feld, wo jedes Jahr aufs Neue mittelalterliche Steine nach oben gepflügt werden. Reinaert rettet sein Leben, indem er König Nobel weismacht, dass nur er alleine von einem Schatz in Kriekeputte Kenntnis hat, einer Einöde, einer Wildnis. Ein verlassener, verfluchter, unwirtlicher Ort, an den weder Mensch noch Tier kommen, »außer vielleicht eine Eule oder ein Uhu, die dort im Gebüsch nisten«.

Dieser kleine Polder wurde bereits im zwölften Jahrhundert von der Abtei Zaligem, die hier 1136 erbaut wurde, kultiviert. In den folgenden Jahrhunderten gingen die Mönche dazu über, den Grund zu verpachten. Laut einem alten Pachtbrief gab es in dieser Gegend tatsächlich einen Ort, der das »Land zum Criekenputte« genannt wurde. Ich stelle mir nun vor, dass dies das Kriekeputte von *Reinaert de Vos* ist, auch wenn ich hier, was mich frustriert, noch nie im Leben einen Fuchs gesehen habe. Patrick hingegen, der Bauer vom Krekelhof, der schon seit Jahren mit dem *Natuurcentrum Panneweel* auf Kriegsfuß steht, sieht hier andauernd Füchse. Er ist ein richtiger Naturmensch, der in seinem Haus eine hinkende Schleiereule pflegt. Wer meint, dass die Natur Disneyland ist, sollte einmal abends mit Patrick durch den Polder spazieren. Mir hat er in der Nähe des Denkmals einen Fuchsbau im Deich gezeigt. Der Fuchs, ein ausgesprochener Opportunist, ist wieder da, nachdem er lange Zeit weg gewesen ist. Für ihn ist er ein prachtvolles Tier, obwohl er manch ein Huhn oder einen Pfau auf Patricks Hof einen Kopf kürzer gemacht hat. Außerdem weiß Patrick, im Gegensatz zu den Grünen, dass die Rohrdommel hier doch noch zu finden ist. Der wahre Schatz von Kriekeputte.

***

Zurück auf unserem Bauernhof, habe ich wieder einmal Post vom Ministerium im Briefkasten. Ein erster Kontrolleur hat mir ebenfalls schon einen Besuch abgestattet. Die »Mistbank« des Landwirtschaftsministeriums hat, gemäß der Düngeverordnung, den Stickstoffgehalt im Boden gemessen. Natürlich war unser Acker nicht überdüngt. Es war nämlich gar nicht gedüngt. Nun schreibt das Ministerium, dass ich dem Ergebnis keine Beachtung schenken solle, weil der Kontrolleur ein Schummler gewesen sei. Darauf läuft es jedenfalls hinaus.

Es war ein paar Monate vor jenem Tag, als die Tauben vom Himmel fielen. Ich kam mittags auf dem Hof an und sah das Gesicht meines Bruders besorgt hinter der Hausmauer über den Hof spähen. Heutzutage denkt jeder Bauer, wenn ein Auto auf einen Hof fährt, sofort: »Da kommen die Kontrolleure.« Als Folge der Lebensmittel- und Umweltskandale in der Vergangenheit dürfen die Kontrolleure nun spontan und unangekündigt vor der Tür stehen, ein Schreckensszenario.

Mein Bruder saß auf dem Gehweg hinterm Haus, lehnte sich an die Mauer und streichelte seine beiden roten Kater. Meine Mutter, damals schon nicht mehr gut zu Fuß, schlurfte mit einem Gehgestell zum Stall hinüber, um einem Kälbchen die Flasche zu geben.

»Wollen die die Äcker etwa wieder unter Wasser setzen?«, fragte er. »Wir haben uns für sie krumm geschuftet. Unsere Kühe haben dort gegrast.«

»Sie wollen den früheren Zustand wiederherstellen«, sagte ich.

»Die Grünen wollen im Polder weniger Kühe, aber mehr Weideland. Sie möchten nicht, dass wir Mais anbauen, aber Soja soll auch nicht importiert werden. Wer soll das alles noch begreifen?«

»Sie wollen vor allem mehr Natur.«

»Ich verbringe mein ganzes Leben in der Natur. Die Natur gehört uns allen, also niemandem.«

»Sie wollen mehr Vögel. Seltene Tiere.«

»Bestimmt Wölfe?« Er lacht. »Wie den Waaslandwolf?«

Er ist noch immer eine Quelle des Vergnügens unter Bauern, der geheimnisvolle Waaslandwolf, der vor rund einem Jahrzehnt im Grenzgebiet von Zeeuws-Vlaanderen Dutzende Schafe gerissen hat. Als die Presse daraus einen Hype machte, karrten Naturschützer ein »Wolfsteam« an, um das Tier lebend einzufangen. Nichts konnte ihn in einen Hinterhalt locken, keine läufigen Hündinnen, saftigen Schafskeulen, CDs mit Wolfsgeheul. Monatelange Suchexpeditionen, sogar mit Hubschraubern und Polizisten, waren vergebens. Die Bauern meinten, dahinter stecke bloß ein frei herumlaufender, übergeschnappter Hund, der dann letzten Endes von einem Jäger abgeknallt wurde.

»Ich verstehe einfach nicht, weshalb Bauern und Grüne hier so lange herumgestritten haben«, sagte ich an jenem Nachmittag.

»Sie wollen uns unseren Grund abluchsen«, erwiderte mein Bruder, »und deshalb sollen wir durch all diese Maßnahmen weggeekelt werden.«

»Ihr solltet Verbündete sein, keine Gegner.«

»Sie setzen in manchen Naturgebieten sogar Pestizide ein, um Disteln zu bekämpfen. Das habe ich mit eigenen Augen gesehen.«

Für ihn war es schon schwer zu verstehen, dass er eine Nulldüngung auferlegt bekommen hat und auf einigen Äckern kein Gramm nahrhafte Gülle mehr verteilen durfte. Aber dass die Grünen, nach dem Prozess gegen die Flurbereinigung, jetzt auch den Wasserspiegel anheben durften, ging vollkommen gegen seine Bauernnatur. Wir waren mit Wassergräben und Deichen aufgewachsen. Wir lebten mit den Geschichten über Stürme und Überschwemmungen. Jetzt waren die wasserkranken Böden endlich trocken und sollen doch wieder sumpfig werden? Und drüben bei der Geule sollten gleich hundert Hektar für die Sümpfe enteignet werden. Pa würde sich im Grab umdrehen.

Mein Bruder hat einen ganz gewöhnlichen Landwirtschaftsbetrieb unterhalten, keinen Biohof. Er hatte in den achtziger Jahren noch selbst mit dem Traktor gegen die Flurbereinigung demonstriert, gemeinsam mit den Grünen, weil er so sehr an seinem Land hing. Aber danach hat die Umweltproblematik die Kluft zwischen Bauern und Bürgern beachtlich vergrößert. Die Bauern wurden als Umweltschänder und Tierquäler beschimpft. Seitdem haben sie sich noch mehr als zuvor abgekapselt, aus Angst vor den Blicken der anderen. Mein Bruder meinte, für die Grünen diene die Natur lediglich der Erholung, während er jeden Tag mit den Händen in der Erde wühlte, um ihr ein Auskommen abzutrotzen.

In den letzten Jahren war in den Waaser Poldern noch ein weiterer Kontrolleur hinzugekommen: der Naturwächter, ein uniformierter und bewaffneter Beamter der staatlichen *Agentschap Natuur en Bos*, der Agentur Natur und Wald. Manche nannten ihn auch den Waaslandwolf. Er kam aus einer anderen Gegend und verteilte sofort Bußbescheide an die Bauern. Für Dinge, die sie schon ein Leben lang getan und von ihren Vätern gelernt hatten. Björn Deduytsche hieß der strenge junge Mann.

»Der Deutsche ist zurück«, wurde prompt gesagt.

In den vergangenen Wochen sprach der ganze Polder über einen grausigen Zwischenfall am Rand eines neuen Naturgebiets. Ein junger Motocross-Fahrer wurde beinahe von einem Stahlkabel, das zwischen zwei Bäume gespannt war, geköpft. Sein Helm wurde weggeschleudert, sein Hals war aufgerissen, und er lag tagelang im Koma. Anscheinend war das bereits das vierte Mal innerhalb weniger Monate, dass ein Motorradfahrer gegen einen gespannten Draht gefahren war. »Hier läuft jemand herum, der die Vögel etwas zu sehr liebt«, schrieb die Zeitung. Und *De Wase Koerier*, das Wochenblatt des Polders, verwies in einem messerscharf formulierten Artikel unter dem anklagenden Titel »Mordversuch im Naturgebiet« auf den Naturwächter.

Während der Ermittlungen wurde er dann auch befragt. Anscheinend hatte er schon des Öfteren Aktionen gegen Motorradfahrer durchgeführt, weil sie seit Jahren für Belästigungen in der Gegend sorgten. Ich musste daran denken, dass Pa uns jedes Jahr an Pfingsten zu dem großen Motocross-Rennen in den Tongruben des Ziegelwerks in Stekene mitgenommen hat, ein paar Kilometer entfernt. Es war eine Hölle aus Staub, Gestank und Krach, aber ein aufregendes Erlebnis für kleine Jungs. Später wurden die Tongruben auch zu einem Naturgebiet.

Der Streit um die neue Natur wurde durch verschiedene Zwischenfälle auf die Spitze getrieben. Mein Bruder stellte mir wieder die Frage, die er mir schon öfter gestellt hatte: »Wieso schreibt eigentlich keiner ein Buch darüber?«

3.

Der Phönix

Es ist wieder einer jener Tage der zänkischen Krähen und kreischenden Möwen. Ein Tag, um im Haus zu bleiben. Aber ich halte es drinnen nicht mehr aus, ich muss raus, zum Polder. Die Kälte beißt mir ins Gesicht, als ich in Oud Arenberg ankomme. Die stolzen Herrengüter, die sagenumwobenen Äcker, die ganze ausgedehnte Weite, es hat mich schon immer zutiefst beeindruckt. Ein Polder, der wie ein Gedicht berührt. Auch jetzt spüre ich wieder, aber viel stärker noch als früher, Ehrfurcht vor dieser Kraft, mit der die schweren Traktoren vor mir herrasen. Mein Bruder half in seiner Jugend manchmal den Großbauern bei der Ernte, weil er damals so gerne mit den modernen Landmaschinen unterwegs war.

Etwas weiter drinnen im Arenbergpolder, auf halber Strecke zwischen Kieldrecht und Doel, steht noch immer ein abgelegener Bauernhof, der Hof ter Walle. Er ist vollständig von einem Wall umgeben. Vorne steht ein vornehmes Wohnhaus, hinten eine imposante Scheune mit einem Walmdach. Als Bauernsohn kann man einfach nicht vorbeifahren, ohne Bewunderung zu empfinden. Geht man die Auffahrt über dem breiten Wall entlang, erinnert man sich wie von selbst an die alte Redensart: »Nur Bauern und Könige haben einen Hof.«

Heute steht der nackte Dachbinder der Scheune protzend wie ein aufgerissener Brustkorb inmitten von Tümpeln und Sumpfland. Die jahrhundertealten Balken, Sparren und Binder glänzen gespenstisch im Nieselregen. Die Schilder an den Wegesrändern erklären, dass das Süßwasser, das Ried und das Wiesenvogelgebiet, die das Gut umgeben, vor einigen Jahren als »temporäre Naturkompensation« angelegt wurden. Und dass das Betreten des hundert Hektar großen Ruhe- und Brutgebiets verboten ist, um die Vögel nicht zu stören.

»Und? Gibt's Neuigkeiten?«, fragt Roger van Gijsel, der letzte Bauer des Hof ter Walle, der fast täglich zu dem Hof kommt, der nicht mehr sein Hof ist.

»Nichts Besonderes«, sage ich. »Die Äcker entlang der Grote Geule werden jetzt auch Natur. Alle bis nach Sint-Gillis.«

»Das soll Natur sein?«, fragt er und deutet auf das Gelände, das sein Gut umgibt. »Dieses Unkraut? Diese Sümpfe? Diese wüste Fläche?«

Das Ökodukt, ein Betontunnel unter einem Hubbel in der Straßendecke, empfindet er als den Gipfel. Beim Bau wurde eine Wasserleitung angefahren, und es liefen Hunderttausende Liter aus. Der Tunnel soll Kreuzkröten freien Durchgang auf ihrer Wanderung gewährleisten. Kröten mit einem Kreuz am Rücken, vermutet Roger.

Speiübel wird ihm davon. Sein Bauernhof, ein Ackerbau- und Viehzuchtbetrieb, hätte vor lauter Natur nur so gestrotzt. In der Scheune haben jedes Jahr Schwalben, Eulen und Fledermäuse gebrütet. Aus den unzähligen Obstbäumen auf seinem Grundstück und dem seines Nachbarn wurden die letzten brütenden Bluthänflinge des gesamten

Polders durch die Abrissarbeiten vertrieben; so stand es im Protestbrief eines renommierten Ornithologen. Auch die Obstbäume wurden abgeholzt, weil sie die Anflugstrecke der Vögel behindern würden. Besonders Gänse benötigen offenbar Landebahnen wie die in Brüssel oder auf Schiphol.

Ja, eine blühende Streuobstwiese, ein wiegendes Kornfeld, eine Weide voller Kühe, das ist nun keine echte Natur mehr, weiß Roger inzwischen. Er blickt niedergeschlagen zu den Traktoren hinüber, die noch immer durch die Straßen donnern. »Ah, da wird wieder Natur gemacht.«

Die Kippwagen transportieren keine Landwirtschaftsprodukte, wie ich angenommen hatte, sondern Ladungen schwarzer Poldererde, die ein Stück weiter ausgegraben wird, um ein Naturgebiet am Drijdijk anzulegen. Sie kippen die Erde ins Doeldok, das nie in Gebrauch genommen wurde, weil es sich als Fehlplanung erwiesen hatte – nur einer von den zahlreichen Patzern des Antwerpener Hafens. Es ist mittlerweile wieder bis zur Hälfte aufgefüllt. Man kann schon trockenen Fußes über das Dock laufen.

Auch hier in Oud Arenberg wurde vor einigen Jahren die schwarze Lehmschicht abgetragen. Das macht es noch viel schlimmer, das macht es für Roger so endgültig. Dass es gerade der fette Lehm ist, der diese Polder zu den fruchtbarsten Böden von Europa macht, haben die örtlichen Bauern bis zum Überdruss in Briefen und Petitionen erläutert, ohne je Gehör zu finden. »Ist man sich eigentlich darüber im Klaren, dass man auf hundert Hektar Polder jährlich Getreide für 417 000 Brote, 580 000 Kilo Kartoffeln, 200 000 Kilo Zucker, 179 000 Kilo Mais und 46 000 Säcke Zwiebeln anbaut?« Es sind umfassende Berechnungen, mit denen sie es nicht einmal in die Lokalpresse geschafft haben.

Ruhig und konzentriert zeigt Roger mir den Bauernhof, bis zum allerletzten Kälberstall, so wie es unter Bauern üblich ist. Wir beginnen mit der halb niedergerissenen, hoch aufragenden Scheune mit ihren vier Schiffen. In einem Seitenschiff befinden sich die Knechtkammer, der Pferdestall und Kuhställe, die durch Holzwände voneinander getrennt sind. Noch sind sie vom Abriss verschont geblieben. Im Polder war eine große, freistehende Scheune, in der viel Platz für Getreide und Vieh war, immer der Mittelpunkt eines Bauernhofs, das kann man schon auf figurativen Karten aus dem Mittelalter sehen. Oft wurde zuerst die Scheune errichtet und später dann das Wohnhaus.

Der Kies auf dem Hof knirscht unter unseren Füßen. Wir gehen um das Wohngebäude herum, an Back- und Milchhaus vorbei, und durch die Küchentür hinein. Roger schaltet das Licht an und dreht den Wasserhahn auf, damit ich das warme Wasser aus dem Boiler fühlen kann. Ja, alles funktioniert noch. Küche und Badezimmer hat er vor knapp zwanzig Jahren renoviert, damals, als noch niemand etwas von den europäischen Vogelschutz- und Habitatsrichtlinien gehört hatte.

Das Bauernhaus ist in etwa so aufgeteilt wie unseres: vorne die Gute Stube, ein großes Schlafzimmer und der Alkoven, in dem Roger als Junge seinen Großvater hat sterben sehen. Hinten sind Wohnzimmer, Küche, Keller und ein Zimmer im Halbgeschoss, in dem noch die lange schwarze Jacke seines Hochzeitsanzugs hängt. Ein großer Kamin aus dem achtzehnten Jahrhundert ist mit bunten Stuckarbeiten verziert, einem Phönix, der mit brennenden Flügeln, den Schnabel aufgesperrt, aus dem Flammenmeer zur Sonne aufsteigt.

Über eine steile, ausgetretene Treppe gelangen wir auf den Getreidespeicher, groß wie eine Kirche. Bleischwere Getreidesäcke hat Rogers Vater hier früher hochgeschleppt. Nun liegen hier blaue Plastiksäcke mit trockenen Stecklingen und Wurzelstöcken. »Das Pflanzgut der Grünen«, sagt Roger, »die neuen Herren des Hofs.«

In dem blauen Stein über der breiten, noch originalen Tür stehen die Initialen von Pieter van Wesemael und seiner Frau Isabella van Duyse und daneben die Jahreszahl 1791. Pieter bewirtschaftete damals die zweiundvierzig Hektar Grund mit Hilfe von einem halben Dutzend Knechten und Mägden und acht Arbeitspferden. Um die schwere Erde zu pflügen, war manchmal ein Dreigespann vonnöten. Er hatte vor allem Weizen, Roggen, Hafer und Klee angebaut sowie Wiesen für die sieben Kühe, die sieben Färsen, den Bullen und die drei Schweine angelegt.

Die Anwesenheit seiner Vorfahren hat Roger immer gespürt. Doch diese Vergangenheit scheint die »neuen Herren« besonders zu stören. Die Vergangenheit ist heutzutage eher etwas für die Antik- & Retroläden in der Kemphoekstraat und das Alte-Handwerk-Wochenende im Natuurhuis.

»Nun, das wirst du alles selbst noch erleben«, sagt Roger und betrachtet Fenster und Fassade, an denen die Farbe abblättert. »Wie rasch die Dinge kaputtgehen.«

»Nicht nur die Dinge, auch die Menschen.«

»Ich hatte in der ganzen Gegend Verwandte.« Seine Unterlippe zittert. »Alle kannten sich und halfen einander. Eine Abmachung war eine Abmachung. Jetzt ist das anders.«

Es war ein Schock, als der Brief mit dem Enteignungsbeschluss kam. Die Äcker und Wiesen sollten für das neue Renaturierungsgebiet Putten West weichen. Vier Bauernhöfe mussten abgerissen werden. Zu Roger hatten sie vorher noch gesagt, dass Hof ter Walle erhalten bleiben würde, weil er in die belgische Denkmalliste aufgenommen wurde.

Es war ein totaler Bruch mit der historischen Landschaft dieser Gegend, die schon im zwölften oder dreizehnten Jahrhundert eingedeicht wurde und seither nie etwas anderes als Landbau gekannt hatte. Anscheinend hatten die Planer willkürlich ein Gebiet ausgewählt und dabei vergessen, die Familien zu berücksichtigen, die hier seit Jahrhunderten die Landwirtschaft betrieben und gegen das Wasser angekämpft haben. Große, stolze Polderbauern.

»Gott schuf die Welt und die Bauern den Polder«, hat man früher gesagt.

Nun wurde die neue Bestimmung minutiös von Ingenieuren und Consultingbüros geplant, die alles auf dem Reißbrett entwarfen, sogar die Vögel und Kröten. In null Komma nichts wurde ein großer Süßwasserlauf gegraben. Die Leute, die hier neue Natur erschufen, waren dieselben, die anderswo alte Natur vernichteten.

Im Jahr darauf wurden schon unzählige Kiebitze, Uferschnepfen, Rotschenkel, Säbelschnäbler und sogar Feldlerchen gesichtet. Sie kamen aus anderen Gebieten und ließen sich begeistert in Putten West nieder. Auch Tausende Gänse richteten sich hier ein. Es funktionierte. Es funktionierte wie die Meisenknödel, die man im Garten aufhängt und die dann alle Vögel aus der Nachbarschaft anlocken.

»Aber was ist der Sinn eines Naturgebiets, das nicht in der Landschaft verwurzelt ist und nur für eine bestimmte Zeit bestehen wird?«, fragt Roger. »Der Hafen wird es sich in ein paar Jahren schon einverleiben.«

Ich weiß nicht, was ich antworten soll.

Die letzte Kuh wurde aufgeladen, die letzte Ernte eingebracht. Die Landwirtschaft aufzugeben schneidet tief ins Herz. Das Gut lässt Roger nicht los, und er lässt das Gut nicht los. Man kann einen Bauern von seinem Land vertreiben, aber das Land nicht aus einem Bauern, so viel weiß er. Lieber sieht er jeden Tag nach der Ruine seiner Vorfahren, als zu Hause zu sitzen und Däumchen zu drehen.

Roger war dabei, als die Leute der Abbruchfirma *Smet* an einem eiskalten Morgen zum Hof ter Walle kamen. Er kannte sie gut. Es sind Bauern, die ein paar Straßen entfernt wohnen und die nicht nur Landwirtschaft, sondern auch ein Abrissunternehmen betrieben. Kurz danach ist Roger davongeschlichen, er konnte es nicht mitansehen. Wieso war der Abbruch jetzt doch notwendig? Den Naturorganisationen zufolge, um ein »homogenes Naturgebiet« zu schaffen, ohne »Störung« der Brutvögel. Anscheinend stören sich Vögel mehr an Häusern und Höfen als an Docks und Fabriken.

Es lief auf eine Schlacht zwischen Demonstranten und Polizisten hinaus. Die Aktionsgruppe *Doel 2020* besetzte für kurze Zeit das Bauerngut, wurde aber von der Polizei rigoros vor die Tür gesetzt. Ein Bulldozer rammte das alte Gatter und walzte die Seitenmauern der Scheune platt. Demonstranten wurden aus dem Dachbinder aus Eichenholz heruntergeholt. Arbeiter in weißen Schutzanzügen und Masken begannen, das Wellblech zu demontieren, in dem Asbest verarbeitet war. Die Arbeit musste schnell getan werden, denn die Brutsaison des Kiebitzes fing schon am 15. März an. Weil aber der Protest andauerte, wurde der Abriss schließlich ausgesetzt, um die Untersuchungsergebnisse bezüglich des Denkmalwerts vom Hof abzuwarten.

Wir verlassen den gebrandmarkten Bauernhof. Roger klettert über das verbeulte Gatter, das die neuen Eigentümer mit einem Hängeschloss versehen haben. Er geht zurück zum Neubaugebiet im Dorfkern von Kieldrecht, in dem noch andere enteignete Bauern wohnen, in hübschen Häusern mit allermodernstem Komfort. Bei manchen steht ein Polyesterpferd auf dem Rasen. Oder ein alter Pflug.

Hof ter Walle wurde unter Denkmalschutz gestellt. Die Scheune muss wiederaufgebaut werden. Aber Roger glaubt das nicht. Nahezu alle alten, wertvollen Bauernhöfe, die das Gedächtnis des Polders bildeten, sind in den letzten Jahren verschwunden. »Sie werden meinen Hof einfach verfallen lassen, dann löst sich das Problem von selbst.«

Es ist, als wäre schon jetzt etwas Wesentliches verlorengegangen, das diesen Ort zu dem gemacht hat, was er gewesen ist. Als hätte man eine Strophe aus einem Gedicht gestrichen. Und den Dichter gleich mit.

Als wir uns verabschieden, sehe ich im Stacheldraht, der das Naturgebiet einzäunt, eine tote Gans hängen, die anscheinend ihren Landeanflug falsch eingeschätzt hat. Dahinter grasen Hunderte Gänse. Trotz des rauen Wetters erkenne ich fünfhundert Meter weiter in der Straßenkurve am Pillendijk das unruhige Vieh auf der Weide des einzigen Bauernhofs, der hier noch aktiv ist.

Ich habe das unheimliche Gefühl, dass ich die Kühe wiedererkenne.

***

Auf der anderen Seite des Deichs blicke ich vom Auto aus auf eine der schönsten Landschaften Flanderns, die man hier in der Gegend die Putten nennt. Vor Jahrhunderten waren sie ein Mekka der Torfstecher. Die haben eine Salzweide hinterlassen, die von Wassergräben, Tümpeln und Trinklöchern zerfurcht wird. Es ist eine alte Bauernlandschaft mit seltenen Pflanzen und Vögeln. Das Naturreservat war allerdings nur bis 2007 geschützt und wurde danach von der Vereinigung *Natuurpunt*, die es verwaltet hatte, zurückgelassen. In den nächsten Jahren will der Hafen die Putten unter einer Sandschicht gänzlich verschwinden lassen.

Das ganze Gebiet wurde enteignet, samt den angrenzenden Häusern und Höfen. Die abgelegenen Ecken sind schon mit verunreinigtem Schlamm aufgespritzt. Ein kleines Stück ist bereits früh für ein Hafenprojekt draufgegangen, das dann nie verwirklicht wurde. Noch so ein Patzer aus der Vergangenheit. Hildegarde, die örtliche Galionsfigur von *Natuurpunt*, hat zehn Jahre für die Putten gekämpft. Aber der Druck wurde unerträglich. Bäume wurden ohne Genehmigung gefällt, Baggerrohre »versehentlich« geöffnet, Grachten eingedeicht, wodurch der Wasserspiegel anstieg und die salzige Vegetation verkümmerte. Kafkaesk, fand Hildegarde.

Vom Deich aus habe ich Sicht auf das dampfende Moor. Die schmalen, mittelalterlichen Parzellen der Torfstecher sind noch deutlich zu erkennen. Eine lange Nebelschwade steigt auf und schlingert um mich herum. Ich kann mir so gut vorstellen, weshalb die Menschen früher an Wassergeister geglaubt haben, wie an Ossaart, den Quälgeist, der einem nachts an den Hals sprang. Heute glaubt niemand mehr an Wassergeister, höchstens als folkloristische Einlage bei den nächtlichen Ossaartexkursionen vor Halloween.

Als ich Hildegarde mit dem Handy anrufe, erschreckt mich ihre Reaktion. Nein, sie möchte lieber nicht mit mir zu den Putten, es sei »zu emotional« für sie. Sie fühlt sich von der Umweltbewegung wie Dreck behandelt. Die Profis übernehmen. Zeit für mehr Realismus und weniger Widerstand. Keine Zeit mehr für Leidenschaft und Romantik, sondern für »Kompensationsmatrix« und »ökologische Infrastruktur«, denn es sei an der Zeit, die Putten in andere Hände zu übergeben.

Als ich Hildegarde Ende der neunziger Jahre kennengelernt habe, galt sie noch als »*la Pasionaria* des Polders«, die gemeinsam mit Bauern und Anwohnern feurig gegen den Hafen kämpfte, solange man dort keine Rücksicht auf Mensch und Umwelt nehmen wollte. Für sie war es eine ökologische, kulturelle, soziale und ethische Frage, schon seit dem Tag, als ihre Großmutter in Kallo auf die Straße gesetzt worden war.

Seit die Regierung 1998 beschlossen hatte, das Deurganckdok zu graben und das Polderdorf Doel räumen zu lassen, hat Hildegarde unzählige Gerichtsprozesse angestrengt. Es folgten Jahre juristischen und politischen Tauziehens. Nachdem es den Umweltgruppen und *Doel 2020* gelungen war, den Flächennutzungsplan der Regierung aussetzen zu lassen, wurde die Arbeit am neuen Dock sogar für längere Zeit eingestellt. Das kostete zig Millionen Euro und führte zu einer grundlegenden Kehrtwende bei Hafenleitung und Staat. »Und die Konsequenzen sind dir und mir nur allzu gut bekannt«, sagt Hildegarde am Telefon.

Seit der V-Bomben war nichts mehr so hart im Antwerpener Hafen eingeschlagen. Das vernichtende Urteil war die Folge von den Schändungen des Umweltrechts. Die europäischen Vogelschutz- und Habitatsrichtlinien bestimmen strikt, welche Vogelarten und Lebensräume in speziellen

Schutzgebieten erhalten werden müssen. Fast das ganze linke Ufergebiet und die gesamte Westerschelde sind bei der EU als Schutzgebiete eingetragen. In sie darf nur eingegriffen werden, wenn es »zwingende Gründe von großem öffentlichem Interesse« gibt und wenn der Naturverlust von ausreichenden »Kompensationsmaßnahmen« ausgeglichen wird.

Sofort nach der gerichtlichen Entscheidung gab es Kontakte zwischen den Hafenbetreibern und *Natuurpunt.* Man vereinbarte, in Zukunft zusammenzuarbeiten. Im Hafengebiet sollten fünf Prozent des Areals für ökologische Infrastruktur reserviert werden, und außerhalb des Hafens wollte man zusammen nach den notwendigen »Kompensationen« suchen. Drei Mitarbeiter von *Natuurpunt* sollten ein Gehalt vom Hafen beziehen. Später sollte jemand von *Natuurpunt* sogar einen Sitz im Hafenvorstand einnehmen. Die ehemaligen Feinde machten gemeinsame Sache.

Die flämische Regierung ging noch einen Schritt weiter und erließ Ende 2001, auf Bitten der Hafenbetreiber, ein »Notdekret«, das dem juristischen Mitbestimmungsrecht der Polderbewohner ein Ende setzte. In diesem Dekret wurde nicht nur die Arbeit am Deurganckdok geregelt, sondern auch eine lange Reihe an Naturkompensationen im Agrargebiet festgelegt. Dadurch sollte der Naturverlust, den das neue Dock und die Hafenprojekte der vergangenen Jahrzehnte verursacht hatten, ausgeglichen werden. Die Umweltbewegung war zufrieden und stellte jeglichen Widerstand ein.

Auf dem schiefen Schild am Wegrand, das fast schon zerfällt, lobt *Natuurpunt* die Putten noch immer als »die Perle des Scheldepolders«. Einzigartig wegen des salzigen Kuverwassers, des ausgemoorten Mikroreliefs, der salzliebenden Vegetation, der Tausenden brütenden und überwinternden Vögel. Ein Gebiet, in dem Hildegarde und ihre ehrenamtlichen Helfer jahrelang gemäht, gehackt, Weiden zurückgeschnitten und Müll eingesammelt hatten. Ein Gebiet, das heute, verlassen und verwahrlost, unvermeidlich und schnell verkommt.

Das also ist der Grund, weshalb Hildegarde am Telefon gesagt hat, lieber nicht mit mir dorthin zu wollen. Waren die Naturschützer nicht immer Mitstreiter für den Erhalt des Dorfes Doel und der Polderlandschaften? Wie konnten sie sich damit einverstanden erklären, eine über die Jahrhunderte hin entwickelte Naturlandschaft zu opfern und die historischen Bauernhöfe dem Abriss preiszugeben? Hatte gerade sie nicht immer für das Verknüpfungsmodell gekämpft, in dem Mensch und Natur sich harmonisch vereinigen? Nein, wenn sie noch das Sagen hätte, würde sie die Putten bestimmt nicht opfern, niemals, für niemanden.

***

»Da sitzen sie wieder, die Todesvögel.«

Ma zittert vor Angst, wenn sie die Silbermöwen auf dem Dach der Kunstakademie auf der anderen Straßenseite sitzen sieht. Manchmal tauchen sie begeistert hinab in die Tiefe und stürzen sich auf den Abfall auf dem Bürgersteig. Manchmal hängen sie unheimlich flügelschlagend über Mas Balkon. Aus mir unbekannten Gründen hält sie sie für Vorzeichen von schlechtem Wetter, für Vorboten des Todes.

Heute ist Volkstanz im Entspannungssaal des Pflegeheims, und Ma möchte zusehen. Ich ziehe ihr eine geblümte Bluse an, einen lilafarbenen Pullover und einen blauen Schal. Dann zupfe ich den Rock zurecht, der im Rollstuhl immer über ihre dünnen Beine nach oben rutscht. Ich muss mit einem Rasierer ein paar Haare vom Kinn entfernen.

»Warum sagst du nichts?«, fragt sie im Fahrstuhl.

»Wozu?«

»Ich habe sechzig Euro beim Frisör ausgegeben und niemand sagt etwas über meine Frisur.«

»Es sieht gut aus, Ma.«

Unten im Flur steht eine Kolonne von Gehgestellen, Rollatoren und Rollstühlen. Der Saal ist gerammelt voll. Jeder bekommt Kaffee und Gebäck. Ma zittert und kleckert. Sie fühlt sich unwohl, weil sie nicht mehr anständig essen und trinken kann. Sie hat schon so viele ihrer Fähigkeiten verloren, aber ihr Schamgefühl ist unversehrt.

Die Musik setzt ein. Schrille Geigen, rhythmisches Getrommel, eine fröhliche Mundharmonika. Die Tänzer tragen Bauerntrachten aus dem neunzehnten Jahrhundert, die Männer rote Halstücher mit weißen Bommeln, großen Kappen und Kniehosen aus Cordsamt, die Frauen weiße Käppchen, bunte Schals und weite Röcke mit Schürzen in mehreren Lagen. Sie drehen sich umeinander herum, werfen die Beine in die Luft, den Kopf in den Nacken, knallen mit den Hacken.

»Schau doch, wie die Bauersfrauen ihre Röcke schwingen«, lacht Ma. Die Alten klatschen leise mit. Eddy, der Ergotherapeut, der mit einer Gruppe Ehrenamtlicher die Aufführung organisiert hat, kneift Ma stolz in die Schulter.

Ein Mädchen verteilt Faltblätter der Volkstanzgruppe Drieske Nijpers, die dieses Wochenende ihr traditionelles Festival abhalten. Ma ist früher öfters dort gewesen. *Drieske*

Nijpers ist ein Wunderheiler aus unserer Gegend gewesen, der eigentlich Andries de Clercq hieß. Mitte des neunzehnten Jahrhunderts, auf dem Höhepunkt der Armut, musste sich Drieske, Sohn eines Kleinbauern und einer Spinnerin, schon in jungen Jahren als Knecht verdingen. Er landete auf einem großen Zeeuwer Bauerngut, wo ein alter Knecht behauptete, ein sicher wirkendes Heilmittel gegen Krankheiten zu kennen: über die Stelle reiben, an der der Kranke Schmerz fühlt, und dabei eine Beschwörungsformel sprechen: »Johannes lag im Elend, sprach unser Herr Jesus. Herr Wurmesding, des is Abel. Im Namen des Vaters, des Sohnes und des Heiligen Geistes, Amen.«

Im Herbst 1851 kam Drieske auf einen Bauernhof an der Laar, ganz in der Nähe unseres Hofs. Nach dem Essen bat ihn der Bauer, ihm kurz beim Aufschütteln der Betten seiner Frau zu helfen. Sie litt an Rheuma. Drieske erinnerte sich an das Zaubergebet, und kaum hatte er die Beine der Frau berührt, schon fuhr ihr ein wohltuendes Zittern durch den Körper. Drieske bemerkte die Wirkung und wiederholte das Kneifen noch ein paarmal. Nach einigen Minuten konnte die Frau wieder gehen und stehen, wie sie wollte. Seitdem trug er den Spitznamen Drieske Nijpers, Drieske Kneifer. Er war davon überzeugt, dass seine wundersame Kneifbegabung von »oben im Himmel« gekommen wäre.

Die Geschichte des Wunderheilers machte die Runde, und es dauerte nicht lange, bis Drieske von Menschen mit Rheuma und anderen Leiden aufgesucht wurde. Eine Heilung folgte auf die nächste. Menschen aus nah und fern strömten zu ihm, um sich von ihm behandeln zu lassen. Die Gastwirte verdienten sich in Sint-Gillis eine goldene Nase. Er veranstaltete schnell »Tagungen« in verschiedenen Städten und wurde steinreich. Sogar aus dem Ausland reisten die Leute an. Drieske Nijpers wurde, neben Bruder Isidoor, der berühmteste Bauernsohn, den unsere Gegend je hervorgebracht hat, auch wenn es ein sehr schlechtes Ende mit ihm genommen hat.

In einer langen Polonaise hüpfen die Volkstänzer aus dem Saal. Die alten Leute klatschen in die Hände und stampfen mit den Füßen. Sie sehen sich lachend an.

»Die Bäuerinnen tanzen so schön«, sagt Ma.

Doch ihre Freude ist immer nur von kurzer Dauer, grenzt immer an Verdruss. »Und ich kann nicht einmal mehr laufen, geschweige denn Bäuerin sein.«

Ma ist immer an erster Stelle Bäuerin gewesen. Der Bauernhof, die Ställe, der Gemüsegarten, das war ihre Arbeit, aber vor allem ihr Leben. Der Haushalt ging ihr dagegen nicht so leicht von der Hand. Sie machte natürlich alles, Essen kochen, Böden schrubben, Strümpfe stopfen, nähen und stricken, aber nie von Herzen. Es hat sie nach draußen gezogen, auf den Hof. Noch immer rieche ich die angebrannten Kartoffeln, oft das Ergebnis ihrer eigentlichen Vorlieben. Zweimal am Tag haben wir Kartoffeln gegessen, mittags gekochte, abends gebratene, und davor klare Fleischbrühe beziehungsweise Buttermilchbrei. Bauernkost. Das Haus roch immer nach Essen, Abzugshauben gab es noch nicht.

Natürlich ist es auch sie gewesen, die uns morgens früh weckte, um uns abzufragen. Sie war es, die unsere Hausaufgaben nachschaute und unsere Zeugnisse unterschrieb, wenn auch mit Pas Namen. Sie ging zu den Elternabenden und trat immer für uns ein. Das machte Pa alles nicht. Außerdem kümmerte Ma sich auf dem Bauernhof um den Papierkram und regelte die Finanzen.

Neben dem Kamin hing ein Kalenderspruch: »Vater weiß es genau, Mutter ist seine Frau.« Wenn wir das lasen, schütteten wir uns oft aus vor Lachen. Pa wusste nicht einmal, wo seine Hosenträger lagen.

»Ist der Bauer nicht zu Hause?«, fragten die Händler Ma oft, wenn sie zu uns auf den Hof kamen. Aber dann kriegten sie eins aufs Dach. Einen Sack Kartoffeln oder einen Wurf Ferkel verkaufen, ohne ihre Zustimmung, das war einfach undenkbar.

»Komm, lass uns üben gehen«, sagt Ma.

Sie will schnell nach oben, um zu »stolzieren«, wie wir es jedes Mal tun. In ihren orthopädischen Schuhen und den Rollator fest im Griff, versucht sie, das Zimmer zu durchqueren, während ich ihr dabei sekundiere. Mühsam schiebt sie ihren krummen linken Fuß nach vorn und setzt ihn so vor den anderen, dass sie fast stolpert. Mit einem großen Schwenker ihres rechten Beins kommt sie dann doch wie ein Roboter in Bewegung. Schwer keuchend erreicht sie den Flur. Dort sitzen wir dann minutenlang auf zwei Stühlen beim Fahrstuhl, um uns von der Anstrengung zu erholen.

Ein alter zittriger Mann müht sich mit seinem Gehgestell ab. Ich biete an, ihm dabei zu helfen, in sein Zimmer zu gelangen. Aber er sagt, er sei hier, um seine Mutter zu besuchen. Im nächsten Moment kommt eine große stämmige Frau von fünfundneunzig Jahren angestapft. Sie zerquetscht ihn fast in ihren Armen. Es ist ein Phänomen, das es zu Drieske Nijpers Zeit noch nicht gab: Betagt sorgt für hochbetagt. Oder umgekehrt.

»Ich spüre, wie meine Kräfte nachlassen«, jammert Ma.

Ich reibe ihr über das schmerzende Bein und denke bei

mir: »Herr Wurmesding, des is Abel. Im Namen des Vaters, des Sohnes und des Heiligen Geistes, Amen.«

Der Pastor läuft, gehüllt in eine lange, grüne Kasel, an uns vorbei. Er hat die Letzte Ölung in der Hand. Die Sterbensstunde ist wieder angebrochen.

***

Später fahre ich nach Oud Arenberg zurück, zum letzten Hof am Deich. Der Pillendijk, auf dem sonst nur kleine Deichhäuser mit blühenden und verwilderten Gärten stehen. Auch dieser Hof ist ein altes Bauerngut, mit einer Heiligennische über dem Scheunentor. Aber im letzten Jahrzehnt wurde alles mit modernen Rinderställen zugebaut, die wie Industriehallen aussehen. Dahinter große Futtergruben und Heustapel, in weißes Plastik verpackt. Davor die Naturlandschaft Putten West.

Monique, die noch junge blonde Bäuerin, kommt in Stiefeln aus dem Stall, ein schwarzer Hund an ihrer Seite. Wir reden über das Wetter, die Preise und die Kaiserschnitte, die fast am laufenden Band vorkommen. Der Betrieb hat gut zweihundert Schlachtrinder, Weißblaue Belgier, die eine solche Masse an Fleisch mit sich herumtragen, dass kein einziges Kalb auf natürliche Weise geboren werden kann. Im Stall gibt es eine Art Kreißsaal, mit Operationstisch, großen Lampen und Flaschenzügen, um das Kalb aus der Kuh zu ziehen.

»Es ist eine schöne und sanftmütige Rasse«, sagt Monique, »wenn sie nicht überzüchtet ist. Immer mehr Tiere haben schlechte Beine und schwache Lungen. Ganz zu schweigen von den Fehlgeburten.«

»Ja, die französischen Limousins sind robuster«, frotzle ich, »aber die irren den ganzen Winter im Deichvorland herum.«

Es scheint mir nicht sinnvoll, mich nach unseren Rindern zu erkundigen. Inzwischen weiß ich, dass der Viehhändler Dutzende unserer Kühe und Färsen an diesen Landwirtschaftsbetrieb verkauft hat. Wir sehen zum Skelett vom Hof ter Walle hinüber, heute sticht er in der Landschaft mehr denn je hervor. Auch dieser Betrieb am Pillendijk wurde bereits für das Naturgebiet enteignet, auch wenn der Hof selbst außerhalb davon liegt. Ohne die angrenzenden Weideflächen aber wird der Bauernhof sehr an Wert verlieren und später unverkäuflich sein. Der Enteignungskommissar hat ganze Arbeit geleistet. Monique hofft darauf, noch ein paar Jahre Zeit zu haben, obwohl es nicht leicht für eine Frau in dieser Männerwelt ist. Bauern würden heute einen Mord für einen Krümel Erde begehen, meint sie.

»Ich kenne mich mittlerweile richtig aus«, sage ich. »Ça va?«

»Pff.«

Vor einiger Zeit hat die *Agentschap Natuur en Bos* einen Informationsabend für die wenigen Bauern veranstaltet, die noch die »Verwaltungslandwirtschaft« in den neuen Naturgebieten betreiben dürfen. Carl, der Bauer vom Gehöft am Pillendijk, war im Restaurant De Grote Geule in Kieldrecht mit dabei. Während des Essens wurden die bekannten Vereinbarungen getroffen: Die Kühe dürfen erst ins Gebiet, wenn die jungen Vögel »flugtüchtig« sind, das Gras muss bis zum Winter stehen bleiben, damit die Wildgänse dort noch »furagieren« können, es dürfen keine Pestizide eingesetzt werden, es darf nicht gedüngt werden. Die neue Natur ist für die Bauern landwirtschaftlich nicht sonderlich interessant – sie werden für die Bewirtschaftung nicht bezahlt, und das Gras ist mager und arm an Eiweiß –, aber administrativ gesehen schon. Die Oberfläche spielt bei den Subventionen und der Mistbuchhaltung eine Rolle.

Es wurde ein langer Abend. Auf dem Nachhauseweg ist Carl tot umgefallen. So wurde es am nächsten Tag im ganzen Polder herumerzählt. Hirnblutung.

Das Komische ist, dass die Polizei verschiedene Leute verhört hat, die an dem Abend dabei gewesen sind, auch den Naturwächter der *Agentschap Natuur en Bos.* Ja genau, Björn.

Monique erinnert sich nur allzu gut daran, wie der Naturwächter ihre Kinder verjagt hat, als sie im Wiesenvogelgebiet Schlittschuh laufen waren. Dabei ist Schlittschuhlaufen auf Wassergräben und Grachten eine echte Tradition unter Bauernkindern. Und im Sommer dürfen sie im Süßwasserteich auch nicht mehr schwimmen, sonst zeigt Björn sie an. Nicht, dass sie das noch wollten, das letzte Mal haben sie nach Gänsekot gestunken. Ja, wenn die Teiche heute grün sind, dann nicht mehr wie früher vom Froschlaich. Die großen Gänse scheißen allem Anschein nach bis zu achthundert Gramm am Tag, genauso viel wie ein Mensch. Ist das etwa keine Überdüngung?

Sie lacht nervös, redet schnell, benutzt oft das Wort »echt«. Der Pillendijk, ja, der ist noch eine echte Gegend von einfachen Leute, noch echtes Volk, total anders als in den Neubauvierteln oder in der Stadt. Sie rennen sich nicht die Türen ein, streiten sich manchmal heftig, aber wenn es darauf ankommt, halten sie zusammen. Ihre beiden Kinder haben das Privileg, hier aufwachsen zu dürfen. Man lebt und arbeitet mit den Jahreszeiten, Tag für Tag hat man Tiere und

Pflanzen im Auge. Man sieht durch das Fenster den heraufziehenden Nebel und die untergehende Sonne.

»Komm.« Sie bricht zu ihrer täglichen Runde auf und ich darf im Jeep mitfahren. Auf dem Armaturenbrett liegen ein Fernglas und eine Tabelle mit den Zeiten von Ebbe und Flut. Im Naturkompensationsgebiet vor ihrer Tür deutet sie auf jede einzelne Kuh. Sie sind vom Regen durchnässt. Seit die neue Natur angelegt wurde, steht die Fläche im Sommer voller Jakobskreuzkraut, und das flößt Monique Angst ein. Das Kraut ist in getrockneter Form giftig, so dass sie sich nicht traut, dem Vieh das Heu zu verfüttern. Muss sie damit zur Müllverbrennungsanlage?

Dann fährt sie den Deich hinunter, am alten Torfmoor der Putten entlang. Der Weg ist schlammig und hat tiefe Löcher, die Zweige der Kappweiden peitschen gegen die Scheiben. Alle Weißblauen Belgier stehen brüderlich und wassertretend in den Sumpflöchern zusammen. Monique liebt es, so eine Kuh schwimmen zu sehen, den schweren Kopf krampfhaft über Wasser haltend.

Es geht weiter zum Prosperpolder, dessen fette Äcker sich scheinbar bis zum Horizont erstrecken. »Die fruchtbarsten Böden, aber bald nur noch Morast«, sagt Monique. »Noch ist alles unangetastet und bearbeitet. Aber es ist das letzte Jahr für die Bauern. Schau hin und versuche, es dir vorzustellen. Alles weg: der Lehm, die Äcker, die Bäume, die Bauernhöfe.«

Jetzt über die Grenze, den Scheldedijk hinauf, im prasselnden Regen, bis zum Parkplatz beim Vogelausguck. Vor uns liegt das Verdronken Land van Saeftinghe. Ein 3500 Hektar großes Brackwassergebiet, das seit der Überschwemmung im Jahre 1584 nicht mehr eingepoldert wurde. Unter dem

Schlick und den Schorren liegen ganze Dörfer und Polder, sogar ein Schloss und ein Leuchtturm. Manchmal kommen die Gerippe vom alten Friedhof an die Oberfläche. Und manchmal werden sogar Skelette von Kühen hochgespült, die hier vor fünfhundert Jahren auf den Polderweiden gegrast haben.

Monique schließt den Schlagbaum auf, fährt mit dem Jeep über den Gasdam ins Naturgebiet und zählt unruhig ihr Vieh auf der braunen Fläche. Die Kühe stehen zusammengedrängt nahe am Scheldeufer. Manchmal verdeckt eine Kuh die andere. Nach langwierigem und wiederholtem Zählen kommt sie auf neunundvierzig. Eine fehlt.

Vier Bauern bewirtschaften je einen Teil der Schorren. Während des harten Winters im letzten Jahr haben sie bestimmt ein Dutzend Kühe verloren. Sie ertrinken in den Wassergräben oder versinken im Treibsand. Weil die Bauern nicht mit dem Traktor ins Naturgebiet dürfen, um sie wegzubringen, werden sie dort vergraben. Und wenn das auch nicht geht, muss eben die Natur sie selbst beseitigen. Nach ein paar Monaten ist fast nichts mehr übrig von einer Kuh. Aaskäfer, Krähen, Raubvögel, Füchse, sie alle tun sich gütlich an ihr. Allein in Saeftinghe wurden fünfzehn Fuchsbauten gezählt. Es sind allmählich so viele, dass sie bereits eine Gefahr für den Straßenverkehr darstellen. Monique knallte kürzlich in der Dämmerung mit einem Fuchs zusammen, Scheinwerfer kaputt, Tier tot.

Die Rinder fressen die salzhaltigen Pflanzen und Gräser, was ihrem Fleisch einen leicht salzigen Geschmack geben wird. »Weißblaue présalé« steht auf Geerts Webseite, einem anderen Viehbauern. Aber da macht Monique nicht mit. Früher hat man auch Présalé-Lammfleisch als Delikatesse beworben, aber in den neunziger Jahren wurden die Schäfer von Saeftinghe Opfer einer Hetzkampagne. Die Schafe würden wegen des verunreinigten Scheldewassers voller Schwermetalle sein. Als dann auch noch Dutzende Schafe ertranken, weil sich ihre Wolle voll Wasser gesaugt hat, schrieben die Zeitungen von Tierquälerei. Seitdem will die Stiftung *Het Zeeuwse Landschap*, die das Gebiet verwaltet, nichts mehr von Schafen in Saeftinghe hören, obwohl es ein jahrhundertealter Brauch gewesen ist.

Kühe hat Monique diesen Winter nicht verloren, aber sie hat sich monatelang um ihre fünf roten Limousins gesorgt, echte Naturtiere, diese französischen Rinder, um nicht zu sagen widerspenstig. Was sie auch anstellte, Monique bekam die Tiere vor dem Winter nicht in den Stall. Sie spazierten durch die Schorren, durchschwammen Wassergräben, aßen Schnee, alles zum Missfallen des Verwalters, der angeordnet hat, dass alle Rinder ab November fort sein müssten. Erst kurz vor dem Frühling, als sie vor Hunger und Durst fast schon umgekommen waren, haben sich die Kühe zum Futtertrog locken und einfangen lassen.

Monique bewegt ihr Fernglas unruhig von links nach rechts und wieder zurück. Immer noch neunundvierzig. Aber dann stellt sich heraus, dass die Kuh ganz in unserer Nähe beim Gasdam ist. Ein scheues Tier, das sich vor lauter Angst nicht in die Schorren traut. Sie hat große, traurige Augen und ist weißgrau gescheckt. Ich schätze sie auf etwa drei, vier Jahre.

Ist es vielleicht Weißkopf? Stampffuß? Spitzhorn?

Ich frage nicht.

»Die hole ich dann Samstag nach Hause«, lacht Monique mit einem plötzlichen Funkeln in den Augen. »Ja, hier in den Schorren, in der Abendsonne, wenn ich alle Kühe aufgespürt habe, fühle ich mich einen Moment lang glücklich.«

Ein gigantisches Containerschiff fährt an uns vorbei, ein bunter, Hunderte Meter langer Schachtelkasten. Die Bugwelle jagt das Wasser tief in die Schorren hinein. Es geht auf fünf Uhr zu, die Sonne steht schon tief, und die Flut dringt nun rasend schnell in die Wasserrinnen. Regelmäßig kommt es hier zu Dramen, weil Wanderer sich zu weit in das Gebiet vorwagen und dann von der Flut eingeschlossen werden. Wir überqueren die klapprige Brücke über das Hondengat und lassen das Verdronken Land schnell hinter uns.

Ich kann mir nicht helfen, aber ich atme auf, als wir wieder an Feldern und Bauernhöfen vorbeifahren. Wie überwältigend es auch ist, in dieser launigen Schorrenlandschaft zu sein, wenn man sie eine Stunde lang betrachtet hat, wird es etwas eintönig. Nichts als brauner Schlick und Schilf. So schön ist Natur nun auch wieder nicht. Der Hedwigepolder hingegen, auf der anderen Seite des Deichs, liegt saftig grün und fruchtbar da. Viele Menschen meinen, er sei durch die Mischung aus Äckern, Wiesen, Alleen, Wäldchen und Teichen der schönste Polder der ganzen Region. Nur wie lange noch?

Zurück in der Küche ihres Bauernhauses, in der eine Luftaufnahme des Hofs über dem Ofen hängt, steckt Monique sich eine Zigarette an. »Ich hoffe aus ganzen Herzen, dass die Natur überall auf unserem Planeten geschützt wird«, sagt sie und nimmt einen tiefen Zug. »Aber deshalb muss man doch nicht die alte Kulturlandschaft zerstören und die Menschen vertreiben.«

Sie erzählt, dass kürzlich einige grüne Beamte seltene Salzpflanzen aus den Putten gegraben und hinter ihrem Bauernhof wieder eingepflanzt haben. Sie haben dort »Testbeete« für ihre »Transplantationen« angelegt. Das also ist das Pflanzgut in den blauen Plastiksäcken, die ich auf dem Dachboden des Hof ter Walle gesehen habe. Aber hier in den Böden gibt es kein salziges Sickwasser, und die Pflanzen verkümmern jetzt schon.

»Ach, die Natur lässt sich nicht immer zwingen, und das ist auch gut so.«

»Ich kann nicht einmal meinen Gemüsegarten jäten, geschweige denn die Natur gefügig machen«, lache ich.

»Manchmal fühle ich mich so verloren«, sagt sie plötzlich verzweifelt. »Warum läuft das Leben, wie es läuft?«

Ich schweige und schaue weg. Durch das Küchenfenster sehe ich einen großen Gänseschwarm wild schnatternd und flatternd auffliegen. Sie rennen mit schweren Beinen, klappen die Flügel aus, heben ab. Anmutige Silhouetten verdunkeln das Fenster, die langen Hälse nach vorne gestreckt, die Beine nach hinten, die Federn stramm am Körper. Sie steigen höher und höher und fliegen in einer V-Formation Richtung Hafen.

Vögel aus Spitzbergen oder Sibirien, die Tausende Kilometer hinter sich legen, um in unserem Polder zu überwintern: Früher haben sie meine Phantasie sehr angeregt. Ich las alle Bücher von Jules Verne und wollte auch in die weite Welt hinaus, war aber selbst, wie meine Klassenkameraden auch, noch nicht einmal im Urlaub gewesen. Während meiner Kindheit sind die Gänse allerdings immer seltener geworden. Jetzt sind sie wieder zurück und nicht nur zum Überwintern, sondern auch, um hier zu brüten. Sie gehören zu diesem Land, sie gehören zu uns.

***

Es ist März, und es schneit. Der Frühling fällt in Kübeln aus dem Himmel. Trotz des Sauwetters sind wir über hundert Bauern. Eine Traktorkarawane blockiert die Farnesebrug bei der Schleuse von Kallo. Kein Schiff kommt mehr durch. Es ist eine lautstarke Demonstration gegen den Plan, wieder 1500 Hektar Ackerland für die Hafenerweiterung zu beschlagnahmen, die Hälfte davon für Naturkompensationen. Zusammen gut dreitausend Fußballfelder, so groß wie die Antwerpener Innenstadt.

»Man hat uns verraten und ins Gesicht gespuckt. Das nächste Mal legen wir den ganzen Hafen lahm«, schreit Piet Vanthemsche, der Landesvorsitzende des Belgischen Bauernverbands. Seit Jahren hat der Verband, der nicht nur Berufsvereinigung, sondern auch kommerzielle Holding ist, nicht mehr so kämpferisch geklungen. Guido Van Mieghem, der lokale Vorsitzende, der selbst auch enteignet werden soll, glaubt daran, dass sein Hof wieder aus der Asche aufsteigen wird: »Mich kriegen die nicht von meinem Land. Nur über meine Leiche.«

Hinter der Schleuse, bei der Schelde, wird zurzeit das Elektrizitätswerk abgerissen, für das die Bauern als erste Industrialisierungsmaßnahme bereits 1967 enteignet wurden. Das hat damals zu wilden Aktionen geführt, die vollkommen aus dem Ruder liefen, einschließlich der Geiselnahme eines Enteignungskommissars in Kallo. Danach wurden weitere Tausende Menschen für die Hafenerweiterung enteignet. Und der Exodus geht weiter.

Ich wische mir die Schneeflocken aus den Augen und sehe, auf dem neuen Öko-Golfplatz neben der Schleuse, wo früher ein stattliches Bauerngut gestanden hat, einen Kran aufragen. Der Golfklub muss jetzt auch Schutzmaßnahmen für die Kreuzkröte und die Sumpf-Ständelwurz anlegen. Falls sie sich weigern, wird der Platz gar nicht erst eröffnet. Hier soll auf neun Löchern gespielt werden, was für die Hafenbonzen, die gerne mal einen Ball schlagen, eine gute Nachricht sein muss. Aber zwischen dem siebten und achten Loch gut aufpassen, dass man keine Kreuzkröte trifft.

4.

Zaligem. Arbeit adelt

Das rote Ziegeldach der alten Scheune glitzert im Morgenlicht. Über dem Dachfirst ragt ein Kran auf, der sich dreht und schwenkt. Die Mauern der neuen Villa hinter unserer Scheune schießen aus dem Boden. Eine darauf spezialisierte Anwaltskanzlei hat uns gerade ein Einschreiben geschickt. Wenn wir uns nicht innerhalb dieses Monats mit der Verschiebung der Grenzlinie einverstanden erklären, geht der Nachbar vor Gericht. »Nimm es dir nicht so zu Herzen!«, sagt Ma, ist aber selbst erschüttert gewesen, als sie den Brief im Pflegeheim bekommen hat.

Heute nehme ich mir das jedenfalls nicht zu Herzen, denn ich hatte vorhin eine neue Umweltgenehmigung im Briefkasten. Der offene Misthaufen stellt keine Umweltbelastung dar, wie es mein Bruder befürchtet hat. Der Bauernhof könnte zur Not noch zwanzig Jahre bewirtschaftet werden, was der neue Nachbar auch immer davon halten mag.

Seit ein paar Wochen gibt es prächtigen Sonnenschein. Die beiden roten Hofkater kommen auf mich zugelaufen, hoffnungsvoll miauend, die Schwänze wie Antennen in der Luft. Sie mögen mich mittlerweile sehr, lassen sich aber noch nicht streicheln. Es beunruhigt mich, dass sie sich manchmal auf die Straße wagen. Ich stelle ihnen einen Teller Trockenfutter von Aldi hin.

Das große Wohnzimmer habe ich in mein Arbeitszimmer umgewandelt und eine alte Holzschulbank, die ich im Antik- und Retroladen hundert Meter weiter erstanden habe, in eine Ecke gestellt. Früher ist es der kleinbäuerliche Landwirtschaftsbetrieb von Tineke gewesen, der bereits Anfang der siebziger Jahre zu einer Diskothek, *The Old City*, umgebaut wurde. Die Anziehungskraft auf die Bauernjugend war so groß, dass die Autos in zwei Reihen, bis zu unserem Hof parkten. Die Kemphoekstraat, bis hin zum Wassergraben, war damals noch von einem Dutzend Bauernfamilien und einem Hirten bevölkert. Ich sehe noch alle alten Bauern aus meinen Kindertagen vor mir. Sie schoben die Daumen hinter die Hosenträger, kauten ihren Priem und stampften ihre Holzschuhe auf den Wegen sauber. Auch die alten Bäuerinnen habe ich noch vor Augen, zähe Frauen, die die Hände kräftig in die Hüften stemmten, schwere Schürzen trugen und Fleischbrühe verteilten, wenn wir Bärenhunger hatten. Es waren Leute, die zwei Weltkriege erlebt hatten, die, wie schon vor Jahrhunderten, die Ernte noch mit Sense und Sichel einbrachten, und die der Revolution auf dem Land ungläubig entgegensahen.

Heute besteht die Straße größtenteils aus neuen modernen Häusern, von denen einige noch im Bau sind. Im Antik- & Retroladen finden die Neuankömmlinge noch Spuren dieser Vergangenheit zu einem bescheidenen Preis. Als ich dort meine Schulbank gekauft habe, ergatterte ich für einen Euro auch ein Exemplar von Stijn Streuvels' *Der Flachsacker* aus dem Jahr 1941. Es gibt sogar alte Holzschuhe mit etwas Kuhmist dran, die vor ein paar Jahren in holländischen Läden bei Leuten, die gerne etwas mehr »Authentizität« haben wollten, äußerst beliebt gewesen sind. Meine Schulbank kommt mir mehr als authentisch vor, denn an der Unterseite klebt noch ein vertrockneter, krümeliger Popel. Es ist ein Pult mit einer Einfassung für ein Tintenfass und einer abgeschrägten, aufklappbaren Platte, unter der ich mein Schreibzeug wegräumen kann.

Hier sitze ich also, ohne Termine, ohne Verpflichtungen. Ich hänge die Gardinen ab und werde von Licht überflutet, überrumpelt. Von meinem Pult aus habe ich durch die Fenster eine breite Sicht auf unseren Hof. Der Blumengarten, die Straße, die Ferne, die es auf der Vorderseite des Bauernhofs vorläufig noch gibt. Ich sehe in einem Kilometer Entfernung den Weiler Turkeye, eine Handvoll Häuser und Höfe aus ehrlichem Backstein, die rund um einen zugeschütteten, von einer Reihe Pappeln umgebenen Tümpel stehen. Durch ihre Baumkronen hindurch sehe ich, zwanzig Kilometer weiter, die fiebrige Fackel der Totalraffinerie, die in der Rangliste der am meisten verschmutzenden Fabriken Europas noch immer weit oben steht.

Ma habe ich neben den Kamin gehängt. Sie hat ein sparsames Lächeln um den Mund. Ein Foto, das vor zehn Jahren aufgenommen wurde, als der Schatten der Zeit noch nicht so schwer über uns geschwebt hat. Ihr großes Gemälde eines kurvigen, der Grote Geule ähnelnden Wasserlaufs mit fliegenden Enten, das Werk eines talentierten Sonntagsmalers, hängt jetzt über dem langen Büfett. Weshalb hatte sie keinen Breughel-artigen kleinen Bauernhof an der Wand, wie die anderen Landwirte? Über die ausgeblichenen Stellen auf der Tapete, wo die Familienporträts gehangen haben, die sie mit ins Pflegeheim genommen hat, kommt eine alte Polderkarte aus dem Jahr 1788 und eine neue, die das zukünftige Hafengebiet zeigt. Gegenwart und Vergangenheit an ein und derselben Wand.

Alles im Garten an der Seite des Hauses hat gleichzeitig zu blühen angefangen. Das Knallgelb des Forsythienstrauchs, der letztes Jahr nicht geschnitten wurde. Die rote Orgie der unzähligen Blüten der Kamelien, die übermäßig schnell gewachsen sind. Die rosigen Blüten des japanischen Kirschbaums, die über den Rasen wehen. Die ersten Rhododendren färben sich schon violett.

Geißblatt und Kletterrosen kriechen über den Zaun. Unaufhörlich singen Finken, Meisen, Amseln, Drosseln, Rotkehlchen und Stelzen mit anderen Vögeln um die Wette, bis man vor Entzücken fast in Applaus ausbricht. Nur der Tumult der zwitschernden Spatzen, die früher unter den Dachziegeln genistet haben, fehlt beim Konzert.

Ich frage mich, ob die Rauchschwalben nach ihrem Winterquartier noch zu einem Hof zurückkommen werden, auf dem es nun viel weniger Insekten gibt. Solange ich mich erinnern kann, haben sie hier in den Ställen gebrütet und gemeinsam mit den Kühen gelebt. Der Moment ihrer Rückkehr aus Afrika war für uns wie ein Gongschlag der Zeit, ein Meilenstein im Kalender. Aber jetzt, auf einem leeren Hof, mit all den Bauprojekten in der Nachbarschaft? Zwischen den Spinnweben hängen ihre alten Nester noch bezugsfertig unter den Balken.

Auf diesem elterlichen Hof, am Rand von Dorf und Polder, habe ich die Welt entdeckt. Scheunen, Ställe, Misthaufen, Gemüse- und Obstgärten, Grachten und Wiesen, zusammen bildeten sie ein aufregendes Territorium, einen Ort, der uns miteinander, mit der Vergangenheit und mit der Natur um uns herum verbunden hat. Das Leben hat sich größtenteils draußen abgespielt. Als Kind zählte ich jeden Baum, jede Pfütze, jedes Tier. Vögel, Kaninchen, Frösche, Würmer, Schnecken, Spinnen, Ameisen, Käfer, Kakerlaken, Mistfliegen und Asseln waren alle unentbehrlich.

Die Landwirtschaft war nicht nur Arbeit, sie war Abenteuer, und sie war Freiheit. Meine Familiengeschichte, meine Jugend, mein ganzes Leben wurden von Hof und Polder geprägt. Der Bauernhof war Teil von dem, was mich bis dahin ausmachte. Wer ich war. Oder bin. Oder nicht bin. Ich gehörte dazu und auch wieder nicht.

Vorigen Sommer hat Ma noch die Fenster- und Türrahmen gestrichen, aber es ist deutlich erkennbar, wie alt und verschlissen das Haus mittlerweile ist. Regenrinnen, Leitungen, Mauern mit Rissen. Dadurch ist es noch mehr als früher zu einem Gebäude voller geheimnisvoller Orte geworden. Als ich die Treppe hochgehe und die Luke aufklappe, bin ich zum ersten Mal seit langem wieder auf dem großen, muffigen Getreidespeicher mit seinen kleinen Fenstern an den Seitenwänden. Der Dielenboden knarrt. Staub und Spinnweben bedecken alte Möbel, das Bettgestell des Knechts, das Vorkriegs-Waffeleisen, das bei fast jedem Fest zum Einsatz gekommen ist, die Kuckucksuhr, die nie richtig funktioniert hat, das Bauernwerkzeug, Pas Soldatenkleider und die vielen Kartons mit den Schulbüchern.

Ich hocke mich hin und blättere in Heften und Kalendern. »Christian stört wiederholt den Unterricht«, steht dort mit roter Tinte, und: »Strafarbeit wegen Frechseins und Ungehorsam«. Nach der Grundschule bekam ich die Empfehlung: »Seine Interessen liegen eindeutig bei der Arbeit in der freien Natur und bei der Literatur, nicht aber in der Mathematik, Musik und administrativer Arbeit.« Ab dem Zeitpunkt drehte sich für mich alles um lesen und schreiben, auch wenn ich in einem Haus ohne ein einziges Buch auf dem Regalbrett geboren wurde. Wenn Ma sagte, wir sollten »lesen«, meinte sie »beten«. Die Geschichten, die ich damals schrieb, handelten alle vom Bauernleben. Die längste hieß *Brudermord.*

Es waren zwei Kilometer bis zum Dorf, wo wir erst bei den Nonnen in den Kindergarten gegangen sind und anschließend auf die kommunale Jungenschule der Gemeinde. Wir liefen den Kirchpfad hinter der Textilfabrik *Vander Linden* (»die Fabrik der guten Kleidung«) entlang, in der Dutzende Mädchen Garne gesponnen haben und Uniformen nähten. Eines Tages kam es auf dem Sandweg zu einem Handgemenge mit einigen halbwüchsigen Jungen, die »Bauernlümmel« oder etwas Ähnliches gerufen haben. Dieser miese Dreckskerl aus Okkevoorde drehte meinem Bruder erst den Arm um und zog dann mit viel Kraft an ihm. Mein Bruder fiel hin und sagte *aua.* Sein Arm war gebrochen. Ich biss mir auf die Lippe. Ich konnte nichts, aber auch gar nichts tun.

Für den weiterführenden Unterricht gingen wir nach Sint-Niklaas, ich aufs Gymnasium, er auf die technische Schule nebenan. Wir mussten zehn Kilometer weit radeln und brachen immer zusammen auf, aber innerhalb kürzester Zeit war er mir eine Straßenecke voraus. Seine Schulbücher waren voll mit technischen Zeichnungen und behandelten Wechselstrom, Magnetismus, Mechanik, was er alles sehr nützlich und interessant gefunden hat, besonders als auserkorener Nachfolger auf dem Bauernhof. Er wollte alles über Maschinen wissen. Später lernte er in der Abendschule noch Französisch. Auf eines seiner Hefte hat er in schönen runden Buchstaben »Arbeit adelt« geschrieben.

Verborgen in einer Ecke liegt ein alter Revolver in einem Schuhkarton. Ein schweres, noch glänzendes Ding mit hübschem Handgriff, den wir irgendwann in einem alten Schrank gefunden haben. Ma hat ihn zur großen Aufregung der gesamten Familie von ihrer Tante geerbt. Der Revolver ist seit Jahr und Tag Teil unseres Familienmythos. Ma konnte fast nichts von der Familie wegwerfen, sie behielt einfach alles. Aber uns hat sie weisgemacht, dass sie den Revolver im Obstgarten vergraben hätte. Warum hat er bloß so lange hier auf dem Dachboden gelegen? Hat sie an ihm gehangen? Kann auch ein Revolver zur Familie gehören?

***

»Kain und Abel waren zwei Brüder«, sagt Ma. Das hat sie früher öfters zu uns gesagt: »Kain und Abel waren zwei Brüder, aber sie kannten einander nicht.«

»Ich wollte mein eigenes Leben«, sage ich. »Ich wollte schreiben, ich wollte reisen.«

»Zum Glück, denn von der Landwirtschaft hast du nicht viel verstanden. Und wie steht es jetzt mit dem Hof?«

»Es ist schon spät im Jahr, wir müssen das meiste Land für diese Jahreszeit vermieten. Für Flachs, Kartoffeln, Zuckerrüben. Nur Mais und Heu machen wir noch selbst.«

»Ja, ein Flachsacker«, sagt Ma träumerisch, »wie früher in meinem Dorf. Mit weißen oder blauen Blumen?«

»Blauen. Der Flachsbauer sagt, dass wir früh am Morgen kommen sollen. Sie blühen ja nur ein paar Stunden.«

Wie immer kann sie den Spaziergang gar nicht erwarten, denn sie fühlt sich »in dieser Bude« in der Stadt wie eine Gefangene. Deshalb verlangt sie auch, dass ihre Zimmertür immer offen bleibt, was ihr, trotz der pflegerischen Wärme und Fürsorge, schon Probleme eingebracht hat. Früher hat Ma gesagt, dass sie wie Pa bis ans Ende ihres Lebens auf dem Bauernhof bleiben wollte. Dass sie niemals in eine Wohnung ziehen wollte, wo Nachbarn unter, über, neben einem leben. Dass sie sich in der Stadt nicht wohl fühlen könnte, wo alle Häuser Augen hätten. Dass sie nie eine Stadtmamsell werden könnte. Aber es kam anders als gedacht. Unser ganzes Leben ist durcheinandergeraten.

Ich schiebe den Rollstuhl den Flur entlang, der nach Urin und Desinfektionsmittel riecht. Als Ma sich im Fahrstuhl im Spiegel sieht, fängt sie an, laut zu wehklagen. Sie hasst ihren kaputten Körper. Ihr linker Fuß ist seit der misslungenen Knieoperation vollkommen verzogen. Die Augen sind rot und entzündet. Sie wiegt nur noch vierundvierzig Kilo. Ihre Arme sind Haut und Knochen, die Nase sticht in ihren scharfen Gesichtszügen wie ein Schnabel hervor, die Haut ist verschrumpelt wie die Schale einer alten Kartoffel. Sie scheint vollkommen aus Pergament zu sein.

Ich denke, und auch sie denkt, dass sie nicht mehr lange leben wird.

Wir nehmen den Weg über die frühere Bahnlinie Mechelen–Terneuzen. Einst eine Lebensader des Waaslands, ist sie jetzt, unter anderem mit den Ruinen der Nobels-Peelman-Fabrik aus dem neunzehnten Jahrhundert, Teil eines Industriefriedhofs. Die Mauern sind voller Graffiti.

»Wieso spritzen sie das Unkraut nicht tot?«, fragt Ma verärgert und deutet auf den Wildwuchs an der Böschung.

»Ma, schau doch, Feldblumen und Klee. Auf einem Acker findest du die nicht mehr.«

»Ach, das ist doch kein Gespräch unter Bauern.«

»Eine Bäuerin hat mir vor kurzem gesagt, dass die Bauern viel zu hart geworden sind.«

»Es ist immer hart gewesen«, schnaubt sie und erzählt von meinem Bruder, der bei der Rübenernte von einem zornigen Bauern angegriffen wurde, weil er aus Versehen mit einem Rad seines Traktors auf dessen Acker gefahren ist. Sie schlugen sich und fielen in die Gracht. Sogar die Polizei musste kommen. Und diese schreckliche Geschichte von zwei Bauern in ihrem Geburtsdorf, die eine lebenslange Fehde hatten, ohne noch den Grund dafür zu wissen, und deshalb gegenseitig die Zitzen ihrer Kühe abschnitten.

Ma und Pa kommen aus Moregem, einem malerischen Bauerndorf mit kaum dreihundert Einwohnern in den flämischen Ardennen, wo auch die Familie von Stijn Streuvels gewohnt hat. Ma war die kleinste und feinste aus einer Familie mit elf Kindern. Sie begegnete Pa in der Kirche, danach auf der Kirmes und auf dem Tanzparkett im *Café De Hemel*, »und dann kam eins zum anderen«. Einen Bauern zu heiraten war damals noch das große Los. Pa kam von einem Hof am Tribunal, dem Monument, an dem im Mittelalter Recht gesprochen wurde, und hatte nur einen Bruder. Das führte zu einem Dilemma: Wer am längsten auf dem Hof blieb, sollte ihn übernehmen. Als er schon vier Jahre mit Ma zusammen war und sein Bruder immer noch auf dem Hof lebte, gab mein Vater zähneknirschend nach. Er fand in einer Bauernzeitung ein »Gehöft mit Nebengebäuden« im Polder, siebzig Kilometer entfernt, damals fast genauso weit weg wie Spanien heute.

Ma wäre auch nach Wallonien gegangen, in jener Zeit das gelobte Land für Landwirte, wo ein Zweig ihrer Familie sich als Bauern niedergelassen hatte. Dort gab es noch genügend preiswerten Grund, während Flandern zu wenig Höfe und zu viel Bauernsöhne hatte. Weil Pa aber kein Französisch sprach, entschieden sie sich für den Polder.

»Unterwegs habe ich dann gesehen, wie auf einem Feld eine Maschine von einer Bäuerin und nicht von einem Pferd gezogen wurde«, sagt Ma. »Die Kinder liefen ohne Hosen herum. In den fünfziger Jahren herrschte hier noch genauso große Armut wie heute auf Haiti. Im Polder war es besser, aber ziemlich feucht.«

Sie fingen das große Abenteuer eines eigenen Bauernhofs im Jahr 1953 an, als ein Teil des Polders unter Wasser stand, nachdem im Februar eine Sturmflut für über 1800 Tote, vor allem in Zeeuws-Vlaanderen, gesorgt hatte. Ma ging herum, um Geld für die Opfer zu sammeln. Sie mussten noch ein halbes Jahr mit den Vorbesitzern des Hofs zusammenwohnen, die eine Straße weiter, in Okkevoorde, ein Privathaus bauten. »Wir haben die schönsten Kartoffeln des ganzen Polders. Weizen und Erbsen machen sich gut. Die Hühner und Schweine haben schon gutes Geld eingebracht«, schrieb Pa begeistert an seine Familie. »Aber wir kennen die Bräuche dieses Landstrichs noch nicht. Hier spazieren sonntags Hunderte Menschen vorbei, um in der Geule schwimmen zu gehen. Das große Motocross in Stekene ist sehenswert.«

Noch bis zu seinem Tod wurde er von manchen »der neue Bauer« genannt, denn es war eine geschlossene und argwöhnische Gemeinschaft, die Fremde nicht mochte. Mein Bruder und ich waren Immigranten der zweiten Generation und wuchsen zweisprachig auf. Ma hat bis zum heutigen Tag ihren eigenen Moregemer Dialekt beibehalten. Im Pflegeheim verstehen die Alten aus dem Waasland kaum ein Wort. Sie begreifen nicht, dass ihr »palto« ihre Jacke ist und »baai« ihr Pullover, ganz zu schweigen davon, dass »viggens« Schweine sind. Wenn Ma zur Toilette will und nach dem »vertrek« fragt, wird sie mit großen Augen angesehen, denn hier gehen sie lieber zum »gemak«.

Jedes Jahr fuhren wir einige Male zur »Bauernkirmes« nach Moregem, was in jener Zeit, als es noch keine Autobahnen gab, eine richtige Expedition von Dorf zu Dorf war. Mein Bruder und ich saßen auf der Rückbank und zeichneten Strichmännchen an die beschlagenen Scheiben. Endlich kam dort die weiße Mühle in Sicht. Da das Kloster. Und hier der Hof unserer Vorväter mit unserer großen Familie, Dutzende Tanten, Onkel, Cousins und Cousinen, die ich kaum mit Namen kannte. Sie alle arbeiteten in der Landwirtschaft. Das Festmahl bestand immer aus sechs oder sieben Gängen, darunter meist eine Kuhzunge mit großen Papillen, was ich gruselig fand. Das Schlimmste war, wenn wir, auf einem Stuhl stehend, unsere in der Schule vorbereiteten Neujahrsbriefe vorlesen oder unsere Zeugnisse zeigen mussten. Dann gab es einen Rundgang über den Hof, bei dem das Vieh und die Ernte ausgiebig beäugt und besprochen wurden. Und zum Schluss musste ich mich im Auto auf dem Weg nach Hause fast immer übergeben. Mein Bruder lachte mich aus und zog hässliche Grimassen.

»Ihr seid so verschieden gewesen«, sagt Ma. »Dein Bruder konnte schon mit zehn Monaten laufen, du erst mit fünfzehn. Er stapfte einfach durch den frischen Beton, den Pa gerade gegossen hatte. Seine Abdrücke sind immer noch zu sehen.«

Wir unterschieden uns später noch viel mehr, aber das spielte in unserer Kindheit keine Rolle. Damals teilten wir noch die großen Dinge wie die Kühe, die Scheunen, die Weiden, aber auch die kleinen Dinge, wie die abgetragene Jacke, eine Schleuder, ein Feuerzeug.

Am Ende des Wegs kommen wir an einer alten Lagerhalle vorbei, die zu einer Moschee umgebaut worden ist. Frauen mit Kopftüchern nicken Ma freundlich zu. Sie schämt sich für den Rollstuhl. »All diese Fremden«, brummt sie, »wohin soll das führen?«

Die Endstation unseres Spaziergangs ist der Bauernhof »'t Hondshof«. Dort kann man in einem kleinen Laden Bauernprodukte kaufen. Äpfel, Eier, Kartoffeln, Käse, Milch, Sahneeis, Butter, Joghurt. Dutzende schwarz-weiß gescheckter Kühe kommen näher und starren Ma und ihren Rollstuhl an.

Unglaublich neidisch beobachtet sie die Bäuerin, die schwer beschäftigt ist. Ma hat ihr ganzes Leben gearbeitet, um den Betrieb aufzubauen und uns ein besseres Leben zu ermöglichen, und jetzt würde sie alles dafür tun, um noch einmal mit ihrem Kopf unter einer Kuh zu hocken, noch einmal den Kälbern die Flasche zu geben, noch einmal die Kartoffeln zu harken. Der Hondshof ist für sie jetzt der Himmel auf Erden.

Die Hölle ist die Kreuzung unter der Eisenbahnbrücke, die wir im Berufsverkehr überqueren müssen, während Güterzüge über unsere Köpfe donnern, Busse an uns vorbeibrettern, ein buckliger Bettler mich am Arm zieht, und Ma zum dritten Mal schreit: »Warum muss nur alles immer so schnell gehen?«

***

Als ich wieder auf dem Bauernhof bin, liegt einer der beiden roten Kater tot da, die steifen Pfoten in der Luft, der Rücken gebrochen, verunglückt beim Überqueren der Straße. Ich begrabe das Tier im sumpfigen Feld hinterm Haus, auf dem im Sommer die Kälbchen herumgelaufen sind. Der andere rote Kater, abgemagert und räudig mit eiternden Augen, kommt miauend angelaufen. Ich gebe ihm das letzte Tiefkühlgericht, das ich noch im Haus habe, Kuhzunge in Madeirasoße. Er frisst das Fleisch noch halb gefroren.

Die Katzen werden vielleicht sterben, aber mein Federvieh gedeiht. Wir hatten immer Hühner, Truthähne, Perlhühner, Enten und Gänse hier. Jetzt paradieren einige braune Hennen vor meinem Fenster. Ein Hahn in flammenden Farben führt sie glucksend zum Futter. Dann starrt er mich minutenlang an, auf einem Bein, den Kopf schief, und versucht, mich zu ergründen. Im Gemüsegarten ist ein weißes Zwerghuhn mit zehn Küken am Picknicken. Der Nachwuchs kann offenbar noch nicht fliegen.

Wir wuchsen mit den Tieren auf. Wir befreiten Kühe und verhätschelten Kälbchen. Wir kastrierten Ferkel und schnitten Schweinen, wenn es sein musste, aber nicht ohne Widerstand, die Kehle durch. Ich sehe Ma noch vor mir, wie sie zu meinem Grauen junge Katzen in der Senkgrube ersäufte, als es wieder eine Katzenplage gab. Ich sehe Pa, wie er ein Kaninchen häutete, das wir zu dritt im Zaligem gefangen hatten. Das Wild im Polder und die Vögel im Garten waren nicht nur schön anzusehen, sie wurden auch gefangen und gegessen. Ich fand es spannend, Spatzen mit einem Fußeisen zu erwischen, aber eklig, wenn Pa die kleinen Knochen abnagte.

Ma schüttelte den Kopf, ließ mich aber gewähren, wenn

ich wieder mal mit einem Tier nach Hause kam. Wie Jacky, einem schwarzen, herrenlosen Hund, den sie lachend Straßenköter nannte. Wir waren unzertrennlich. Einmal lief Jacky mir bis in die Schule nach. An einer Kreuzung im Dorf wurde er vor meinen Augen angefahren. Ich heulte den ganzen Weg nach Hause, mit dem schlaffen, blutigen kleinen Körper in meinen Armen. Ich legte ihn unter das glühende Rohr unseres Löwener Ofens. Aber das Leben kam nicht wieder, kam nie zurück.

Ich hatte immer einen Hang zu Tieren, ich habe mit ihnen geredet, sie gefüttert, ihnen Aufmerksamkeit geschenkt. Und sie schenkten mir ihre Aufmerksamkeit. »Als wären die Tiere in dich verliebt«, sagte meine Partnerin einmal, nicht ohne Neid.

Vor langer Zeit habe ich zwei Bauerngänse auf dem Vogelmarkt in Antwerpen gekauft. Ich hatte um ein Pärchen gebeten, aber es stellte sich heraus, dass es zwei Gänseriche waren. Ich setzte die flaumigen Küken in eine Kiste mit Heu und gab ihnen Brotkrümel und Wasser. Tagsüber beschäftigte ich mich mit ihnen im Gras. Pieppiep, riefen sie, wenn sie mich kommen sahen. Quakquack, antwortete ich. Wie lächerlich meine Imitation des Gänserufs auch war, sie erkannten das Geräusch aus hundert Metern Entfernung und waren verrückt vor Freude, wenn sie es hörten. Es war unwiderstehlich lustig, wie sie hinter mir hertrippelten, so treu wie ein Hund, noch über die eigenen Beine stolpernd. Sie waren anhänglich wie Kinder.

Als Junge war ich fasziniert, als der Österreicher Konrad Lorenz 1973 den Nobelpreis für seine Arbeit mit Gänsen bekommen hat. Im Fernsehen waren rührende Bilder des alten Professors zu sehen, wie er, mit einer Reihe junger Gänse hinter sich, spazieren oder schwimmen ging. Er behauptete, dass Küken das erste sich bewegende Wesen als ihre Mutter ansehen, selbst wenn es ein Kissen an einer Kordel sei.

Meine Küken wuchsen schneller als gedacht zu anmutigen weißen Gänserichen heran, fast ein Meter groß. Quakquack, sagte ich noch immer, wenn ich zu ihnen ging. Gackgack, antworteten sie nun lauthals. Wenn ich im Garten saß und ein Buch las, lagen sie an meinen Füßen. Wenn ich wieder hineinging, jammerten sie herzzerreißend. Sie wollten immer bei mir sein. Über alle anderen fielen sie aggressiv her, laut zischend und fest zubeißend mit ihren kräftigen Schnäbeln mit den Sägerändern. Wenn ich auch nur anfing, mich mit jemandem zu unterhalten, übertönten sie wild schnatternd das Gespräch. Es sind die elementaren Emotionen von Freude, Wut, Angst und Kummer, die Tiere mit den Menschen teilen.

Hatte ich ihre anstrengende Gesellschaft einmal satt, war es dennoch unmöglich, sie zu verjagen. Im Gegenteil, sie kamen dann noch näher und bissen sich an meinen Hosenbeinen fest. Das Einzige, wovor sie sich erschreckten, war eine große grüne Gießkanne mit einer langen Tülle. Wenn ich sie zu ihnen hinstreckte, waren sie vor Angst wie vom Donner gerührt. Sie setzen sich aufrecht hin, machten sich so breit und groß wie möglich und warteten mit der Zurschaustellung ihrer Kraft auf. Dann flogen sie voller Hass und Raserei auf die Plastikkanne zu, um sie mit Schnabel, Beinen und Flügeln zu traktieren. Eine Viertelstunde lang verausgabten sie sich in diesem Kampf um Leben und Tod, bis sie schließlich atemlos seufzend und stöhnend auf der Seite lagen. Die Gießkanne gewann immer.

Sonntags streifte ich mit meinen Gänsen oft durch die Gegend. Wir gingen auf dem Grünstreifen grasen. Aus Erfahrung wusste ich, dass schon eine Viertelstunde nach dem Essen die ersten Kötel fielen, mindestens zehn pro Stunde. Das Gras ging erstaunlich schnell durch ihren Magen-Darm-Kanal.

Ich konnte das ganze Dorf umrunden, sie marschierten wie Soldaten, Seite an Seite, hinter mir her. Eines Morgens flog eine Gruppe Graugänse gackernd vorüber. Meine beiden Gänse mit ihren gestutzten Flügeln – domestizierte Nachkommen der Graugans – blieben stocksteif stehen, die Hälse emporgestreckt, die Nackenfedern aufgestellt, die Schnäbel geöffnet. Dann folgten ein jämmerliches Geflatter, ein Sprung in die Luft und ein schmerzhafter Purzelbaum. Ich stellte mich vor sie und sauste los. Sie rannten hinter mir her, holten mich schnell ein, breiteten zitternd die Flügel aus, kamen einen Meter vom Boden weg. Sie flogen einige Dutzend Meter weit. Dann vergruben sie sich erschöpft mit ihren Schnäbeln im Sand.

Um sie zu trösten, hockte ich mich vor sie, damit wir auf gleicher Höhe waren. Ich streichelte ihre Köpfe und Rücken, was sie immer gerne mochten. Quackquack, sagte ich beruhigend. Gackgack, antworteten sie schwach. Ich beugte mich vor wie ein Frosch. Quackquackquack, spornte ich sie laut an, damit sie sich zusammenrissen.

Mit einem Mal bemerkte ich eine Gruppe von Wanderern, die mich anstarrten, sich gegenseitig anstießen, manche schüttelten den Kopf, prusteten oder grinsten, gerade so, als hätten sie den Dorfdeppen gesehen.

Kurze Zeit später wurde einer meiner Gänse von dem frei herumlaufenden Hund eines komischen Kauzes, der an der

Ecke wohnte, der Kopf abgebissen. Es war das einzige Mal, dass ich zur Polizei gegangen bin, um Anzeige zu erstatten. Dann kümmerte ich mich um ein hübsches Grab in einem kleinen Waldstück.

***

Ein Auto biegt in die Auffahrt zum Bauernhof ein, die Tür geht auf, und ein Mann mit Aktentasche steigt aus. Er setzt sich in der Küche auf Mas Platz und schiebt mir einen Stapel Dokumente über den Tisch zu.

»Ich habe ein interessantes Angebot für euch«, sagt er.

Er ist der Mann von *Electrabel*, dem nationalen Stromproduzenten, der heute zum französischen, multinationalen Konzern *Suez* gehört. Er betreibt das Kernkraftwerk in Doel und liefert mir jeden Tag Atomenergie für Licht und Herd. *Electrabel* wird rund um den Bauernhof einen Windradpark bauen, der genügend Ökostrom für einige tausend Familien produzieren soll. Es geht um hypermoderne Windturbinen auf einem hundert Meter hohen Mast und mit fünfzig Meter breiten Flügeln. Sie sollen in dreihundert Meter Entfernung vor und hinter unserem Hof und der Straße, an der viele junge Familien in gerade fertiggestellten Häusern wohnen, stehen.

Mein Bruder hatte von Windrädern auf seinem Land nichts wissen wollen und die lukrativen Angebote von *Electrabel* stets abgelehnt, die sich daraufhin mit den Eigentümern des neuen Tomatenkomplexes, die übermäßig viel Grund besitzen, einigten. Er hat sogar eine schriftliche Beschwerde eingereicht: »Ich habe Angst, dass die Windräder, so nah an meinem Weideland, den Tieren Schaden zufügen können, besonders den trächtigen. Wie Studien zeigen, fühlen sich Menschen von der Lärmbelästigung und dem Schlagschatten gestört. Dies gilt bestimmt auch für Tiere.« Er hatte übrigens auch gegen den Tomatenkomplex eine Beschwerde vorgebracht, aus Angst, dass seine Inbetriebnahme den Wasserstand in den Grachten rund um seine Grundstücke senken könnte. Der Betrieb wurde trotzdem gebaut, mit Unterstützung des Belgischen Bauernverbands.

»Die Flügel kommen zwar genau an den Rand des Weidelands, aber es wird nur wenig Schlagschatten entstehen«, versucht mich der Mann von *Electrabel* milde zu stimmen. »Das Geräusch beträgt im schlechtesten Fall dreißig Dezibel.«

»Aber in Stereo, von beiden Seiten des Hauses«, sage ich.

»Und wir benötigen einen nur fünf Meter breiten Durchgang über eure Weide, um Material anzutransportieren, um Leitungen zu verlegen und um die Windräder später zu warten.«

»Für wie lange?«

»Für zwanzig Jahre«, sagt er. »Wir bezahlen zehntausend Euro pro Jahr.«

Ich schlucke. Das ist mehr Geld, als die ganze Wiese in meinem restlichen Leben einbringen wird. »Wir werden den Vertrag prüfen«, beschließe ich.

Als er weg ist, lese ich den komplizierten Optionsvertrag gründlich durch. Hier steht unter anderem, dass *Electrabel* »Exklusivität« auf all unseren umliegenden Grund fordert. Und sie behält sich das Recht auf die »einseitige Aufkündigung« des Vertrags vor, sollte der Gesetzgeber die Subventionsrichtlinien ändern. Denn darum geht es hier auch, um die Ökostromsubventionen.

Ich setze mich wieder auf die niedrige Mauer beim alten Schweinestall und blicke über die Wiese. Dahinter sehe ich die Wand aus Beton und Glas der Gärtnerei, die ebenfalls Tausende Familien mit Tomaten versorgen wird und die es bestimmt auch auf die Ökostromsubventionen abgesehen hat. Sie läuft jedenfalls mit Kraft-Wärme-Kopplung, ein System, das die Energie in den Gewächshäusern wieder in Strom umwandelt und ihn an *Electrabel* verkauft. Das soll dann Ökostrom sein, und der wird subventioniert. Genau wie die Solarzellen, die die Anwohner der Straße mittlerweile en masse auf die Dächer montiert haben.

Mein Bruder hatte kein gutes Wort für die Tomatengärtnerei übrig, die in seinen Augen zwanzig Hektar guten Polderbodens eingesackt hat und vergeudet: eine Fabrik und kein Landwirtschaftsbetrieb mehr. Als der Gärtnereibesitzer auch sein Grundstück kaufen wollte, hat er sich natürlich geweigert. Daraufhin hat ihn der Unternehmer einfach gefragt, wie lange er denn noch Landwirtschaft zu betreiben gedenke.

Dreimal hat mein Bruder in der letzten Zeit Beschwerde eingelegt. Gegen die Windräder, gegen die Tomatenfabrik und gegen die Villa hinter seiner Scheune. Er reagierte auch verärgert, als das Möbelgeschäft, das ein Stück die Straße runter liegt, ihn nach einem Stück Land für einen Parkplatz fragte. Woher kam bloß all dieser instinktive Widerstand? War es etwa das *Not In My Backyard*-Syndrom? Oder der Konservatismus des Bauernstands? Oder fühlte er sich allmählich von Leuten umzingelt, die ihn lieber weghaben wollten?

Immer schneller verschwinden die Orte, die wir einmal so sehr geschätzt haben. Warum können wir nicht einfach die

Finger von alldem lassen und das Leben unbekümmert verbringen? Das war das Gefühl, das wie ein Stachel in seiner Haut saß. Die Landschaft unserer Jugend glich der Welt, die unsere Eltern als Kinder gekannt hatten, noch vollkommen, und die unterschied sich kaum von der ihrer Eltern. Eine Landschaft begleitete damals noch Generationen. Heute verändert sie sich von Jahr zu Jahr.

Die Grachten hinter der Weide sind durch die Erdarbeiten für die Tomatenfabrik fast ausgetrocknet und verschlammt. Ich habe den Deichgrafen gebeten, die Wassergräben zu öffnen. Denn das ist trotz aller Veränderungen noch wie im Mittelalter: Der Deichgraf und die Polderverwaltung sind für den Wasserhaushalt zuständig.

Ich beschließe, meinen Anwalt aufzusuchen. Der beruhigt mich. »Dem neuen Nachbar wird es nie gelingen, die historischen Grenzen des Hofs anzufechten, auch dann nicht, wenn er euch vor den Richter schleppt. Oder wollt ihr einen Vergleich?«

»Auf keinen Zentimeter vom Hof werden wir verzichten«, sage ich. »Nie und nimmer.«

***

Da sind sie wieder, die Austernfischer. Sie fliegen schrill piepend über meinen Kopf, ihren langen roten Schnäbeln hinterher. Haben sie jetzt schon Eier zu beschützen? Ich schneide mit der Sense die Disteln auf der Wiese. Danach entferne ich ein langes Stück Stacheldraht, damit ich später ungehindert das Gras mähen kann. Die Absperrung ist ja nicht mehr nötig, es kommen ja doch keine Kühe mehr hierher. Heu macht man, je nach Wetterlage, vor Juni oder Juli.

Nächste Woche werde ich noch Mais aussäen und auf Regen hoffen. Mit den Zeeuwer Bauern habe ich vereinbart, dass auf dem Rest des Ackerlands Flachs, Kartoffeln und Zwiebeln angebaut werden.

Mir ist klar, dass keine einzige meiner Erinnerungen noch rein und unbefangen ist, aber diese steht mir noch deutlich vor Augen. Wie ich vor ein paar Jahren in der gleichen Jahreszeit und auf der gleichen, damals noch nicht umzingelten Wiese kurz von einem ungewöhnlichen Gedanken überfallen wurde: Hier bin ich glücklich. Ich genieße solche Augenblicke. Mein Bruder und ich trieben nach einem langen Winter die Kühe auf die Weide. Erst zögerlich und mit gespitzten Ohren, dann übermütig springend, stürmten sie immer zu zweit auf einmal durch das Gatter zum frischen Gras, warfen die Hinterbeine in die Luft, galoppierten wild auf der Weide umher. Damals sahen wir dieselben Austernfischer, schauten uns an und sagten: »Da sind sie wieder.«

Vorige Woche habe ich den Misthaufen und das Mais-Silo abholen lassen. Die leere Dunggrube liegt jetzt da wie eine offene Wunde, ein gähnendes Loch mitten im Hof, umgeben von efeuüberwucherten Mauern. Der Mais ist teilweise verschimmelt gewesen, deswegen hat der Bauer, der das Silo kaufte, ein Drittel des ausgehandelten Preises abgezogen. Das hat mich geärgert. Die Dohlen müssen schuld sein. Mein Bruder mit seinem angeborenen Widerstand gegen Veränderungen hat den Mais noch auf traditionelle Weise siliert. Er hat sich geweigert, wie die anderen Bauern eine Betongrube anzulegen, was allerdings die Schimmelgefahr reduziert und die maschinelle Auffüllung erleichtert hätte. Ich habe es ihm mehrmals vorgeschlagen, bin jetzt aber froh, dass es keine Betongrube im Obstgarten gibt.

In den Wochen bevor ich ins Land des Erdbebens geflogen bin, hatten wir dieses letzte Mais-Silo noch gemeinsam angelegt. Es war wie so oft eine nervenaufreibende Angelegenheit, ein Thriller, denn der Herbst war klitschnass, und die Ernte verkümmerte im Regen. Spät erst wurde der Mais von einem Lohnunternehmer mit einer großen Häckselmaschine eingefahren, die im sumpfigen Boden wegsackte und Spuren wie Schützengräben hinterließ. Der gehäckselte Mais wurde zu unserem Hof transportiert und im Obstgarten als länglicher Haufen abgeladen. Mein Bruder fuhr dann stundenlang mit dem Traktor darüber, um den Mais zusammenzudrücken und die Luft herauszupressen, damit sich das Futter für den Winter gut halten würde.

Mein Bruder wusste viel mehr über die Natur als ich. Er kannte die Geheimnisse des Keimens, Wachsens, Reifens und Verfaulens. Aber immer öfter war er der Letzte, der säte, mähte und rodete.

Wir arbeiteten, ohne aufzuschauen oder uns umzublicken. Über den Mais zogen wir eine weiße Plastikplane und darüber noch ein schwarzes Segeltuch, das ich mit unzähligen Schnüren verknotete. Die Planen sollten Dohlen und Krähen daran hindern, Löcher mit ihren Schnäbeln wie Meißel hineinzuhacken, denn dann käme Sauerstoff ins Silo, und der Mais würde schimmeln. Zum Schluss warfen wir einen Stapel Autoreifen drauf, und mein Bruder schaufelte noch eine Schicht Erde über die Seitenränder.

Die Arbeit befriedigte mich, auch wenn sie mich erschöpfte. Ausgelaugt lag ich auf dem Maishaufen, der Frucht unserer Arbeit, und sah meinem Bruder beim Graben zu. Er war fitter und zäher als ich und besser für eine Welt gewappnet, in der harte Arbeit die Norm war. Er liebte es, in der

Erde zu wühlen. Die Erde, die unerbittlich zeigt, was man als Bauer wert ist. Die Erde, in die wir säen, die Erde, auf der wir leben, die Erde, in der wir begraben werden.

Bei der Arbeit redete er nicht, und ich auch nicht. Aber danach wurde meistens alles noch einmal mit Ma durchgesprochen, die sich so gerne endlos darüber unterhielt, was um uns herum passierte. Aber Ma war nicht da, damals nicht, den nächsten Tag nicht, nie mehr.

»Wir können von Glück reden«, sagte ich, »guter Mais. Und viel.«

»Ja, solange die Krähen nicht drangehen.« Er blickte zu der großen Pappel, in der unzählige schwarze Vögel uns begehrlich zusahen.

Ich hatte zuvor eine Krähe beobachtet, die mit gespreizten Flügeln auf ein junges Kaninchen niederging, beide Füße fest um es klemmte, es vom Boden zog und wegflog, und dabei unablässig laut und widerlich krächzte.

Das gigantische Mais-Silo ist zu einem festen Bestandteil des Bauernhofs geworden, seit mein Bruder auf Mutterkuhhaltung umgestellt hat, kurz nachdem die Milchkühe von der Krankheit Brucellose befallen wurden. Die Europäische Union stimulierte damals diese Umstellung. Die Agrarpolitik ist im zwanzigsten Jahrhundert Opfer ihres eigenen Erfolgs geworden: Die Anzahl an Bauern hat sich dezimiert, die landwirtschaftlichen Nutzflächen sind geschrumpft, aber die Produktion stieg phänomenal an, was sich in Nahrungsmittelüberschüssen wie Butterberge und Milchseen beobachten ließ.

Die europäische Politik entwickelte sich deshalb schrittweise von einer produktionsorientierten Landwirtschaft zu einem weiter gefassten Landbegriff, verbunden mit einer

Reihe Auflagen für die Bereiche Umwelt, Nahrungsmittelsicherheit und Tierschutz. Diese neue Politik wurde zuerst mit der Einführung einer strikten Quote, Produktionsbeschränkungen und Superabgaben im Milchsektor umgesetzt. Die Regelungen und Subventionen brachten die Bauern dazu, von der Milchkuhhaltung auf die Mutterkuhhaltung umzustellen.

Mit Weißblauen Belgiern baute mein Bruder einen schönen Viehbestand auf, die mit ihrem hohen Fleischanteil die höchsten Preise garantierten, aber eben nur per Kaiserschnitt kalben können. Er hatte ungefähr hundertzwanzig Rinder. Ein gerade geborenes Kalb wurde mit der Mutterkuh in einer separaten Box gehalten und von ihr gesäugt, bis es drei, vier Monate alt war. Die weiblichen Kälber blieben auf dem Bauernhof, um Ammenkühe zu werden, die männlichen wurden gemästet und, wenn sie zwei Jahre alt waren, verkauft. Als dann eine Supermarktkette forderte, dass die Stiere bereits mit eineinhalb Jahren geschlachtet werden sollten, damit das Fleisch zart und einheitlich wäre, weigerte sich mein Bruder. Den daraufhin niedrigeren Preis, den man ihm zahlte, empfand er als grundlegend unredlich.

Ein neues Phänomen hielt Einzug auf dem Hof: die künstliche Besamung oder kurz KB. Einige Kühe wurden noch von eigenen Zuchtbullen gedeckt, für andere telefonierte man mit der KB-Station. Dann kam der Inseminator, der in seinem Kofferraum eine Stickstofftonne voller Röhrchen mit eingefrorenem Sperma hatte. Er injizierte den Samen mit einer langen, dünnen Spritzlanze in die Kuhscheide. Der Bauer durfte aus einem Katalog wählen, von welchem Stier er ein Röhrchen wollte. Die der Topstiere mit den richtigen

Maßen waren sehr beliebt und wurden teuer bezahlt. Das beste Stiersperma reiste tiefgekühlt um die ganze Welt.

In ihren Kalendern, die noch hier auf der Treppe zum Speicher liegen, hat Ma sowohl in der Kategorie »vom Stier« als auch »gedeckt mit der Spritze« Tag für Tag festgehalten, wann eine Kuh befruchtet wurde und wann sie kalben würde. Es fällt auf, dass die KB-Stiere alle reißerische Namen wie Apache, Scirocco oder Inquisitor hatten, während unsere eigenen Tiere ziemlich banal Hosenscheißer, Zwiebel oder Bohnenstange hießen. Manchmal klingen Mas Notizen wie Poesie: »Schöne Madame gedeckt vom Hübscher Podex-Prachtkerl.«

Immerzu war man bei der Mutterkuhhaltung mit Körperflüssigkeiten beschäftigt: Sperma, Milch, Schleim, Blut, Scheiße, Pisse und alles, was sonst noch aus einem warmen Körper fließen kann. Manche Polderbauern gingen noch weiter und transplantierten sogar eigenhändig Embryos, die sie in einem Stickstoffbehälter eingefroren hatten. Darauf hat sich mein Bruder nicht eingelassen, und in den letzten Jahren arbeitete er wieder mit seinen eigenen Zuchtbullen, die weniger Pflege brauchten und billigeren Samen lieferten als die Samenbank.

»Wie wird eigentlich eine Spermabank angelegt?«, fragte ich eines Tages den Inseminator rundheraus.

Der Mann zögerte und blickte verschmitzt meine Mutter an. »Wir lassen die Bullen ein Phantom bespringen.«

»Ein Phantom?«

»Ja, eine Kunstkuh. Und wenn er abspritzt, fangen wir den Samen in einem Rohr auf. Jedes Mal, wenn er sich das Phantom vornimmt, haben wir genug für Tausende Röhrchen. Und dann kann man zwischen dem Sperma von

Fakir wählen, der einen hohen Rist hat, von Scirocco mit seinem breiten Rücken, von Ganache mit seinem Superhintern …«

»Ich nehme den mit dem dicken Hintern«, sagte Ma.

»Eine gute Wahl«, sagte der Inseminator.

***

Es dämmerte schon. Ich war wegen einer Reportage in der Gegend und schaute auf dem Bauernhof vorbei. Die Tür stand offen, und in der dunstigen Küche brannten gerade die Kartoffeln an. Mir war klar, um einer Kuh beim Kalben zu helfen, hatten sie wieder alles stehen- und liegenlassen müssen. Ich fand sie im Stall. Der Tierarzt war weg, die Kuh aufgeschnitten und wieder zugenäht worden, das Kalb lag im Stroh, das mein Bruder vorher vom Heuboden geholt hatte. Dahinter stand der kleine Tisch mit den frischen Handtüchern, der Seife und den zwei Eimern mit warmem Wasser, die Ma immer für den Tierarzt bereitstellen musste. Das letzte Tageslicht fiel durch die Dachziegel herein. Staub wirbelte in den Sonnenstrahlen.

Sorgfältig reinigte mein Bruder das Euter der Kuh, ergriff eine Zitze, kniff sanft hinein, bewegte seine Hand nach unten. Die Biestmilch, die erste Muttermilch, die das Kalb vor Krankheiten schützt, spritzte in den Eimer. Ma rieb das Kalb mit einer alten Decke trocken, gab ihm etwas Salz in den Mund, desinfizierte die Nabelschnur und zog die Hinterbeine auseinander, um das Geschlecht zu erkennen. Weiblich, das war das Beste. Sie ließ das Kalb an ihren Fingern saugen, um ihm das Trinken beizubringen. Als mein Bruder mit dem Melken fertig war, goss Ma die Biestmilch in eine Saugflasche. Das Kalb leckte daran, sabberte, trank aber nicht. Es sah schwach und krank aus. Um es zu wärmen, hängte mein Bruder eine große Glühlampe an einen Balken.

Ich habe den beiden immer gerne zugesehen. Sie waren vollkommen aufeinander eingespielt, wussten, was sie aneinander hatten, wechselten manchmal einen Blick des Verstehens. Sie konnten nicht ohne einander, sie waren unzertrennlich. Ma, mein Bruder, der Betrieb, sie waren eine Dreieinigkeit. Gemeinsam stark, gemeinsam untergehen. Gemeinsam ein Ort, ein Zuhause.

Das berührte den Kern unseres Wesens. Das war, was sie kannten, womit sie Tag und Nacht zu tun hatten. Der Umgang mit dem Zyklus von Geburt, Leben und Tod gab Sinn und ihrer Welt einen Rhythmus. Der Kampf um die Existenz, oft ein Kampf mit der Natur, verband Vergangenheit und Zukunft. Als Bauer musste man gleichzeitig zurückblicken und vorausschauen. Man sät im Frühjahr und erntet im Herbst. Man hilft einem Kalb auf die Welt und hat einige Jahre später eine schöne Kuh. Wenn alles glattläuft. Ging es Kuh und Kalb gut, fühlten auch sie sich gut. Ging es Kuh und Kalb schlecht, waren sie unruhig und mitfühlend. Ein totes Kalb tat immer weh, hieß immer Trauer und Leid, wie bei einem Kind.

Das gerade geborene Kalb trank noch immer nicht. Mein Bruder bürstete und striegelte die Kuh, bis ihr Rücken glänzte wie ein Spiegel. Ma redete auf das Kalb ein: »Komm, trink doch. Na komm.«

Sie schaute meinen Bruder besorgt an: »Das Klappergestell hat keinen Appetit. Lass uns morgen weitermachen.«

Er nickte und legte die Bürste auf die Fensterbank.

Sie schlurfte zur Tür, stellte den Katzen einen Topf Milch

hin, sah mich hier stehen. Wie immer fragte sie mich dann: »Du hilfst ihm doch beim Füttern?«

»Ja, Ma«, sagte ich und nahm die Schubkarre, um Mais zu holen.

Mir fehlt der Geruch von Kühen und siliertem Mais. Mir fehlt das kollektive Muhen, das aufkommt, wenn ich mit der Schubkarre durch die Stalltür komme. Mir fehlt das Gesabber des Klappergestells an meinen Fingern.

***

Von meiner Schulbank aus blicke ich auf unser Feld auf der anderen Straßenseite. Ein alter Mann mit einer großen Kappe auf dem Kopf stapft langsam und konzentriert über den Acker. Ich laufe zu ihm hinüber. Er hält einen langen Metalldetektor in der Hand. Es summt und surrt. Auf einem kleinen Bildschirm flackern Zahlen und Buchstaben. Als das Gerät piept, bückt er sich und liest etwas auf, studiert es von allen Seiten und schleudert es dann wieder weg.

Die Sonne flimmert über dem Feld. Es ist staubig und trocken. Ich stelle mich vor und frage ihn, was er sucht. Er antwortet, er sei Hobbyarchäologe. Mein Bruder habe ihm erlaubt, hier nach Relikten zu suchen.

»Er hat mir erzählt, dass er beim Pflügen auf Fundamente gestoßen wäre. Anscheinend gibt es noch Keller unter dem Acker«, sagt der Mann nervös. »Er erwähnte auch, dass sein Bruder Schriftsteller ist.«

»Ach ja?« Kurz ist es still. »Und schon was entdeckt?«

»Eine Münze aus der Zeit der Spanischen Niederlande. Einen Löffel aus dem Mittelalter. Und einen alten Stempel, mit dem man Dokumente versiegelt hat.«

Ich sehe jetzt überall auf dem Feld Steinchen. Schon in den sechziger und siebziger Jahren suchten hier Wünschelrutengänger nach den Überbleibseln der mittelalterlichen Abtei von Zaligem. Schließlich wurde das Feld von den alten Bauern der »Kapellenacker« genannt. Kartoffeln haben wir hier nicht mehr gepflanzt, nachdem die Maschine beim Ausroden der Knollen mehr Steine als Früchte aus der Erde geholt hat. Und das würde, wenn ich mir den Acker betrachte, zu meinem Erstaunen noch immer so sein.

»Ist das sehr alt?«, frage ich hoffnungsvoll und hebe eine rote Scherbe auf.

»Guter Mann, das ist der Rand von einem Blumentopf«, sagt er naserümpfend. »So fünf bis zehn Jahre alt, schätze ich. Bei Ihnen zu Hause stehen vermutlich ältere Blumentöpfe herum.«

Er selbst ist nur an Metallobjekten interessiert, zeigt mir aber, welche Steine jahrhundertealt sein könnten. Nach einer Viertelstunde habe ich ein paar Bruchstücke zusammengesammelt, Fragmente von glasierten Dachziegeln, schwarzen Bodenfliesen, Topfscherben und ein paar halbe *Kloostermoppen* – große Backsteine aus dem Mittelalter, so erklärt er mir. Die Steine sind eigentlich nichts wert, aber durch ihre Geschichte, Hunderte Jahre unter unserem Feld, als Zeugen eines mysteriösen Klosters, werden sie für mich lebendig und sprechen zu mir. Ich kann mit dem Suchen nicht mehr aufhören.

Der Archäologe zeigt mir noch einige Papiere und Karten. Er sagt, dass die Abtei nie richtig erforscht wurde. Nur ihre Anfänge seien beachtlich gut dokumentiert, weil sie in gräflichen, bischöflichen und sogar päpstlichen Urkunden festgehalten wären. Dem Pastor zufolge, unserem heimatkundlichen Experten, soll hier in der Gegend bereits zu Zeiten des Fränkischen Reichs eine Hilfsabtei von Kemphoek und Zaligem existiert haben, die später von den Normannen verwüstet wurde. Um 1100 sollen sich hier ein oder mehrere Mönche niedergelassen haben, um in Abgeschiedenheit und Askese zu leben. 1136 wurde die Abtei gegründet, »bestimmt für gottgeweihtes Leben« an einem Ort zwischen Königswald und Villa Bardemara, im Volksmund Zaligem genannt.«

Laut den Papieren des Archäologen ging die Abtei auf eine Initiative von Iwein van Aalst, mit Beinamen Iwein de Kale – der Kahle – zurück, Herrscher von Waas und Aalst, ein mächtiger Edelmann. Sie stand unter dem hohen Schutz seines Schwiegervaters Diederik van de Elzas, Graf von Flandern. Die beiden frommen Männer – es war die Zeit der Kreuzzüge – kümmerten sich damit um ihr eigenes Seelenheil. Sie schenkten der Klostergemeinschaft, die unter der Leitung von Abt Gozewijn hier lebte, ein großes Sumpfgebiet und andere »öde Gründe« in der Umgebung, insgesamt rund sechshundert Hektar. Die junge Abtei musste ihren Unterhalt selbst bestreiten und den Lebensregeln der Norbertiner folgen. Der Hände Arbeit, Keuschheit und Armut wurden großgeschrieben. Es passte zu der »Zurück zu den religiösen Wurzeln«-Bewegung, die im frühen zwölften Jahrhundert durch den Wanderprediger Norbertus eingeführt wurde.

Merkwürdig ist allerdings, dass Abt Gozewijn bereits zwei Jahre später nach Drongen nahe der damals aufblühenden Handelsstadt Gent umgezogen ist, um dort ein Ortskapitel zu einer Abtei umzubauen. Drongen entwickelte sich danach zur Mutterabtei. Das isoliert liegende Zaligem wurde zu einem untergeordneten Kloster mit einem Bauernhof. Die Ordensleute beschäftigten sich, neben den Gottesdiensten, vor allem mit der Kultivierung des Landstrichs, der damals noch Sumpfgebiet war. Torfstechen stand an erster Stelle, später kamen Landwirtschaft und Viehzucht hinzu. Dafür setzten sie Pächter und freie Bauern ein. Unsere Kemphoekstraat war zu jener Zeit der Saligemdam, der erste Deich, der die Böden trocken hielt.

Der große klösterliche Bauernhof, der auf mittelalterlichen Karten als »Hof von Salechem« bezeichnet wird, lag in einer scharfen Biegung der Verre, einem schmalen Wasserlauf, der den Kemphoek kreuzt. Mit flachen Booten und Flößen wurde der Torf über die Verre transportiert, um ihn in den Städten als Brennstoff zu verkaufen. Der Hof von Zaligem, neben der Kapelle gelegen, hatte ein verziertes Eingangstor, ein Steinhaus, Scheunen, eine Garküche und eine Windmühle ungefähr an der Stelle, an der bald eine Windturbine von *Electrabel* stehen wird, direkt hinter unserem Feld.

Als der alte Archäologe weg ist, laufe ich hinüber zu dem breiten Bach, an dem unser Acker endet. Die Verregracht. In strengen Wintern haben wir hier manchmal Eishockey gespielt. Wenn ich früher in der Verregracht mit einem Einmachglas Wasser schöpfte, wimmelte es darin vor Leben. Nun ist das Wasser klar und transparent. Man kann den Grund sehen, aber keine Salamander oder Kaulquappen mehr entdecken. Die Gracht, umsäumt von Schilfrispen und Kappweiden, hat ihren mittelalterlichen kurvigen Parcours beibehalten und schlängelt sich weiter zum Deichweiler Turkeye und dem Dorf Verrebroek.

Was in Gottes Namen haben Abt Gozewijn und seine

Ordensleute hier vor fast tausend Jahren gesucht? Wie hat der Hof von Zaligem es geschafft, den Sturmfluten, Überschwemmungen und Kriegen zu trotzen? Weshalb ist das Kloster Jahrhunderte später verschwunden, und warum liegen die Steine noch immer in unserer Erde? Ich würde es gerne wissen.

Ich kann mir vorstellen, dass sich mein Bruder, verloren in der Zeit und vom Fortschritt befremdet, sich vielleicht im Mittelalter wohl gefühlt hätte, als es noch kaum Wege gab, an einem gottverlassenen Ort in der freien Natur, auf einem Hof von festgestampfter Erde. Der Hof von Zaligem, »an einer Stelle, bestimmt für gottgeweihtes Leben«.

Als ich mit einer Handvoll Artefakte wiederkomme, kreist hoch am Himmel eine Schwalbe. Ich halte den Atem an. Ist das der Kundschafter, der die alten Nester inspizieren will? Aufgrund der Klimaerwärmung kehren die Schwalben immer früher zurück. Ich renne zur Stalltür und öffne die oberste Luke. Keine halbe Minute später schießt die Schwalbe im tiefen Sturzflug in den Stall hinein. Es ist eine von uns. Zurück aus Afrika.

***

Ich hänge die neue Umweltgenehmigung auf das Schild neben der Hecke, wo sie für dreißig Tage bleiben muss. Dann kümmere ich mich um den Gemüsegarten, mähe das Gras und schneide alle Hecken. Auch die Goldliguster, die mein Bruder mitten im Hof gepflanzt hat, nicht als Abgrenzung eines Terrains, sondern einfach zur Zierde, um zu sehen, was passiert, wenn man ein paar Stecklinge in die Erde pflanzt. Die Hecke glitzert wie eine Krone.

Wird man sich in der Gegend nicht fragen, was ich auf

dem Bauernhof zu suchen habe? Ab und zu fährt hier ein Bauer mit dem Traktor vorbei. Manche heben die Hand und rufen einen Gruß, er klingt wie »Tschuir«. Sie tun, als wäre nichts geschehen, als wäre es völlig normal, dass ich den Betrieb übernehme. Trotz aller Veränderungen in der Straße habe ich sofort wieder ein vertrautes Gefühl, als wäre ich nach langer Abwesenheit wieder zurückgekehrt. Ich finde blindlings die verloren geglaubten Wege wieder, spreche wie von selbst den Dialekt und werde von den alten Bauern erkannt, die mich, nach langem und angestrengtem Starren, wie damals mit meinem Vornamen ansprechen: »Hallo, Christian.«

Auch Simone und Georges, die schräg gegenüber wohnen und sich mit meiner Mutter und meinem Bruder gut verstanden haben, winken mir überschwänglich. Ich winke zurück und überquere die Straße. Sie zeigen mir stolz ihren Garten, vor allem die langen Buchsbaumhecken, die alle von den Stecklingen unseres immergrünen Buchsbaums abstammen. Früher musste ich jedes Jahr während der Osterwoche geweihte Palmzweige dieses Buchsbaums in alle Zimmer, Ställe und Äcker stellen, um den Segen des Himmels zu erflehen.

»Uns fehlt der Hof sehr«, sagt Simone und schenkt für mich ein Trappistenbier aus der Abtei Westvleteren ein. »Es war immer so viel Leben hier. Und nun ist es irgendwie tot.«

Das Haus ist leer, und der Stall ist leer, und die Weide ist leer. Ich stimme ihr nicht völlig zu. Hier ist Leben auf dem Hof und Leben in den Bäumen und Leben auf den Feldern.

Georges arbeitete seit den fünfziger Jahren als Zollbeamter im Hafen von Doel. Er musste Garnelen einklarieren, Kälber auf Zollpapieren festhalten und Schmuggler am Schlafittchen packen.

»Auf meinem Fahrrad durch den Polder. Aber ich habe große Schmuggler dabei erwischt«, prahlt er.

Ich kann auch prahlen. »Als Kind saß ich bei meiner Mutter auf dem Gepäckträger. Wir kamen aus Hulst über einen Pfad durch die Wälder von 't Kalf und passierten problemlos die Grenze. Mit tonnenweise Schmuggelware unter meinen Kleidern.«

Georges lacht. Es sind die bekannten Schmugglergeschichten. Die Butter war damals auf der Zeeuwer Seite der Grenze um die Hälfte günstiger, was zu einem blühenden Handel führte. Deshalb wurden viele Zollbeamte, sogar »fliegende Brigaden«, hierhergeschickt. Eines Tages hielten sie eine beleibte Frau an, die behauptete, sie wäre im achten Monat schwanger. Die Zöllner rieten ihr, sich etwas auszuruhen, und stellten ihr einen Stuhl an den Ofen. Ziemlich schnell fing es unter ihrem Rock zu tropfen an. Sie gebar an Ort und Stelle zehn Kilo Zeeuwer Butter.

Simone zeigt mir alte Familienfotos. Sie ist in Doel geboren und im Prosperpolder aufgewachsen. Der Bauernhof dort, an den sie so viele Erinnerungen hat, wird gerade unter dem dort neu angelegten Naturgebiet begraben. Der Hof wurde 1945 schon einmal, als eine Fliegerbombe einschlug, dem Erdboden gleichgemacht. Alle haben sie um den Mittagstisch gesessen und wurden unter den Trümmern begraben. Fünf Familienangehörige und ein Knecht waren tot. Nur der Vater und zwei Kinder überlebten. Er baute den Bauernhof wieder auf, aber der Bombeneinschlag blieb ein lebenslanges Trauma. Simone, die Mitglied von *Natuurpunt* ist, schwört, dass sie niemals dorthin zurückkehren wird, wie schön das Naturgebiet auch werden mag. »Keinen Schritt setze ich dahin.«

5.

Verlorene Dinge

»Heilige Mutter, bete für uns«, steht an der kleinen Kapelle am Anfang des Zoetenberm. Ich fahre zum Kirchendorf Prosperpolder, wo die Elemente mich immer besänftigen, wenn mich wieder einmal die Unruhe packt. Der Zoetenberm ist ein kilometerlanger mittelalterlicher Deich, über den ein Weg mit Kopfsteinpflaster an den Weilern Rapenburg und Ouden Doel entlang zur Schelde verläuft. Der Flachs ist ausgesät, die Kartoffeln gesetzt, und die Obstbäume beginnen zu blühen. Flowerpower im Zoetenberm, auf dem überall Wiesenkerbel und Weißdorn wachsen.

Als ich an einigen Bauernhöfen vorbeikomme, sind alle Augen auf mich gerichtet. Halten sie mich für einen Kontrolleur oder den Enteignungskommissar? In Ouden Doel verfahre ich mich. Ich schaue auf mein GPS, das mich in die Carolusstraat schicken will. Aber die gibt es nicht mehr.

Hier war früher mein Lieblingsplatz im Polder, ein Platz, an dem sich alle Hektik und jedes Tamtam in Luft aufgelöst hat. Auf dem jahrhundertealten, mit Pappeln bewachsenen Zoetenberm konnte ich lange sitzen und die Felder und das Bauerntreiben beobachten. Hier genoss ich das vom Laub gefilterte Sonnenlicht. Ich atmete die frische Luft ein und ließ meine Augen schweifen: Plattes Polderland, so weit man blicken konnte. Große, fette Äcker, gruppiert um den historischen Antoniushof, ein renoviertes Zeeuwer Bauernhaus, mit der Jahreszahl 1853 über der Eingangstür, und dahinter eine monumentale, sechzig Meter lange Scheune mit einem flammend roten Dach.

Der Polder schien so fruchtbar zu sein, so wahrhaftig und für alle Zeiten existent. Mich faszinierte der fruchtbare Austausch von Kultur und Natur. Im Polder war alles miteinander verbunden. Er war voller Geschichten, voll mythischer Dichte.

Und was sehe ich jetzt? Ein neuer haushoher Deich, der an den alten Zoetenberm geklebt zu sein scheint, wodurch dieser zusammenschrumpft. Auf einem großen Schild steht in Riesenbuchstaben »Inter-Gezeiten-Gebiet Hedwige-Prosperpolder« und darunter eine Telefonnummer, die man außerhalb der Geschäftszeiten »im Notfall« anrufen soll.

Ich klettere auf den Deich und blicke über die morastige Fläche, vegetationslos und aufgequollen, eine graue Mondlandschaft voller Kegel und Krater. Es sieht genau wie das Werftgelände vor einem neuen Dock aus. Das Gebiet wird ja auch von denselben Ingenieuren und Bauunternehmern angelegt. Zwischen den Schlammbergen liegen rostige Baggerröhren. Kräne, Bulldozer und Kipplader fahren hin und her. Die Luft ist voller Dieseldämpfe. Eine Reihe Strommasten zieht sich wie eine Linie durch die Schlammwüste. Folgt man diesem Strich mit den Augen, landet man bei einem kolossalen, bestimmt zwanzig Meter hohen Trümmerhaufen. Das sind die Reste des Antoniushofs, der vor kurzem wegen der neuen Natur im Inter-Gezeiten-Gebiet hat kapitulieren müssen.

Schräg gegenüber war der Bauernhof, auf dem meine Nachbarin Simone aufgewachsen ist, doch der wurde wohl schon früher abgerissen. Dort brachte 1945 die erwähnte Fliegerbombe Tod und Verderben. Nach dem Wiederaufbau hat der Hof noch Jahrzehnte existiert. Bis jetzt. Vierzehn Bauernhöfe und Häuser sind mittlerweile verschwunden, auch die beliebte *Taverne De Schoof*, die für ein Almosen den Betrieb eingestellt hat. Für das gesamte Projekt wurden mehrere Dutzend Besitzer und Pächter enteignet.

Als die Arbeit beendet ist, gehe ich den neuen Deich zur Werft hinunter. Ich folge den Strommasten, quäle mich durch den Matsch, verhalte mich möglichst unauffällig. Sollte der Naturwächter mich sehen, wird er mich anzeigen. Ich kraxle auf den Trümmerberg vom Antoniushof. Vom Gipfel aus blicke ich nach Osten und sehe die Kühltürme und Fabriken im Hafengebiet. Schaue ich nach Westen, sehe ich die Zeeuwer Felder und die Wälder des Hedwigepolders, bei dem Den Haag bislang noch von einer Entdeichung absieht. Der flämische Teil des Polders ist allerdings schon abgetragen. Hunderte Bäume wurden gefällt. Auch die Obstbäume des Antoniushofs liegen hier jetzt mit den Wurzeln zum Himmel. Letztes Jahr bin ich noch hier gewesen und habe die Blütenpracht bewundert, alte Karten betrachtet und Gebäck in der Bauernküche gegessen, die jetzt unter meinen Füßen in den Trümmern liegt.

Die Lokalzeitung *De Wase Koerier* schrieb: »Man wähnt sich in einem Kriegsgebiet. Es ist zum Heulen.«

Etwas später sitze ich bei dem enteigneten Bauern Felix Verhulst in seiner neuen Wohnung im Dorf. Wir betrachten die blaue Kachel, die ich in den Trümmern gefunden habe. Wieder holt er mit einem Kloß im Hals die alten Chroniken.

Wieder legt er Karten auf den Tisch. Felix, ein engagierter Mann, der sein Leben lang für die Poldermenschen eingetreten ist, hat in den letzten Monaten jede Phase vom Abbruch seines Antoniushofs aufmerksam verfolgt. Von 1893 bis in die dritte Generation hat seine Familie dort Landwirtschaft betrieben. Ein dickes Album mit Fotos von Baggern und Ruinen ist alles, was ihm geblieben ist. Und Magengeschwüre, Streit und Desillusionen.

»Hier treffen sie den Bauern in seinem Wesen und in seinem Herzen«, sagt Felix.

Das Gebiet wurde bereits im Mittelalter eingepoldert, dann 1584 bei den Überschwemmungen überflutet und erst 1847 dank Herzog Prosper van Arenberg wieder trockengelegt. Es war das Jahr der großen Kartoffelfäule, die zu einer Hungersnot führte. Die zweitausend Deicharbeiter traten zugleich für höhere Löhne in den Streik. In diesem »Zweiländerpolder« wurden vier große Modellbauernhöfe gebaut, einer von ihnen war der Antoniushof. Um die Jahrhundertwende beschloss Herzog Engelbertus-Marie van Arenberg, noch ein weiteres Stück einzudeichen, das er nach seiner Ehefrau Herzogin Hedwigepolder benannte.

Bereits im neunzehnten Jahrhundert setzte das erlauchte Haus Arenberg, eine der reichsten und mächtigsten Familien im Land, auf Großbetriebe und Industrialisierung in der Landwirtschaft, ein Beispiel für den »Polderkapitalismus«, der hier schon lang herrschte. Die Arenbergs hatten als stramme Katholiken zudem ein großes Budget für »gute Werke«. Die einfache Pioniergemeinschaft musste die Sonntagsmessen besuchen, die erst in der Mühle und später in einem auffällig großen Kirchenbau stattfanden. Es gab Sonderzulagen für den Pastor, den Kirchenvorstand, das Kloster und die katholische Schule. Der Wappenspruch lautete: »Christus ist unser Beschützer.«

Nach dem Ersten Weltkrieg wurde dem Herzog vorgeworfen, seine Familie hätte mit den Deutschen gemeinsame Sache gemacht. Ihr Besitz wurde beschlagnahmt und öffentlich verkauft. Das größte Grundstück, der Hedwigepolder, fiel in die Hände der reichen Bauunternehmerfamilie De Cloedt, die einen weniger frommen Ruf besessen hat. Die Pächter, die während der Jagd das Wild aufscheuchen mussten, erzählten wüste Geschichten über Minister und Geschäftsmänner, die Verträge in ihrem Sinne aushandelten, und über wilde Orgien, die sich im Pavillon auf dem Deich abgespielt haben sollen. Der kleine Selenapolder hinter dem Deich soll nach der Mätresse des alten De Cloedt benannt sein.

Felix Verhulst, Vorsitzender des Kirchenvorstands und von allen wegen seines Einsatzes und seiner Weisheit respektiert, schüttelt den Kopf: »Der fruchtbare Lehm ist jetzt an vielen Stellen abgetragen, eine unmoralische Vernichtung des Polders, der in Zeiten, als es dringend nötig gewesen ist, tonnenweise Nahrung hervorgebracht hat. Wie hätte man sonst Hunger und Armut im neunzehnten Jahrhundert überleben können? Oder während der beiden Weltkriege im zwanzigsten Jahrhundert? Und wie wollen wir im einundzwanzigsten Jahrhundert die vielen Milliarden Menschen ernähren? Die Landwirte sind hier immer die Hüter des öffentlichen Raums gewesen. Mensch, was hier für ein Geld verschwendet wird, das will mir nicht in den Kopf! Und wofür das alles? Tonnenweise Schutt haben sie angekarrt, Boote voll verunreinigtem Schlick. Eine Müllkippe. Und das, um Natur zu schaffen. Ich sehe einfach keinen Mehrwert.«

So wie hier werden Mensch und Natur nirgendwo sonst gegeneinander ausgespielt. Dieses große Projekt ist Bestandteil des Sigmaplans, für das ein paar Dutzend Überschwemmungsgebiete an der Schelde und ihrer Nebenflüsse angelegt werden. Gleichzeitig hat der Staat den Polder auch als »Naturkompensation« für die Vertiefung der Schelde ausgewiesen. Diese Vertiefung, die gewährleisten soll, die allergrößten Containerschiffe nach Antwerpen zu lotsen, ist mittlerweile abgeschlossen, aber über den Schlussakt der Kompensationsmaßnahmen, den Hedwigepolder, wird in Den Haag seit Jahren ein Nein-doch-Theater aufgeführt.

Auf der flämischen Seite der Grenze donnern die Lastwagen durch die Straßen, und sei es auch nur, um für vollendete Tatsachen zu sorgen. Ein großer Teil des knapp fünf Kilometer langen Ringdeichs ist schon fertig. Um den Schlick zu stabilisieren, wird über ihn verschwenderisch Kalk verteilt. Die Bäume in der Umgebung sehen aus wie nach einem Schneesturm. Ein riesiges Betonwerk muss Unmengen von Beton für eine lange Spundwand im Boden produzieren, die die Versalzung des Hinterlands verhindern soll. Außerdem wird eine große Pumpstation gebaut, die das überschüssige Wasser wegschleusen soll. Und über der Pumpstation soll ein »hübscher Aussichtspunkt« für Naturfreunde entstehen.

In dem letzten Jahr, in dem Felix sein Land noch einsäen durfte, erhielt er vom Naturwächter eine Anzeige, weil er auf einem Feld einen schmalen Streifen abgebrannt hat, wie er es sein ganzes Leben schon getan hat. Björn forderte ihn auf, im Schleusenhaus zum Verhör zu erscheinen. Felix war für die Natur zu einer Gefahr geworden.

Man hat ihm vorgegaukelt, dass er seine Landwirtschaft noch eine Weile betreiben dürfe, aber daraus wurde dann doch nichts, weil sein Land mit einem Mal für den Säbelschnäbler hergerichtet werden musste. Der Säbelschnäbler sollte nämlich von anderswo hierher »umsiedeln«. Wollen sie nun etwa Wegweiser in der Säbelschnäblersprache aufstellen? Felix verstand gar nichts mehr. Trotz der jahrelangen Ankündigungen hat ihn das hart getroffen, so hart wie die Hörner eines Stiers. Wie es in manchen Todesanzeigen steht: Der Tod kam dann doch unerwartet.

Es mag ja sein, dass man den Wert des letzten Scheldepolders als historisches Kulturerbgut nicht erkennt. Es mag auch sein, dass die Landwirtschaft nicht immer klug mit der Natur umgesprungen ist. Doch was ist das für eine Sicht auf die Natur als etwas, in dem der Mensch nichts zu suchen hat, wo er ein Fremder ist? Als wäre das Verschwinden der Spatzen aus dem Polder schlimmer als das des Menschen, denkt Felix. Alle Spuren jahrhundertealter Landwirtschaft und Besiedlung werden ausradiert. Tabula rasa.

Den ursprünglichen Zustand der Natur wiederherstellen? So stand es in der Umweltverträglichkeitsprüfung. Ein Gemeinplatz, der aber gut klingt. Wer kann schon gegen Renaturierung sein? Aber das war hier bereits im Mittelalter Poldergebiet. Hier lag der Luyspolder und dort das Dörfchen Casuwele.

Und dem Fluss das Land zurückgeben? Unsere Urahnen waren doch keine Diebe. Vor tausend Jahren gab es die Westerschelde nicht einmal. Nur ein Binnengewässer, das de Honte hieß. Das Meer brach erst Jahrhunderte später durch. Erst seitdem konnten die Antwerpener Schiffe über die Westerschelde aufs Meer fahren.

Eine Brackwasserwildnis soll es jetzt werden. Aber für Felix ist dies keine Wildnis, es war sein Zuhause. Und daraus hat man ihn vertrieben. Seine zehnjährige Enkelin hat darüber einen rührenden Vers geschrieben: »Der Bauernhof ist zu nichts mehr nütze. Alles verschwindet in einer großen Pfütze.«

Im Beisein des Bischofs hat Felix als Kirchenvorstand während des Festakts zum hundertjährigen Bestehen der Engelbertusgemeinde im Prosperpolder eine ergreifende Abschiedsrede gehalten. Alle waren da, die Kirche war voll Bauern. Er erhielt donnernden Applaus. Aber zum Schluss wurde er wegen seiner kritischen Analyse von den offiziellen Staatsdienern zusammengestaucht, was ihn während dieser christlichen Veranstaltung schockiert hat.

Vielleicht, so denkt er, hat er sich bei den Naturfreunden deswegen unbeliebt gemacht, weil er als erster Bauer einen Prozess gegen den Gänsefraß angestrengt hat. In den vergangenen Jahren hat er zugesehen, wie die Gänsepopulation unaufhaltsam zugenommen hat. Gut fünfzigtausend Gänse verweilten im Verdronken Land van Saeftinghe und den anderen Naturgebieten. Zur Futtersuche kamen sie auf die Äcker, wo sie ein gut gedeckter Tisch erwartete, ein Gourmetrestaurant für Gänse, die durchschnittlich ein halbes Kilo am Tag fressen können, leider ohne die Rechnung zu bezahlen. Manchmal musste Felix die Felder mit dem Wintergetreide noch einmal umpflügen und erneut aussäen. Er stellte Dutzende Vogelscheuchen mit Kittelschürzen auf, aber das war den Gänsen egal. In den Niederlanden gibt es wenigstens eine Schadensersatzregelung, aber in Flandern mussten die Bauern dafür jahrelang prozessieren. Schließlich kam eine Delegation von Herren in Maßanzügen – Richter, Förster, Beamte und Anwälte –, runzelte die Stirne und begutachtete seinen Acker.

Ja, bald wird es hier ziemlich reizvoll aussehen, im Inter-Gezeiten-Gebiet. Für die Naturfreunde, die oben auf dem Ringdeich über den langen Asphaltweg spazieren und radeln werden. Für Biologen und Ökologen, die die Evolution der neuen Natur hautnah miterleben wollen. Und natürlich für die Gänse.

***

Wie eine Reise ans Ende der Welt, so fühlt es sich an. Der nicht enden wollende Umweg rings um die Werft herum, vorbei an ausgebaggerten Matschhaufen und Betonmischmaschinen. Über die Grenze, durch eine lange Pappelallee, vorbei an Äckern und Weiden, Wasserflächen und Wäldern. Und ganz am Ende, am Fuße des Scheldedijk, das Weiße Haus, wie es hier in der Gegend genannt wird. Das Wochenendhaus eines Brüsselers, der mich sprechen will. Er ist der stolze Eigentümer des Hedwigepolders. Er ist der Bauunternehmer Gery De Cloedt.

Ich muss an unsere erste Begegnung denken, auf dem damals noch unversehrten Hedwigedijk, der jetzt weg ist. Eine Rohrweihe segelte in der Luft, ohne die Flügel zu bewegen, und schaute auf den Menschenandrang in dem sonst so einsamen Polder hinunter. Auf der Plattform beim Radarturm standen rechts ein Dutzend Pächter mit Mützen auf den Köpfen und links ein Dutzend Herren in Anzug und Schlips. Der Friedensrichter, der Enteignungskommissar und die Anwälte diskutierten heftig über die Gründe, weshalb die Behörden diesen entlegensten Winkel von Flandern nun in einem Eilprozess enteignen wollen.

Es war ein sonderbares Bild. Der Großgrundbesitzer, ein Mann Anfang vierzig, sah nervös und verkniffen zu, wie die

Anwälte mit dicken Gutachten herumwedelten. Sie debattierten hier im Polder, als wären sie in einem Gerichtssaal. »Können Sie dies bitte kurz zusammenfassen?«, fragte der Friedensrichter verzweifelt. Gery De Cloedt hatte bereits einige Verfahren bei den niederländischen, belgischen und europäischen Instanzen angestrengt, und seine Anwälte waren mittlerweile auf die Einzelheiten dieser komplexen Akte spezialisiert.

»Hier wird keine Natur wiederhergestellt, sondern vernichtet«, sagte De Cloedt, während er die vornehme Gesellschaft durch die Wäldchen führte. »Als Naturfreund und Wasserbauexperte genieße ich diese Gegend intensiv. Der Hafen aber spannt die Grünen vor seinen Karren und will jetzt ein für alle Mal das gesamte linke Ufer bis an die Grenze einnehmen. Außerdem ist eine Entdeichung Wahnsinn. Werfen Sie doch mal einen Blick auf das nahe gelegene Verdronken Land van Saeftinghe. Es trocknet aus und verschlammt. Ertrunken ist das Land jedenfalls nicht mehr, im Gegenteil, jetzt ist es das höchstgelegene Gebiet von Zeeland. Dies ist nun mal die Binnenbucht des Flusses, in der sich unablässig Sediment ablagert.«

»Herr De Cloedt, wir stehen hinter Ihnen«, riefen die Pächter.

Ein halbes Jahr später hat er mich in Panik angerufen: »Kommen Sie schnell mit Ihrer Kamera, sie fällen gerade über tausend Bäume.« Der Richter hatte der Enteignung des flämischen Teils des Polders zugestimmt, und der Binnendeich wurde sofort abgetragen. In den Jahren, die folgten, als der Hedwige zum berüchtigtsten Polder von Belgien und den Niederlanden, und Gegenstand einer politischen Operette wurde, sollte er regelmäßig Kontakt zu mir suchen.

Es ist wunderbar ruhig hinter dem hohen grünen Scheldedijk. Nur ab und zu kommt ein Traktor vorbei. Hinter mir sehe ich ein fahrendes Apartmenthaus aus Containern. Vom Deich aus liegt mir der Hedwigepolder zu Füßen. Ein typischer Zeeuwer Polder mit seinem tiefen Horizont unter einem hohen Himmel. Die Weite geht mir wieder durch den Kopf. Durch einen blauen Spalt in der Wolkendecke lugt die Sonne hervor und legt einen melancholischen Flor über den Polder. Ich betrachte dieses Land jetzt schon, als wäre es nicht mehr da. Ich versuche mir vorzustellen, wie es aussehen wird.

Wie früher laufen immer noch Esel auf den Weiden umher, aber auch zig Polopferde, die von argentinischen Jockeys trainiert werden. Gery De Cloedt nutzt einige große Weiden für seine aus der Kontrolle geratene Pferdeliebhaberei. Dass er schon oft das angesehene Poloturnier von Vreeland bei Utrecht gewonnen hat, ist das Ergebnis des besten Grases hier vom Hedwigepolder, pflegt er zu sagen. Das restliche Land verpachtet er an etwa zwanzig Bauern aus dem Umkreis. Im Polder selbst stehen, verborgen im Grün, nur ein paar Häuser und Höfe.

Im Weißen Haus erwartet Gery De Cloedt mich in Gesellschaft seines Anwalts und Gutsverwalters. Er legt neue Studien auf den Tisch, alte Karten, Fotos von der Ladung Splitt, Plastik und anderem Bauschutt, die bereits ins enteignete Gebiet gekippt wurden. Seine Augen glühen wie Kohlen, seine Stimme überschlägt sich vor Wut, seine Kritik ist schärfer denn je. Eine Quasselstrippe mit französischem Zungenschlag, ein leidenschaftlicher Mann, der bereits ein beachtliches Vermögen und einen Teil seines Lebens in sein Familiengut investiert hat. »Sonst säßen wir jetzt schon bis zum Hals im verdreckten Schlamm«, meint er.

Seine These ist, dass der Hedwigepolder »die Kloake von Antwerpen« werden soll. Der angespülte Schlick wird hier, flussabwärts der chemischen Industrie, noch immer giftig sein, auch wenn die Verschmutzung den letzten Messungen zufolge innerhalb der gesetzlichen Normen liegt. Der Aal, der hier immer ein Regionalprodukt gewesen ist, ist vollgepumpt mit Metall und darf nicht mehr konsumiert werden. »Das Projekt trägt nicht zur Wiederherstellung der Natur bei und hat auch nicht das Vermögen, das Wasser zurückzuhalten. Wenn meine dreihundert Hektar hier überfluten, verringert das den Wasserstand des Flusses gerade einmal um zwei Zentimeter.«

Aber die aufgeschlämmten hohen Schorren sind auch wertvolle Natur, antworten ihm die Experten dann, was sein Blut zum Kochen bringt. »Und was ist mit meiner schönen Natur? Meine sechstausend Bäume, Sträucher, die kleinen Wasserläufe, Teiche, Schilf, wilde Minze? Zwanzig Hektar sind seit 1973 bereits Naturschutzgebiet geworden. Und der Rest ist seit zehn Jahren ausgewiesenes Futtersuchgebiet für Gänse. Deshalb gehe ich hier nicht mehr auf die Jagd. Aber es muss ja alles umstrukturiert werden. Mein Naturschutzgebiet? Weg. Meine sechstausend Bäume? Weg. Meine duftende wilde Minze? Weg. Das macht uns krank, mich, meine Pächter, die Leute aus der Gegend.«

Natur ist seiner Ansicht nach zu einer Art Rohstoff für grüne Projektbüros geworden. Selbstersonnene, selbstgemachte Natur, entsprechend den Wünschen und der Mode des Augenblicks. Sümpfe sind gerade in, Bäume out. Verschiedene Ökosysteme gibt es auf Bestellung, und sie werden geliefert: »Schlick und Schorre«, »Schilf und Wasser«, »Tümpel und Ufer«, ein Riesenangebot aus dem Katalog. Sie möchten Aale? Gut, dann liefern wir den Fischwanderungskanal gleich dazu. Singende Kreuzkröten? Natürlich mit Ökodukt. Natur ist ein blühendes Geschäft, in das eine Unmenge von Geld fließt. »Auf Kosten der Steuerzahler und zu unseren Lasten«, höhnt De Cloedt.

Robuste Natur soll es werden, die auf eigenen Beinen stehen und selbst ein Joch wie den nahen Hafen vertragen kann. Ein großes, zusammengefügtes Gebiet, das höhere Naturwerte einbringen soll. Der Begriff Robustheit, der zu jeder passenden und unpassenden Gelegenheit benutzt wird, ist De Cloedt zufolge nur ein Alibi, um so viel Land wie möglich einzukassieren. »Je mehr Land die Grünen fordern, desto lieber sieht das der Hafen. Im Tausch für dieses robuste Grundstück dürfen sie anderswo Natur zerstören. Und wenn nötig, verschiebt sich das Naturgebiet wieder, und die Grünen kriegen anderen Grund zum Kompensieren. Das ist, was sie vor uns geheim halten. Die Taktik der verbrannten Erde.«

Es ist ein gehöriges Stück Ironie dabei, dass die Schlüsselfigur des Zeeuwer Widerstands ein sturer Belgier ist. Und es ist noch größere Ironie, dass er selbst Bauunternehmer ist. Seine bockige Unbeugsamkeit hat ihn schon einige Aufträge gekostet: »Alle Arbeit im Hafen und der Schelde gehen grundsätzlich an die Baufirmen *Deme* und *De Nul*. Das Deurganckdok, das schnell verschlickt, muss jedes Jahr ausgebaggert werden. Das kostet über zehn Millionen pro Jahr. Ad Infinitum. Den Vertrag bekommen sie ohne Ausschreibung. Ich würde es für ein Zehntel ihres Preises tun.«

Laut dem Plan der Beratungsagentur *Arcadis* muss der Hedwigepolder an einigen Stellen metertief bis zum Moorboden abgetragen werden. Die treibende Kraft hinter alldem, der große Befürworter der Entdeichung und der Naturkompensation seit den neunziger Jahren, ist De Cloedt zufolge der Antwerpener Professor Meire, der bei nahezu allen Planungen hinzugezogen wird und mit dem er des Öfteren zu tun hat. Er spuckt den Namen des Biologen aus: »Professor Patrick Meire. Saß jahrelang im Vorstand des Antwerpener Hafens. Und auf Basis seiner Gutachten darf man die Menschen aus den Poldergebieten von Zeeuw und Waas verjagen. Den Namen muss man sich merken.«

Ich nicke.

Als er gesagt hat, was er loswerden wollte, nimmt er mich auf den Scheldedijk mit, um mir zu zeigen, wie schnell die Verschlickung voranschreitet. An der anderen Seite lag früher der Selenapolder, bis 1990 der Querdeich gebrochen ist, weil ihn Bisamratten, die damals noch eine Plage waren, unterhöhlt hatten. Die Familie De Cloedt verkaufte der Stiftung *Het Zeeuwse Landschap* das überschwemmte Grundstück. Der Vertrag wurde mit einem Fest in den Schorren unterschrieben. Jetzt heißt das Land Sieperdaschor, benannt nach dem Richter aus Middelburg, der den Kauf durch eine Schenkung finanziell ermöglicht hatte. Inzwischen ist das Gebiet, nach fünfundzwanzig Jahren Ebbe und Flut, vollkommen verschlickt und bereits um ein paar Meter in die Höhe gewachsen.

Wir drehen uns wieder um und blicken zum Hedwigepolder, der sich in der Tiefe vor uns ausstreckt. »Und dasselbe soll ich jetzt auch mit diesem Stück Land geschehen lassen«, sagt er emotional. »Nein, auch nicht für hunderttausend Euro.«

Der Grenze entlang wurde von den Werftleitern wieder

eine Stacheldrahtbarriere gespannt. An derselben Stelle wie der »Todesdraht« im Krieg. Aber störrische Bauern haben den Zaun schon halb plattgefahren. »Verteidigt die Deiche«, steht auf einem Protestschild.

***

Als ich im Pflegeheim ankomme, finde ich Ma zutiefst unglücklich auf der Toilette. Eine Pflegerin hat sie aufs Klo gesetzt und eine halbe Stunde dort hocken lassen, obwohl Ma bestimmt zehnmal auf den Klingelknopf gedrückt hat, der um ihren Hals baumelt. Ich muss das ganze Gebäude durchsuchen, bevor ich die Pflegerin finde. Sie sagt, dass hier sonntags nur zwei Mitarbeiter sind und im Moment fünf Alte gleichzeitig auf der Toilette sitzen.

Nachts klingelt Ma manchmal zehnmal. Sie ist hellwach und glaubt, pinkeln zu müssen. Weil es aber nicht genug Personal gibt, ziehen sie ihr ab jetzt eine Windel an, obwohl sie überhaupt nicht inkontinent ist. So eine Windel darf erst gewechselt werden, wenn sich ein Markierungsstrich blau färbt. Dann ist sie genügend »gesättigt«. Wenn nicht, muss Ma eben noch einmal hineinpinkeln.

»Ich bin nicht mehr Herr über meinen eigenen Körper«, sagt Ma mit blitzenden Augen, und dies kränkt sie wahrscheinlich am meisten.

Die Selbständigkeit einer Bäuerin ist ihre Sucht. Sie ist nun zu 95 Prozent von anderen abhängig, aber sie klammert sich an die restlichen fünf. Jedes verlorene Prozent fühlt sich nun wie eine dramatische Niederlage an. Aber Ma ist eine Kämpferin.

Es wird immer schwieriger, sie ins Auto zu kriegen. Sie

hängt verkrampft in meinen Armen, die Füße wie ein Totgewicht, die Hände krallen sich in die Luft, ihre Haut ist so dünn, dass sie schon bei der kleinsten Berührung reißen kann. Wir gehen auf Pilgerfahrt nach Gaverland, »das Lourdes vom Polder«, das Ma jedes Jahr besucht. Als Kinder sind wir gerne mitgefahren, weil dort auch immer eine Kirmes stattgefunden hat, wo wir Fähnchen, Steinschleudern und Zuckerwatte kaufen konnten. Heute aber hängt eine wohltuende Stille und Ruhe unter den großen Linden bei der alten Kapelle.

Schritt für Schritt gehen wir den Kreuzweg entlang, von Leidensstation zu Leidensstation, während Ma den Rosenkranz betet. Der Pilgrimsweg ist gesäumt von Blumensträuchern, die schon ewig nicht mehr zurückgeschnitten wurden. Überall schrilles Vogelgezwitscher.

Es stellt sich heraus, dass die frühere Küsterin von Doel nun für die Kapelle verantwortlich ist. Sie empfängt uns herzlich, zündet für Ma eine Kerze an und stopft Geld in den Opferstock. Ein freundlicher Zwerg rollt sie vor den Altar, bei dem die wundertätige Marienfigur steht, die 1511 von Bauern, die im Polder Unkraut jäten wollten, unter einer Linde gefunden wurde. Auf der alten Kommunionbank aus dem Jahr 1585 ist das bekannteste Wunder dargestellt. Vor der Belagerung von Antwerpen kam der spanische Feldherr Alexander Farnese, der ein Stück weiter sein Hauptquartier im Kastell Singelberg aufgeschlagen hat, hierher, um den Segen von Unsrer-Lieben-Frau zu erbitten. Anschließend fiel Antwerpen.

Wir sitzen in einem Straßencafé unter einem Sonnenschirm und essen Waffeln. »Was hat mir mein Glaube gebracht«, fragt Ma mit einem Mal. »Ich war keine Frömmlerin, aber ich bin jeden Sonntag zur Kirche in ’t Kalf gegangen. Heute fühle ich mich von Gott gestraft. Ich muss irgendetwas Schlimmes verbrochen haben.«

Was geht in einer alten Bäuerin vor, die stundenlang im Bett liegt und keinen Schlaf findet, die sich nicht einmal umdrehen kann, sondern die Decke anstarrt und auf ihren Tod wartet? Sie betet verzweifelt. Aus Angst vor dem Leid, das noch auf sie zukommen wird. Aus Angst, was nach dem Tod kommt, oder was nach dem Tod nicht kommt. Sie betet und denkt: »Nützt das ganze Beten überhaupt etwas?«

»Auf den Tod zu warten, das ist so hart«, sagt Ma.

»Pa hat doch gemeint, Sterben ist der normale Lauf der Natur.«

»Ja, aber der Arzt sagt trotzdem, dass fast alle Schwierigkeiten damit haben, und ich ganz bestimmt.« Und dann kommt etwas, worüber sie sich anscheinend Gedanken gemacht hat: »Manche wollen in meiner Situation lieber eine Spritze bekommen. Aber ich will das nicht. Es gibt doch immer Dinge, wofür man am Leben bleiben will. Ich sage dir, dass sie irgendwann alle alten Menschen totspritzen, um sie loszuwerden. Oder weshalb bringen sie sonst andauernd etwas darüber in den Nachrichten?«

»Euthanasie kriegt man doch nur auf eigenen Wunsch, Ma.«

»Hörst du nicht zu?«, fragt sie mit Nachdruck.

»Ich höre zu«, sage ich.

»Verstehst du?«

»Ich verstehe es.«

Es hat mich auch früher schon immer beschäftigt, dass Bauern mehr als andere Bürger so viel Wert auf das Religiöse gelegt haben. Und heute ist das vielleicht immer noch so.

Der tägliche Umgang mit Leben, Tod, Natur und den Naturgewalten hat sie wahrscheinlich für Glaube und Aberglaube empfänglicher gemacht. Ich bin jahrelang Messdiener gewesen, vor allem, damit ich jeden Monat Taschengeld vom Küster bekam. Ich bin als Engel verkleidet in den Prozessionen zur Segnung der Ackerpflanzen über die Deiche mitgelaufen. Ich wurde angeworben, um für einige Tage »zur Probe« auf ein Seminar zu gehen. Wollte damals nicht jede große Bauernfamilie neben einem Nachfolger auch einen Priester zum Sohn haben?

Auf dem Bauernhof habe ich noch einige gedruckte Hefte mit dem Titel *Mein erstes Mal* gefunden. Dabei ging es nicht um meinen ersten Geschlechtsakt, sondern um die erste Messe, die ich mitfeiern durfte. Auf einem Foto bin ich als ein verträumter Junge mit salbungsvollem Lächeln zu sehen, im schwarzen Anzug und mit einem Messbuch in der linken Hand.

»War das nicht verrückt, Ma, als mich der Priester auf dem Bauernhof abgeholt hat?«, frage ich ein wenig gemein.

»Was?«, fragt sie mit aufgerissenen Augen, »was meinst du damit?«

Ich war so froh, dass ich als Dank für meine Stoßgebete mit »den Vierzehnjährigen« ins Sommerlager in die Schweiz fahren durfte, eine Tradition der christlichen Krankenkasse. Wir nahmen den Nachtzug nach Sarnen und fuhren mit dem Bus in die Berge ins Melchtal. Dort hat die Krankenkasse zehn Armeebaracken an einem steilen Bergpfad gemietet. Weiße Holzpavillons mit großen Schlafsälen, Gemeinschaftsduschen und aneinandergereihten Toilettenkabinen ohne Türen. Jeder Pavillon hatte seinen eigenen Geistlichen.

Wir kamen dort mit den Pappkoffern an, die wir von der Krankenkasse bekommen hatten, und waren von den verschneiten Alpengipfeln tief beeindruckt. Ich erinnere mich vor allem an die kleinen Bergtraktoren und die lauten Kuhglocken, die kurz vor der Melkzeit durchs Tal schallten. Neben den Baracken bahnte sich ein ungestümer Bergbach den Weg durch Felsen und Kiesel. In unserem Pavillon war der Geistliche ein junger Priester aus dem Waasener Land, der eine Schwäche für mich hatte.

Er zwackte mir in die Knie und erzählte lustige Geschichten, von denen ich vor lauter Lachen Bauchschmerzen bekam. Er zeigte uns, wie man Edelweiß pflückt, was damals von den Naturschützern noch nicht verboten war. Ich kam sehr gut mit ihm aus und hatte schöne Ferien, so wie ich es auf die Karte geschrieben habe, die noch in Mas Familienalbum steckt.

Auf den Wanderungen durch die Alpenwiesen sangen wir christliche Lieder, wobei ich mich vor allem an dieses zu erinnern meine:

Wenn ich durch die Felder gehe
Und Sonne und Himmel sehe,
Dann weiß ich, Herr, wie groß Ihr seid,
Und verbeuge mich vor Eurer Erhabenheit.

Eine Woche nach unserer Rückkehr fuhr der Geistliche auf unseren Bauernhof. Er lud mich zu sich ins Pfarrhaus am Fluss ein. Er wusste alles über Literatur und war voller Geschichten. Er war meist sportlich gekleidet, ein einziges Mal nur habe ich ihn in einer langen, schwarzen Soutane gesehen. Wir führten stundenlange Gespräche, und zwischendurch kniff er mir in meine dünnen Beine, als wäre er Drieske Nijpers.

Jedes Mal, wenn er mich abholte, winkte Ma uns von der Hecke aus glückselig nach, froh, dass jemand aus ihrer Familie den richtigen Weg einschlug. Als seine Hand immer höher über meine Beine strich, hatte ich genug davon und sagte ihm, dass ich nicht mehr kommen würde. Es tat mir leid und ihm auch. Später schickte er eine Karte, die auch noch in Mas Album steckt: »Herzliche Grüße aus Lourdes«. Hat Ma die Karte behalten, weil ihre Hochzeitsreise, ihre einzige große Reise, auch nach Lourdes gegangen war? Als wir klein waren, spielten wir immer mit der von dort mitgebrachten Schneekugel, in der es wirbelte, wenn man sie schüttelte.

»Ma, das ist doch kaum zu glauben, dass dieser Mann mich einfach so mitnehmen durfte. Sag doch selbst, ich war vierzehn.«

»Wir wussten damals noch von nichts«, sagt Ma betreten.

Sie muss wieder lachen, ob sie will oder nicht, obwohl sie die Geschichte von dem Pastor und seiner kriechenden Hand schon ein paarmal gehört hat. Erst lacht sie noch leise mit ihrem Taschentuch vor dem Mund. Aber dann, mit abgewandtem, runzligem Gesicht, immer lauter und lauter. Sie prustet los.

***

Hedwigepoldersaga, Folge 37. Viele Leute sind ins Gemeinschaftshaus *De Kauter* in Nieuw-Namen, einer Teilgemeinde von Hulst in der Nähe von Kieldrecht, gekommen. Lautstarke Aktionisten in T-Shirts, mit Stickern und Buttons, auf denen »Entdeichung? Nein!«, steht und Schilder mit

Slogans, die alle denselben Feind nennen: »Grüne Racker, weg vom Acker« und »Grünes Pack, hau ab«. Die Fenster haben sie mit Transparenten verhängt. Die Demonstranten sind scharf wie Rasierklingen. Sie scheinen sich alle zu kennen. Wie oft haben sie nicht schon zusammen im Bus zum *Binnenhof*, dem niederländischen Regierungssitz in Den Haag, gesessen?

Einen Steinwurf entfernt, in der Hulsterloostraat, steht vor der Kirche eine auffallend große Christusstatue. Auf einer Bank steht ein Zitat aus *Reinaert de Vos*. Nieuw-Namen ist das frühere Hulsterloo, das im zwölften Jahrhundert vom Kloster Zaligem urbar gemacht wurde und das verschiedene Male im *Reinaert* genannt wird. In den Jahrhunderten danach wurde es zu einem bekannten Wallfahrtsort, weil auch hier eine wundertätige Maria aufgetaucht ist. Während des Bildersturms im sechzehnten Jahrhundert wurde jedoch alles von den Geusen verwüstet.

Im Gemeinschaftshaus wird vom niederländischen Staat eine Informationsveranstaltung über den Hedwigepolder organisiert. Beamte und Sprecher schlendern nervös zwischen großen Tafeln mit Plänen, Fotos und Texten umher. In einem Hinterzimmer tagen schwitzende Abgeordnete. Es werden blumige Erklärungen abgegeben, mit denen man sich nicht groß festlegt. Die Provinz und die Gemeinde Hulst, der der Hedwigepolder angehört, sind prinzipiell gegen eine Entpolderung. Letztes Jahr haben sie noch einen gepfefferten Brief nach Den Haag geschickt: »Wir als Bezirksregierung fühlen uns wie der letzte Dreck von den Ministern und dem Kabinett behandelt, die mit Geringschätzung über ein in ihren Augen überseeischen Gebietsteil entscheiden.«

Als die Niederlande und Flandern 2005 die Scheldeverträge vereinbart haben, ist die ganze Gegend in heller Aufregung gewesen. Die Vertiefung der Schelde musste in den Niederlanden durch 600 Hektar und in Flandern durch 1100 Hektar Renaturierung kompensiert werden. Besonders in Zeeland folgte ein Sturm der Entrüstung. Das führte zu diplomatischem Tumult und sogar zu dem Aufruf aus Antwerpen, die Zeeuwer Muscheln zu boykottieren. Regierung und Parteien hängten ein ums andere Mal ihre Fahnen nach dem Wind. Nur *Natuurpunt* und *Vogelbescherming Nederland,* Vogelschutz Niederlande, blieben immer dabei, die Entpolderung zu fordern. Letztgenannte Vereinigung flog in einem kleinen Flugzeug mit Presseleuten über das Gebiet und erklärte in der Zeitung: »Man kann doch die Zukunft der Westerschelde nicht von einer einzigen jämmerlichen Bäuerin abhängig machen.«

Magda de Feijter, Vorsitzende der wichtigsten Widerstandsgruppe *Red Onze Polders*, Rettet unsere Polder, fühlt sich nicht angesprochen. Sie ist eine selbstbewusste Bäuerin mit einer Mission. Sie betreibt die Landwirtschaft auf einem alten Familienbetrieb an der Westerschelde im Eendragtpolder, der anfangs auch auf der Enteignungsliste gestanden hat. Außerdem sitzt sie im Vorstand der *Boerderijstichting Zeeland*, die für die Verschönerung von Bauernhöfen und die Dokumentation ihrer Geschichte zuständig ist. Und sie engagiert sich für *Zeeuwse Gronden*, ein Betreutes-Wohnen-Projekt für Psychiatriepatienten. Hier in der Gegend, in der immer mehr Höfe leer stehen, gibt es bereits zahlreiche solcher »Pflegebauernhöfe«.

Nach der Versammlung erklärt mir Magda kurz und bündig, weshalb die große Mehrheit der Zeeuwer gegen eine Entpolderung ist. Zum einen, weil es ein unerträglicher

Gedanke ist, die fruchtbarsten Felder Europas preiszugeben. Sollen sie ihre neue Natur doch in kargen Gebieten anlegen. Zum anderen, weil es den Zeeuwern tief in der Seele schmerzt und es ihnen widernatürlich erscheint, die Polder dem Fluss zurückzugeben. Versuch das mal den Leuten zu erzählen, die 1953 die Flutkatastrophe erlebt haben, als die Deiche gebrochen sind. Fast alle haben Verwandte oder Bekannte auf dem Friedhof liegen.

Und warum sie persönlich zum Zugpferd geworden ist? Magda erzählt mir zögerlich, was sie geträumt hatte, als bekannt wurde, dass der Eendragt entpoldert werden sollte. Sie sah einen Beamten auf ihren Hof marschieren, um den Grund zu enteignen. Mit einem Mal sprudelte das Wasser herein und der Mann, mit Stuhl und allem, trieb auf den Wellen fort. Aber auch Magda ging im Wasser unter und landete im Jenseits. Dort erwartete man sie schon: ihr Vater, die Großeltern, Tanten und Onkel. Sie konnten es überhaupt nicht begreifen, dass Polder wieder unter Wasser gesetzt werden sollten. Ihr Vater sagte zu ihr: Geh zurück zum Eendragt und tue alles dafür, den Polder zu retten. Und seither steckt Magda all ihre Zeit in *Red Onze Polders.*

In Hulst musste nicht nur der Hedwigepolder, sondern auch der kleinere Perkpolder daran glauben, ein Polder aus dem zwölften Jahrhundert, älter als die Westerschelde. Auch dagegen setzt sie sich zur Wehr. »Und wenn es nach Professor Meire ginge«, sagt sie, »müssen irgendwann alle, wirklich alle Polder verschwinden. Das ist dir doch klar?«

Nein, das war mir nicht klar, aber ich nicke trotzdem.

Wen man fast immer bei solchen Kundgebungen antrifft, sind Paul und Raf Van Broeck aus dem Prosperpolder. Vater und Sohn, beide studierte Diplomlandwirte und Bauern aus

Berufung. Sie haben schon oft mit ihrem John-Deere-Traktor und dem Schild »Ich will Bauer bleiben« demonstriert. Sie verlieren achtzehn Hektar im Hedwigepolder, und noch ein paar Grundstücke in anderen Poldern. Nächstes Jahr wird aus dem Prosperpolder-Zuid eine Seenplatte, wieder eine neue Naturkompensation. Übrig bleibt nur der kleine Dorfkern mit seinen wenigen Straßen als Enklave zwischen den Naturgebieten. Diese Enklave erhält sogar einen neuen Namen: Prosperdorp.

Aber Paul und Raf wollen hier unter allen Umständen weiterhin Landwirtschaft betreiben, auch wenn es, wie bei den letzten Mohikanern, in einem Reservat wäre. Doch wäre das überhaupt möglich? Den Bauernhöfen in der Nähe von Naturgebieten werden schwere Auflagen diktiert. Manche erhalten die Warnstufe Rot und müssen aufgeben. Andere die Warnstufe Orange, woraufhin sie dann viel Geld für Luftfilter investieren müssen.

Es verändert sich jetzt alles so schnell, erschreckend schnell. Paul wird es schwer zumute, wenn er über die vierzig Jahre spricht, in denen er gegen die Hafenerweiterung gekämpft hat, und sich an die menschlichen Tragödien erinnert, die er miterlebt hat. Er war zwanzig, als der elterliche Hof in Kallo enteignet wurde. Wenn er davon anfängt, füllen sich seine Augen mit Tränen. Er hat mitangesehen, wie der Hof abgerissen wurde, das hat sich auf seine Netzhaut gebrannt. So etwas will er nie wieder erleben.

Paul, der auch im Kirchenvorstand sitzt, erzählt mir zu meinem Entsetzen, dass Pfarrer Tony Werkers, ein entschiedener Entpolderungsgegner, an einem Schlaganfall gestorben ist und, als man ihn im Prosperpolder in seiner Pfarrei gefunden hat, schon halb verwest war. Vor Jahren hat er heilkräftigen Ziegenkäse für meinen kleinen Sohn Dorian gemacht, und wir haben gemeinsam im Pfarrhaus alten Liedern gelauscht. Heute ist seine Kirche geschlossen. Auf dem Kirchturm hocken unzählige Dohlen.

Vor kurzem fuhr Paul mit seinem Traktor frühmorgens durch Nieuw-Namen zu seinem Feld. Dort stand noch ein riesiger Misthaufen, der innerhalb einer Woche wegmusste, sonst drohte eine Geldbuße. In jenen Tagen stand er wegen der Entpolderung unter enormem Druck. Mit einem Mal wurde ihm schwarz vor Augen, und er landete mit dem Traktor in der Gracht, direkt auf einem Betondüker. Er knallte mit dem Kopf durch die Windschutzscheibe, kam wieder zu sich und kletterte, trotz gebrochener Rippen, aus dem Graben.

»Der Arzt meinte, es war der Stress. So schlimm ist es schon um uns bestellt«, sagt Paul. »Aber ich kämpfe weiter. Bis zum letzten Atemzug.«

Ich erschrecke, als ich sogar den vergreisten Richard Bleijenberg, der in Nieuw-Namen geboren und aufgewachsen ist, über die »grüne Mafia« herziehen höre, obwohl er eigentlich für eine Entpolderung ist. Richard ist der Urmensch schlechthin, ein echter Schorrenindianer, eine lebende Legende. Er schätzt, dass er als Wilderer und als Führer rund fünfzigtausend Kilometer im Verdronken Land van Saeftinghe zurückgelegt hat. Ende der fünfziger Jahre stach er gemeinsam mit seinem Schwiegervater den letzten Seehund ab, doch als sie die rechte Flosse beim Ortspolizisten für eine Prämie abgeben wollten, stellte sich heraus, dass dies mittlerweile verboten war. Auch mich hat er früher ein paarmal herumgeführt. Nach fünfzig Jahren hat er die Führungen aufgegeben, nachdem ein acht Kilometer langer Stacheldrahtzaun rund um die Schorren gespannt wurde. Nicht um die Kühe einzuschließen, sondern um die Menschen auszuschließen. Eine Ruhezone für Vögel. Nur Vogelzähler dürfen jetzt frei im Verdronken Land herumlaufen. Die haben gerade einen seiner Freunde, der dort sein ganzes Leben Flundern gestochen hat, bei der Polizei angezeigt.

»Die Liebe zu Vögeln ist wohl manchmal mit einer Abneigung gegen die Menschen verbunden«, brummt der alte Richard, ein ehemaliger Schiffer, der 1953 nach der Sturmflut noch Leichen herumtreiben sah. »Aber die Schorren gehören nicht den Grünen allein, sondern uns allen. In der Natur gibt es mehr als nur einen Grünton.«

***

Auf der anderen Seite des Verdronken Land frage ich die pensionierte Ärztin Colette Hermans, eine leidenschaftliche Naturfreundin und gutmütige Kräuterhexe, woher all die Bitterkeit kommt. Sie wohnt im alten Schorrenhuis auf dem Binnendeich an der Schelde. Vor einigen Jahren erhielt sie einen Brief, in dem ihr die Enteignung dieses Hauses mitgeteilt wurde, weil es bald am Rand des neuen Inter-Gezeiten-Gebiets Hedwige-Prosper liegen würde. Sie nahm sich einen Anwalt und strengte einen Prozess gegen die Regierung an. Es stellte sich heraus, dass die Administration die Grenze etwas zu weit rechts auf dem Zeichentisch gezogen hatte. Ein kleiner Fehler von nur einem halben Zentimeter.

Sie begeistert sich nicht nur für die Natur, sondern auch für Kunst und Kultur. Deshalb hat sie mit ihrem Mann, der vor zehn Jahren gestorben ist, seinerzeit das Hooghuis in Doel gekauft, ein Baudenkmal aus dem siebzehnten Jahrhundert. Auch dieses Haus droht zusammen mit Doel zu verschwinden. Colette hat mit ihrem Aktenbündel jahrelang die Türen aller Behörden eingerannt. Inzwischen ist das Haus verfallen und von Vandalen verschandelt. Ende 1998 durfte ich in diesem Hooghuis gut ein Jahr lang an meinem Buch *De Bres* (Die Bresche) arbeiten – das Jahr meiner Rückkehr, in dem etwas Grundlegendes mit mir geschehen ist und mein altes Ich wieder wachgerüttelt wurde.

Seither bin ich unzählige Male, wenn ich das Gebiet durchwandert und die Geschichten in mich aufgesaugt habe, im Schorrenhuis wieder zu Atem gekommen. Wir haben dann ein Glas zusammen getrunken und durchs Fenster den Bauern bei der Arbeit im Polder zugesehen und später dem Naturgebiet bei seiner Entstehung. Eines Tages beobachteten wir, wie der Bevrijdingshof in wenigen Stunden umgestoßen, aufgeschaufelt und abtransportiert wurde. Den Grünen zufolge sorgte die alte Scheune für »Belästigung und Störung«. Jammerschade, fand Colette, denn dort hat immer eine Schleiereule gebrütet.

Der Scheldedijk hinter dem Schorrenhuis ist jetzt mit einem Zaun und einem Schlickberg abgeriegelt, aber ich klettere problemlos darüber. So gelange ich zum alten Hafen des Prosperpolders, wo noch drei Boote im angebackenen Matsch zurückgeblieben sind. Irgendwann werden hier eine große Bresche und ein Graben ausgebaggert, damit das Wasser täglich zweimal ins Inter-Gezeiten-Gebiet eindringen kann. Aber weil kein Ende der politischen Seifenoper rund um den Hedwigepolder in Sicht ist, wird sich das vermutlich noch einige Jahre hinziehen. In der Zwischenzeit will man den enteigneten Prosperpolder für andere Naturziele nutzen.

Auf einem Schild steht, dass es jetzt »ein temporäres Brutgebiet für Strandvögel« ist, nur für ein paar Jahre, auch wenn das wieder Millionen Euro kostet. Wieso denn Strandvögel, zehn Kilometer vom Meer entfernt? Vielleicht, weil die aufgespülte Hafenfläche des Prosperpolders, die über Jahre hinweg brachlag, bald wie ein Strand aussah und Säbelschnäbler und Flussseeschwalben angezogen hat. Und die haben ein Recht auf Kompensation, da der Antwerpener Hafen mittlerweile ihr Terrain eingenommen hat.

Vor mir liegt eine Reihe kleiner Inseln, die man mit Dutzenden Bulldozern, Kränen und Lastwagen in Rekordzeit auf den Feldern des Antoniushofs angelegt hat. Die Arbeit hatte schnell, vor dem Beginn der Brutzeit, fertig werden müssen. Dass der Wasserpegel permanent mit Pumpen auf einem bestimmten Niveau gehalten werden muss, ist ein Problem. Dass die Inseln regelmäßig gemäht, gefräst und mit Sand und Muscheln bestreut werden müssen, damit sie auch wirklich wie Strände aussehen, ein anderes.

Wie Inseln auf einer idyllischen Postkarte liegen sie jetzt vor mir. So flott geht Naturentwicklung. Das Malerische kontrastiert schrill mit dem Polderland, das hier früher lag. Die Landschaft wird in rasantem Tempo verniedlicht.

Allerdings ist dies keine Qualitätsnatur von hohem Wert, wie es in den offiziellen Texten heißt. Nicht für den gewöhnlichen Menschen, sondern für Kenner, die die Natur als Summe aus allen Arten und Zahlen erfassen können, wie in einer Tabelle, in die man den Punktestand einträgt.

Es ist eine technische Geschichte und keine romantische Anwandlung. Der Eingriff war dringend nötig, weil die »Erhaltungsziele« für bestimmte Vögel, die laut EU-Umweltrecht geschützt werden müssen, nicht erreicht wurden, wie zum Beispiel für den Säbelschnäbler oder Nummer A 123 in Beilage I der Vogelschutzrichtlinie.

Er brütet tatsächlich im lockeren Sand, wie ich durch mein altes Fernglas sehe. Mit seinem schwarzweißen Kopf und dem nach oben gebogenen Schnabel. Es funktioniert also, auch hier. Der Säbelschnäbler ist den Wegweisern gefolgt. Es gibt nur ein Problem: Er wird buchstäblich von den A 176 umzingelt: Hunderte von kreischenden Möwen. Die kleinen Inseln sind schon weiß wie Eisschollen.

Es klingt alles so, als wäre die Natur von der Mythologie zur Wissenschaft überführt worden, als müsste alles Magische vermieden werden. Aber anscheinend kann nicht alles gesteuert und beherrscht werden.

»Es sieht schon hübsch aus«, sagt Colette später beim Bier, »aber der Bruterfolg bleibt aus. Die Möwen verdrängen die anderen Vögel und rauben ihre Eier. Und wenn doch Küken aus den Eiern schlüpfen, schnappt unser Freund Reineke sie sich. Diese Woche stand ein Fuchs auf meiner Treppe und kratzte an der Tür. Die ganzen Inseln sind ja gerade deswegen entstanden, um den Fuchs fernzuhalten. Aber er ist ein guter Schwimmer, das habe ich selbst gesehen.«

Der Fuchs ist nicht der einzige Feind der Erhaltungsrichtlinien. Zu Colettes großem Kummer wurden alle Bäume am Scheldedijk beseitigt, um zu verhindern, dass sich Raubvögel auf ihnen niederlassen, die auf einen Leckerbissen aus Beilage I lauern.

»Was findest du am schönsten in der Natur?«, frage ich sie.

»Das Majestätische eines Schwarms Wildgänse in einem eiskalten Himmel, als würden sie ihn in Stücke schneiden«, sagt sie, ohne nachzudenken. Genau wie ich ist sie ein Kind der Jahreszeiten. »Im Sommer frage ich mich manchmal, wie es wäre, wenn Schnee und Eis liegen würden. Und im Winter versuche ich mir vorzustellen, dass alles warm und grün ist.«

»Warum sind die Menschen hier so hart gegen die Naturschützer?«

»Ach«, sagt sie, »was ist das für eine Natur, die entworfen und entwickelt werden muss? Auf Kosten einer normalen Kulturlandschaft, die nicht dazu da ist, Zielvorgaben zu erfüllen, sondern mit der die Menschen mitleben. Aber das darf jetzt nicht mehr sein. Obwohl gerade die Menschen hier so eine intensive sinnliche Verbindung mit der Natur haben.«

Durch das Fenster beobachten wir auf dem Wiesenvogelgebiet eine Herde Wildpferde. Die zehn Hengste wüten ziemlich heftig herum, beißen einander ins Maul, bäumen sich auf, stürmen durch die Pfützen. Die Koniks, die eine gezüchtete Replik des Urpferds sind, können sich das ganze Jahr über im Naturgebiet durchschlagen, nun aber sehen sie ausgehungert aus. Und dieses Mal habe ich keine Butterbrote dabei.

Colette ist wieder beunruhigt. In der Zeitung steht, dass die Regierung auch den Weiler Ouden Doel, einige Dutzend Häuser, für das Naturgebiet enteignen wird. Dann müsste sie doch noch weg. Sicher ist es nicht, haben sie geschrieben. Hinter Colettes Haus steht übrigens auf einem großen Schild, dass die Stelle des Inter-Gezeiten-Gebiets sorgfältig ausgewählt wurde, »damit man in Ouden Doel auch weiterhin angenehm wohnen kann«.

Ein Stück weiter, in der hintersten Ecke auf dem Scheldedijk, steht nun das Kriegerdenkmal von Doel. Es wurde nach dem Krieg zum Gedächtnis an die Fliegerbomben errichtet, wie die mörderische V1, die auf den Hof von Simone gefallen ist. Vor kurzem hat der Bürgermeister das Ehrenmal eines frühen Morgens heimlich abtragen lassen. Nach heftigen Protesten wurde es an diesem gottverlassenen Ort wieder aufgebaut.

»Wenn du eine Gemeinschaft spalten willst, musst du ihr nur ihre Symbole und Namen wegnehmen«, seufzt Colette.

Auf der Süßwasserseite des Scheldedijk steht zum Glück noch die alte kleine Kapelle des heiligen Antonius. Er wird als Schutzheiliger der verlorenen Dinge verehrt. Doch der Bauernhof, der hinter der Kapelle gestanden hat, ist weg, und Antonius selbst auch. Die Kapelle ist leer.

6.

Zaligem. Fahnenflucht

Ich stehe an der Hecke. Der Anblick überrumpelt mich. Unser großer Bauernhof erscheint mir, gefangen zwischen hundert Meter hohen Windrädern, plötzlich winzig und unbedeutend. Im Handumdrehen wurden sie von riesigen Kränen aufgestellt und wie Legosteine zusammengesetzt. Auf den Spitzen blinken nervös jede Menge Lampen.

Der Wind pfeift über den Hof, das Schutzdach über dem Scheunentor klappert, doch die Mühlen drehen sich noch nicht. Besorgt betrachte ich die zur Straße gelegene Seitenfassade der alten Scheune. Ich habe sie von einem Bauunternehmer aus dem Dorf stützen lassen müssen. Die Mauer ist mit einem Mal in Schieflage geraten, Risse ziehen sich durch die alten Backsteine, Balken lösen sich aus dem Dachfirst. Das sind vermutlich Folgen der Ausschachtungsarbeiten für die Villa nebenan. Aber ich werde den neuen Nachbarn nicht dafür belangen. Er hat uns gerade über seinen Anwalt einen Brief zukommen lassen, dass er sich mit den historischen Grenzen des Bauernhofs abfindet unter der Bedingung, ein Stück der alten Zwischenmauer abreißen zu dürfen, um sie durch einen Maschendrahtzaun zu ersetzen.

»Ich will nichts davon hören«, sagt Ma, als ich ihr von den

Windrädern und über die Stützen an der Scheune erzählen will: »Unnötige Ausgaben für ein totgeweihtes Haus.«

Es hat so viel geregnet, dass die leere Dunggrube vollgelaufen ist. Ein Wildentenpaar hat sich dort niedergelassen. Das einbeinige Teichhuhn nistet in der Ecke bei der Schwertlilie und dem Efeu. Hier und da wachsen bereits Schilf und Teichkolben. Die Natur erobert sich das Terrain Meter um Meter zurück, wie auch die sumpfige Kälberweide hinter dem Haus. Aus dem von den Kälbern überreichlich gedüngten Boden wuchern jetzt Weidensträucher und Holunderbüsche. Eine entwurzelte Pappel lasse ich für Insekten und Schimmel verrotten. Zu meiner eigenen neuen Wildnis soll das Gehöft werden. Mein kleiner Urwald. Urrr.

Und doch hätte ich lieber einen großen, gärenden und ekelhaft riechenden Misthaufen auf dem Hof. Viel lieber als den Tümpel mit Schwertlilie, Wasserlinsen und dem Entenpaar. Zum Glück habe ich wenigstens schon ein Dutzend Schwalben gezählt, die auch ohne Rinder und Mist im Kuhstall, in der Wagenscheune und im alten Schweinestall ein- und ausfliegen. Sie picken Strohhalme und Stängel auf, tunken sie in den Matsch der Dunggrube und verstärken damit ihre alten Nester, die im Kuhstall zwischen Spinnweben, die wie angeklatschte Brüsseler Spitze aussehen, an der Decke hängen. Früher bin ich immer wütend geworden, wenn Ma die Nester an der Dachrinne unseres Hauses entfernte, während die Schwalben zwitschernd um sie herumflogen. Sie meinte, Fassade und Fenster würden unter dem Schwalbendreck zu sehr leiden.

Mittags hole ich Mas Geranien aus dem Keller, fülle die Erde auf und pflanze einige neue Stecklinge dazwischen. Dann stelle ich einen Blumenkasten auf jede Fensterbank.

Ich habe damit, wie sie es gewünscht hat, geduldig bis nach den Eisheiligen gewartet, wenn es keinen Nachtfrost mehr gibt. Danach arbeite ich im Gemüsegarten, der hier *das* Hof genannt wird – das Gehöft in seiner Gesamtheit ist *der* Hof.

In den vergangenen Jahren sind hier immer Blumenkohl, Bohnen, Rosenkohl, Karotten und Tomaten gewachsen. Sie haben mir oft Gemüse mitgegeben, und ich habe versucht, so lobend wie möglich darüber zu reden, denn als ich mich einmal über Raupen im Kohl beklagt habe, wurde mir das noch wochenlang von meinem Bruder vorgehalten: »Diese Bürger, pfff.« Nun habe ich Lauch, Fenchel, Brokkoli, Zwiebeln, Zucchini, Kürbis und Kartoffeln gesetzt, die einfachsten Dinge. Und in einem großen Kübel wächst jetzt eine regionaltypische Pflanze, die ich mir neben Saatgut und Blumenerde im Gartenzentrum in Nieuw-Namen auf Empfehlung von zwei pickligen Jungs gekauft habe. Schon einige Tage nachdem ich sie in den Humus gesteckt habe, ist die Pflanze wie ein Speer in die Höhe geschossen.

»Tolle Pflanze, aus der kann man Beruhigungstee machen«, haben die Jungs gelacht, »mit außerirdischer Wachstumskraft.«

»Eine Herausforderung für einen Bauernsohn«, sagte ich.

Neben dem Gemüsegarten, hinter der Ligusterhecke, liegen etliche Arbeitsgeräte, die Außenstehende für einen Schrotthaufen halten könnten, die für mich aber ein kleines Museum der Landwirtschaftsgeschichte sind. Die blaue Rübenschneidemaschine, mit der wir für die Kühe Unmengen von Futterrüben fein gemahlen haben. Die bleischwere Ackerwalze, die immer, wenn wir sie über die Straße zum Feld gezogen haben, um damit die Erdklumpen platt zu walzen, laut gedonnert hat. Der kleine Pflug mit nur einer

Schar, mit dem ich als Junge noch die Ackerränder umgepflügt habe. Der alte Kartoffelroder, die erste Bodenfräse und andere Maschinen, die sich hier aus Nostalgie ein Leben lang angehäuft haben und die jetzt wegen ihrer Unverwüstlichkeit ins Auge springen. Mein Bruder hat auch einen modernen Maschinenpark aufgebaut, mit großen automatischen Kartoffel- und Rübenschneidern, doch später hat er, wie viele andere Bauern auch, immer häufiger mit Lohnunternehmern zusammengearbeitet.

Als die Sonne langsam hinter dem Tomatenkomplex untergeht, gehe ich durch die inzwischen gemähte Wiese. Der Wettermann hat eine Woche warmes Wetter vorhergesagt, was zwar etwas zu knapp für die Heuernte ist, aber das ist ja immer ein Glücksspiel. Ich erreiche die Windräder, die bis an unsere Weide reichen, und betrachte die gigantischen Flügel über meinem Kopf. Oben auf der Gondel steht in großen blauen Buchstaben *Electrabel.* In der Mitte des weißen Masts ist ein rotes Band aufgemalt. Ich laufe durch den Schlamm zur Treppe. Von der Plattform bei der verriegelten Stahltür aus blicke ich mich in der wüsten Landschaft um.

Neben den Windrädern steht eine *Toi-Toi*-Kabine mit blauer Tür und weißem Dach. Darin befinden sich eine Kloschüssel und ein Waschbecken. An der Wand hängt ein Formular mit dem Datum, an dem die Toilette geleert wird, und dem Stempel der Wartungsfirma. Ich verrichte meine Notdurft.

Als ich fertig bin, bemerke ich vor mir einen kleinen viereckigen Container, aus dem ein Rohr wie ein Periskop aus einem U-Boot herausragt. Daran hängt eine Art Lautsprecher. Ich gehe um den Container herum. Das Periskop schwenkt mit mir mit. Ich fühle mich ertappt.

Auf der Seite steht: *UFO*. Und darunter in kleinen Buchstaben: *Unit For Observation*. Wieder eine außerirdische Erscheinung in unserem Polder?

»Hallo, ist da jemand?«, frage ich und ziehe eine Grimasse. Keine Reaktion.

Ich gehe zu Yves, dem »Entdecker«, der fünfzig Meter weiter wohnt und ebenfalls die Windräder betrachtet. Er ist ein Neuling, der hier, auf einem alten Bauernhof, auf dem früher Bauer Jef mit seinem geistig behinderten Sohn Wilfried gewohnt hat, seinen Traum vom Leben auf dem Lande verwirklichen will. Wilfried habe ich gern gemocht. Immer mit grauem Kittel, großer Kappe und dicken Brillengläsern, war er von unserem Traktor besessen und ist fast jeden Tag vorbeigekommen: »Tracteur, tracteur, tracteur«, brummte er vergnügt. Dann ließ mein Bruder ihn mitfahren, etwas, das mir nur selten vergönnt war. Nun steht Wilfrieds Hof voller Wracks und Krempel von Yves, der vor ein paar Jahren an einem Wettbewerb für Erfinder teilgenommen hat. Er gewann den zweiten Preis für einen großen Wagenheber, mit dem man Autos auf die Seite legen kann, um besser ans Fahrgestell heranzukommen. Der erste Preis ging an den Sliplift, einen Apparat, mit dem alte Menschen die Unterhose anziehen können, ohne sich bücken zu müssen. Eine der besten Erfindungen seit dem Rad, lachte Yves sarkastisch.

»Hast du auch dieses Ufo gesehen?«, frage ich den Entdecker, der doch bestens mit Technologie vertraut ist.

»Die Multinationalen behalten uns im Auge«, sagt er. »Vertraue *Electrabel* bloß nicht, vergiss nicht, was sie mit ihrem Atomkraftwerk in Doel machen.«

»Die Landschaft hat sich durch die Windräder sehr verändert. Und das keine dreihundert Meter von unseren Häusern.«

»Immer noch besser als Kernenergie«, meint Yves. »Und außer visueller Belästigung werden wir mit ihnen wenig Ärger haben. Die Mühlen rauschen wie Pappeln im Wind.«

***

»Ein schönes Flachsfeld«, sagt Ma. Sie bittet mich, bei unserem Acker am Reigersbos zu halten. Über der Autotür lehnend, blickt sie gierig über den grünen Teppich, auf dem die ersten hellblauen Blumen blühen. Er gedeiht schnell, denn der Wachstumszyklus von Flachs beträgt nur hundert Tage. Die jungen, kräftigen Halme sind bereits knapp einen Meter hoch. Schon jetzt gelingt es mir nicht mehr, die Fasern zu brechen, so zäh ist die Pflanze. Es tut mir gut, hier zusammen mit Ma auf unser Feld zu blicken.

Langsam fahre ich zum Bauernhof. Ich falte den Rollstuhl auseinander, greife sie unter den Achseln und hebe sie aus dem Auto. Der rote Kater, der allmählich gesünder aussieht und ein glänzendes Fell bekommt, streicht um ihre Beine, aber sie zieht die Lippe hoch. Beklommen und begehrlich zugleich betrachtet sie ihren Hof. Seinen Hof. Meinen Hof.

»Das Rosenbeet ist voller Unkraut. Und im Gras wächst lauter Löwenzahn.«

»Das nehme ich noch in Angriff.«

»Der Gehweg ist ganz bemoost, und einige Dachziegel sind lose. Und was ist das da?«

Sie deutet verdutzt zum Kirschbaum hinüber, in dem ich eine ihrer buntesten Schürzen an Latten aufgehängt habe. Ein Drachen im Wind.

»Äh, eine Vogelscheuche, Ma.«

»Meine Schürze! Die genügt doch nicht, um die Krähen abzuschrecken«, ruft sie verächtlich. »Es wird wieder keine Kirsche übrig bleiben. Denk an meine Worte.«

»Es sind Dohlen, Ma. Und schau dir lieber die Schwalben an. Sie sind wieder da, obwohl es keine Kühe mehr gibt.«

»Es ist ein leerer, trauriger Betrieb ohne Kälber«, sagt Ma. »Du und deine Schwalben. Sie werden wieder alle Fenster vollscheißen.«

»Es sind keine Mehlschwalben, es sind Rauchschwalben, die nisten nur in Ställen.«

»Dann ist es ja gut, fangen sie wenigstens die Fliegen.«

»Wie lange soll das Heu noch zum Trocknen liegen bleiben?«

»Acht Tage sind gut«, sagt Ma. »Neun sind besser. Zehn ideal, aber das gelingt nie.«

Wir stehen im Obstgarten bei der niedrigen Mauer. Sie blickt über das Weideland, das sie damals von ihrem eigenen Erbteil gekauft hatte, was das Band noch verstärkt. Sie blickt hinüber zum Tomatenkomplex mit seiner rauchenden Turbine und dem haushohen Silo, der aussieht wie ein Dampfschiff, das auf einem Feld gestrandet ist. Sie blickt zum Windrad daneben, ein Leuchtturm mit Blitzlicht. Der Kiesweg, den *Electrabel* so gerne über unsere Weide verlegt hätte, verläuft jetzt neben dem Gewächshaus. Noch eine Einkommensquelle für den Tomatenbetrieb.

»Die Landwirtschaft ist beinahe unmöglich geworden«, sagt Ma nach einer langen Stille. Und dann kommt wieder ein vollbeladener Satz, der klingt, als hätte sie auf ihrem Zimmer lange darüber nachgedacht: »Hätte dein Bruder

Frau und Kinder gehabt, hätte er unseren Hof bestimmt weitergeführt.«

»Hier gibt es so viele Bauernhöfe mit alleinstehenden Bauern um die fünfzig, die noch mit ihren alten Müttern oder Vätern zusammenleben«, sage ich.

»Du hast Nachkommenschaft.«

Nachkommenschaft. Was für ein Wort.

»Du hast Sprösslinge, für die du lebst«, betont sie, »die deinen Namen weitergeben.«

Sprösslinge.

»Ein Mensch lebt doch auch für sich selbst.«

»Keine Frau wollte mehr einen Bauern heiraten. Selbst die Bauerntöchter nicht. Die sind studieren gegangen, sogar arbeiten, wollten verreisen. All das, nur keine Bäuerin sein.«

»Wenn wir in den siebziger Jahren ausgegangen sind, standen die Bauernsöhne in langen Reihen an der Theke. Ein erbärmlicher Anblick.«

»Früher war er ein hübscher Mann«, seufzt Ma. »Er konnte gut erklären und hat Frauen immer angezogen. Aber wenn es um Sex ging …«

Zum Sex hat sie uns früher sicher nicht ermuntert. Überhaupt war es ein Thema, über das kaum gesprochen wurde. Ma war ziemlich prüde und nicht gerade verrückt nach körperlicher Nähe. Die Anzahl der Umarmungen war bei uns eher gering. Wenn in *Peyton Place*, ihrer Lieblingsserie, nur einmal geküsst wurde, schaltete sie den Fernseher aus. Wir haben also keine Aufklärung genossen, als wir als junge Männer in die Wiesen gingen. Aber wir waren mit Stieren aufgewachsen, die auf Kühe sprangen, Eber auf Säue, Hähne auf Hühner. Auf diesem Gebiet hat uns die Natur wenige Geheimnisse vorenthalten. Schon als kleiner Junge musste ich den Schwanz einer Kuh zur Seite ziehen, damit der Deckstier sie mit seiner robusten Rute besser penetrieren konnte.

In unserer Straße gab es fast nur Jungs, die alle etwas älter waren als ich. Wir haben zusammen Fußball gespielt oder fuhren mit den Mofas herum. Wenn ein Nachbarsjunge heiratete, feuerten wir am Abend vorher vor dem elterlichen Haus Karbidkanonen ab, um die bösen Geister zu vertreiben. Der Bräutigam gab eine Kiste Bier aus, und wir waren zum ersten Mal betrunken. Bei uns zu Hause gab es nur süßes Dünnbier.

All die Bauernsöhne sind nicht zu Hause geblieben, sondern arbeiten gegangen. In jenen Jahren hatte man nur eine Wahl: entweder auf dem Hof bleiben oder anderswo arbeiten. Letzteres wurde von den stolzen Bauern als Schande angesehen, als Statusverlust. In einem Buch aus den sechziger Jahren, das hier im Regal liegt, steht, dass damals einer von zwei Söhnen die Landwirtschaft hinter sich gelassen hat, was als »auffällige Fahnenflucht von Bauersöhnen« beklagt wurde.

Aber wie stand es um die Fahnenflucht unter Bauerntöchtern?

Mein Bruder und ich hatten ein unterschiedliches Ausgehverhalten entwickelt. Er stand auf Hardrock und ging in die Discotheken, die auf dem Land wie Pilze aus dem Boden schossen. Ich hörte lieber Flowerpower-Musik und ging in schummerige Hippiekneipen. Natürlich besuchten wir auch die Veranstaltungen der Katholischen Landjugend, der einzigen gemischten Jugendvereinigung damals.

Ich erinnere mich noch lebhaft daran, wie wir einmal ins Schwimmbad gegangen sind und ich ins tiefe Becken sprang, um den Mädchen zu imponieren. Ich schluckte eine Menge

Wasser, schlug wild mit Armen und Beinen, kam trotzdem nicht mehr nach oben und sackte auf den Grund. Nach der ersten Panik legte sich eine vollkommene Ruhe über mich. Dann zog mich der Gruppenleiter Guido an den Haaren aus dem Wasser. Guido hat später einen Gehirntumor bekommen, was ich sehr ungerecht fand.

»Nicht schlecht, deine Schwimmkünste«, sagte mein Bruder, »vor allem dein Backstein-abwärts-Stil.«

Eines Nachts kam er aus dem *Barbarossa* und flog in Okkevoorde aus der Kurve. Pa und ich mussten aus dem Bett, um sein Auto aus der Gracht zu ziehen. Es war ganz in der Nähe des Einfahrtstors des verfallenen Schlosses, das später vom Hafenbaron Fernand Huts wiederhergerichtet wurde. Mein Bruder war sturzbetrunken. Samstags schlief er mitten in der Nacht, nach Bier und Zigaretten stinkend, neben mir ein. Ma, die kein Auge zumachte, wenn wir ausgingen, stellte sich dann neben unser Bett und nahm ihn ins Kreuzverhör: »Keinen Unfall gehabt heute? Nicht zu viel getrunken? Niemanden kennengelernt?« Sie wollte alles von ihm wissen.

»Ein paar feste Beziehungen hat er schon gehabt«, sagt Ma kopfschüttelnd, »aber die dauerten meist nicht lange. Denk nur an das aufgetakelte Mädel aus irgendeinem Zeeuwer Muscheldorf. Die längste Beziehung hielt ungefähr zwei Jahre. Das war mit dieser kecken blonden Bürgertochter mit den langen Beinen. Wie lange es gedauert hat, bis er sich getraut hat, sie uns vorzustellen. Sie kam ein paarmal zu Besuch, dann ist sie weggeblieben. Natürlich weil er Bauer war. Wie er geweint hat. Pa hat sich an sein Bett gesetzt und gesagt: Vergiss sie, lange Beine bringen nichts. Aber er war sehr niedergeschlagen.«

»War sie denn gut genug für euch?«, frage ich. »Es mussten doch Bauerntöchter sein, die zupacken können, am besten noch aus gutem Hause.«

»Ja, eine gute Partie«, sagt sie mit etwas verzweifelter Stimme. »Es war ein Dilemma. Später, als Pa gestorben war, wollte ich natürlich mit ihm auf dem Hof bleiben. Auf der anderen Seite wollte ich aber auch, dass er eine Frau fand.«

Das war wirklich ein Dilemma für sie. Sie wollte es, und gleichzeitig fürchtete sie sich davor. Die Jahre gingen vorüber, er wurde älter, und samstagabends war er immer länger im Bad zugange, mit Aftershave und Brillantine, so lange, bis das Haar gut lag, bis das Hemd gut saß, bis er seufzend aufbrach. Eine Stunde später war er manchmal schon wieder zurück. Nach seinem vierzigsten Geburtstag ging er gar nicht mehr aus.

Ich bringe Ma zurück ins Pflegeheim. Wie immer bittet sie mich darum, sie auf die Toilette zu setzen, fällt aber beinahe herunter. Es ist eine Qual, und es zieht sich hin. Hätte ich doch jetzt einen Sliplift. Die Klobrille hat etwas abgekriegt, ich wische alles sauber, ich kann nicht glauben, dass ich das tue, mache aber weiter.

»Ich fühle mich schon wie eine Fremde auf meinem eigenen Hof«, sagt Ma eine halbe Stunde später zu Hilde, die Pflegerin, die mit den Medikamenten kommt. »Ich habe kein Zuhause mehr.«

»Ihr Zuhause ist jetzt hier«, sagt Hilde.

»Dies ist ein Sterbehaus. Meine letzte Station.«

Dann reißt sie sich zusammen. »Unser Heu ist gemäht und trocknet«, sagt sie mit einem Mal stolz.

»Wenn es nur nicht regnet.«

»Nein, die Schwalben fliegen hoch.«

Hilde ergreift ihre dünnen Schultern, und ich merke, dass Ma, die immer Angst vor Umarmungen hatte, sie jetzt gerne gewähren lässt, die Pflegerin mit dem großen Herzen und grenzenlosem Einsatz, die selbst eine Bauerntochter ist und nur ein paar Kilometer von unserem Hof entfernt wohnt. Hilde ist eine Großnichte von Bruder Isidoor, einem kränklichen Bauernsohn aus Okkevoorde, benannt nach dem heiligen Isidorus, Schutzpatron der Bauern. Er ist ins Kloster gegangen, starb mit 35 Jahren an Krebs und wurde 1984 seliggesprochen, weil er Wunderheilungen verrichtet haben soll. Ein historisches Ereignis für Ma und für unser Dorf.

Als ich zum Bauernhof zurückfahre, halte ich an Bruder Isidoors Geburtshaus an. Es ist ein kleines Bauernhaus, das, mit seiner blitzsauberen Dachkammer im Zustand aus dem neunzehnten Jahrhundert, noch vollkommen erhalten ist. Ich lese die Zettel von dankbaren Menschen, die durch seine Gunst geheilt wurden. Ich lasse auf Mas Bitte eine Kerze brennen, eine elektrische. Dann lese ich das Gebet an der Wand:

Gebet für die Bauern
Allmächtiger, ewiger Gott, der Du Bruder Isidoor unsere Liebe zur Landwirtschaft hast teilen lassen,
Und ihn aus unserer Stadt zur höchsten Vollkommenheit gerufen hast,
Wir bitten Dich, lass uns seines Geistes an Fleiß, Sittsamkeit und Opferbereitschaft im Gebet teilhaftig werden.
Amen.

***

Ein Samstagmittag vor nicht allzu langer Zeit. Ich stehe vorm Ofen und beobachte heimlich meine Mutter, die am Küchenfenster steht und zu meinem Bruder hinüberstarrt. Er ist im Wagenschuppen am Schweißen. Ein Sperrfeuer aus Funken, lautes Zischen, der Gestank von verbranntem Metall. Manchmal setzt er eine Schutzbrille auf. Schweißspuren im Nacken. Eine halbgerauchte, verloschene Zigarette im Mundwinkel. Auf dem Gesicht der angespannte Zug, der mir so vertraut ist. Er hat Mas rundes Gesicht, ich das längliche von Pa.

Er geht in seiner Arbeit völlig auf. Er nimmt eine Schleifscheibe und sägt mit ohrenbetäubendem Dröhnen Kanten und Ecken ab. Funken sprühen zu allen Seiten. Dann wieder der glühende Schweißbolzen, Stäbe verschmelzen miteinander. Hammer und Zange. Prüfend hält er etwas hoch, das aussieht wie das Gatter eines Kälberverschlags, mit Schloss und Riegel. Voll Spannung verfolgen die Kälber in dem offenen Stall das Schauspiel.

Und die ganze Zeit über lässt meine Mutter ihn nicht eine Sekunde aus den Augen. Sie beobachtet gefesselt und besorgt alles, was er tut. Auch wenn sie schon über achtzig ist und ihre Kräfte bereits nachlassen, kümmert sie sich immer noch um den Haushalt und die Kälber. Wir haben Angst, dass sie eines Tages unter den Kühen verunglücken könnte, aber mein Bruder passt gut auf sie auf.

Sie fragt sich jetzt jeden Tag, wie es mit ihm weitergehen soll, wenn sie nicht mehr da ist. Sie hat ihm nie Kochen beigebracht. Das und Waschen und Einkaufen ist für sie immer »Frauenarbeit« gewesen. Aber ein Mann alleine, wie soll das gehen?

Um vier Uhr ruft sie ihn zum Essen. Sie schmieren sich

zuerst einen Stapel Butterbrote. Sie trinken ihren Kaffee schwarz, denn frische, gerade aus dem Euter gemolkene Milch finden sie ein bisschen eklig. Sie sitzen auf ihren angestammten Stühlen, an ihren angestammten Plätzen am Tisch, einander gegenüber. Sie reden über Blumen, Pflanzen, Kühe.

Der Bauernhof und die Tiere sind für ihn alles. Und Ma.

»Du hilfst uns doch?«, hat sie mich wieder gefragt.

Mein Bruder kann schweißen, schleifen und all die anderen Dinge, die ich nicht kann, aber ich habe mehr Wagemut. Nach der Kaffeepause muss ich aufs Dach, weil Dohlen gerade dabei sind, im Schornstein des vorderen Zimmers ein Nest zu bauen. Also zuerst eine Leiter hinauf, die an der Rückseite des Hauses lehnt, dann weiter über eine andere Leiter, die mein Bruder schräg über die Dachziegel gelegt hat. Er hält sie gut fest, während ich, mit einigen Krampen im Mund, nach oben klettere. Ich rutsche rittlings über den First. Als ich am Schornstein ankomme, zerre ich ein Bündel Reisig heraus. Mein Bruder wirft mir etwas Maschendraht zu. Ich fange ihn auf und befestige ihn mit den Krampen im Schornstein. Als ich fertig bin, stelle ich mich aufrecht auf den First und flattere wie auffliegende Dohlen mit den Armen. Unten schreien sie vor Schreck.

»Schade um das Nest«, sage ich, während ich mich wieder hinhocke. »Dohlen sind treue Ehepartner.«

»Wie viel Leute sind nicht schon erstickt, weil Dohlen den Schornstein verstopft haben?«, sagt mein Bruder.

»Sie haben eine soziale Pickordnung, wie die Hühner.«

»Der Jäger sagt, dass sie unter Schutz stehen und wir ihre Nester nicht vernichten dürfen«, antwortet er. »Dabei sollte man sie scharenweise dezimieren.«

Er schaut nach unten: »Ist doch wahr, Ma, oder?«

Dass dies erst vor kurzem war und doch eine Ewigkeit her ist, kann ich kaum glauben. Jetzt stehe ich in meinem Alleinsein am Fenster, ein Eremit mit Fernglas, ein Mönch, der sich im Jahrhundert geirrt hat. Auch an der Vorderseite des Gehöfts ist die Weite definitiv durchbrochen. Direkt in meinem Blickfeld sieht das Windrad mit seinen stillstehenden Flügeln wie ein Gekreuzigter aus. Es zieht meine Augen unwiderstehlich an. Das Panorama dahinter verschwindet aus der Sicht.

Rund um den Windradpark wird ein wildes Dohlenballett aufgeführt. Vor nichts haben diese Opportunisten Angst. »Kja-kja-kja«, kreischen sie gleichzeitig aus Dutzenden Kehlen. Sie kreisen um die Windräder, schießen wie Projektile zwischen den Flügeln hindurch, verfolgen einander in schwindelerregendem Tempo. Manche fliegen einander an, schlagen mit ihren Krallen aufeinander ein, drehen ab und sausen im Wind weg, der restliche Schwarm hinterher. Sie lassen sich von der Luftströmung in die Höhe befördern, stürzen sich wie ein Wasserfall hinab, breiten zitternd die Flügel aus und steigen wieder aus der Tiefe auf. Sie lieben das Spiel mit dem Wind. Sie sind Meister der Naturgewalten.

Der Schwarm lässt sich auf unserem Maisfeld nieder. Die kleinen Maispflanzen strecken ihre gelbgrünen Köpfe keck nach oben. Ich kann ihnen von meiner Schulbank aus beim Wachsen zusehen. Auf den Relikten des Klosters von Zaligem.

Ich höre, wie sich im Schornstein ein Dohlenpaar unterhält. Sie haben eine Ecke des Maschendrahts gelöst und transportieren frische Zweige an. Ich lausche ihrem Geplauder im Kamin und lasse sie machen.

Wie eine Katze klettere ich in den rotleuchtenden Kirschbaum. Die Kirschen platzen vor Reife. Meine Hände kleben vom Saft. Aber kaum eine Kirsche ist zu finden, in die nicht hineingepickt wurde. Ich klimme hoch bis in den Baumwipfel und hänge Mas Schürze ab.

***

Mit Traktor und Heuwender fahre ich über Mas Wiese. Der Traktor, der zu selten zum Einsatz kommt, wollte zuerst nicht anspringen. Mit dem Starthilfekabel bekomme ich ihn schließlich doch in Gang. Nun fährt der blaue New Holland TL 90 hübsch brummend hin und her, während das Radio in der Kabine leise Musik spielt. Er zieht eine Heumaschine, die das Gras aufschüttelt, wendet und in geraden Bahnen zum Trocknen ausbreitet. Es tut mir gut, draußen zu arbeiten, doch manchmal denke ich: Nicht ich sollte dies tun. Manchmal fühle ich mich wie ein Eindringling in meiner eigenen Welt.

Seit Tagen erledige ich jeden Mittag diese Arbeit, aber heute Abend muss das Heu in die Scheune. Heuen ist immer ein Risiko, denn wenn es nicht trocken genug ist, fängt es zu gären an, und dann kann es sich, wie schon so oft passiert, entzünden und den Betrieb niederbrennen. Dann sitzt der rote Hahn in der Scheune, lautet eine Redensart. Schon die ganze Woche schaue ich in den Himmel, klopfe auf das Barometer und höre den Wetterbericht. Heute ist bei Einbruch der Dämmerung Regen vorhergesagt.

Noch krallt die Sonne ihre Klauen in meinen Nacken. Im Heu staubt es, was ein gutes Zeichen ist. Schwalben streichen tief über den Boden und fangen Tausende Insekten. Kiebitze überschlagen sich am Himmel. Auch das Austernfischerpaar, das schon seit Jahren immer wiederkommt, ist mit von der Partie. Ich bin schon die ganze Woche Ziel ihrer Luftangriffe. Lauthals piepend kommen sie auf mich zugeflogen, ihre roten Schnäbel sind wie Pfeile auf mich gerichtet, um im letzten Moment wieder in die Höhe zu schießen. Auch gegen Dohlen und Möwen liefern sie sich fast ununterbrochen eine Schlacht.

Vorhin habe ich die Wiese abgesucht, aber keine Nester gefunden. Vielleicht nisten sie auf dem Grasacker ein Stück weiter, auf dem Marc, auch ein Großneffe von Bruder Isidoor, an der Arbeit ist. Dort wächst Italienisches Raygras, das bei Landwirten großen Anklang findet. Es hat einen hohen Nährwert und lässt sich einfach häckseln und silieren, so dass man nicht mehr von der Sonne abhängig ist. Manchmal wird es sogar fünfmal pro Jahr gemäht, was für die nistenden Vögel nicht gut ist. Man benutzt es besonders für große Ställe mit Hunderten Kühen, die nie nach draußen kommen. Die *zero grazing stalls.* Nullgrasung.

Ich durfte diese Arbeit mit dem Traktor zum ersten Mal machen, als mein Bruder für ein Jahr beim Militär war. Da hat Pa mich gebraucht, besonders um Stroh und Heu einzufahren. Aber es ging ziemlich schnell schief. Über den Zaligemdijk kamen wir mit einer hochaufgestapelten Ladung Stroh zurück, die mit einer Horte festgezurrt war, aber dennoch gefährlich von links nach rechts schaukelte. Ich hing halb aus dem Traktor, um zu schauen, ob die Ladung umkippen würde. Plötzlich erfasste mich das Hinterrad. Ich drehte mit der Achse mit und wurde, wieder vorne angekommen, hinausgeschleudert. Ich spüre noch immer den Schmerz in meinem geprellten Knie.

Neben der Wiese liegt ein großer Berg verfaulter Tomaten aus dem Gewächshauskomplex. Um die Windräder herum nivelliert und härtet ein Bulldozer den Boden. In einer Baubaracke sitzen zwei Männer in orangefarbenen Kitteln, starren auf einen Bildschirm und drücken Knöpfe. Träge setzen sich die Flügel in Gang. Der Schlagschatten wälzt sich über unsere Wiese. Das Rad rauscht nicht wie ein Wald, wie Yves, der Entdecker, gemeint hat, sondern produziert ein anhaltendes mechanisches Geräusch.

Als meine Arbeit getan ist, lege ich mich unter die große Pappel und warte auf den Lohnunternehmer mit der Heupresse. Ich spüre die breite Krone über mir, die Kuppel aus Zweigen und Blättern, den flüsternden Wind, die erquickende Kühle, die völlig anders ist als der Schatten eines Sonnenschirms. Hier fühle ich mich wohl.

Ich muss an Honoré denken, einen behinderten Bauern aus unserer Straße, der mich im Sommer als Jugendlicher gebeten hat, mit seinem alten Traktor zu fahren. Ich habe diese Fahrten sehr genossen. Ich half ihm beim Obstpflücken, vor allem rote Johannisbeeren, Stachelbeeren und Kirschen, und brachte alles zur Auktion. Ich war sehr stolz, wenn Honoré meinen Lohn an Pa auszahlte. Er war Vorsitzender des örtlichen Bauernverbands und warnte schon damals vor einer Intensivierung der Landwirtschaft. Aber er hat sich von einem windigen Geschäftsmann reinlegen lassen, der ihm weisgemacht hat, dass er viel Geld mit Chinchillas verdienen könnte, wenn er vorab tüchtig investieren würde. Sie wären noch besser als Kaninchen zu züchten, und ihre Felle würden ein Vermögen einbringen. Aber sie ließen sich schlecht züchten, und es wurde nichts daraus. Ich höre sie noch in ihren teuren Käfigen fiepen.

Es war Honorés Sohn, der in jenen Jahren die Volkstanzgruppe *Drieske Nijpers* gründete und einen Text über unseren berühmten Landsmann schrieb, der ja auch, genau wie der Chinchillaverkäufer, ein Scharlatan gewesen ist. Mitte des neunzehnten Jahrhunderts, als stets mehr leichtgläubige Menschen zu Drieske strömten, um von ihm, damit sie genesen, gekniffen zu werden, wurde er von Ärzten wegen gesetzeswidriger medizinischer Ausübung verklagt. Während eines Verhörs erklärte er, dass ihn als Missionar Gottes ein Blitz getroffen hätte und sein Blut voller Elektrizität sei, die er kneifend auf Menschen übertrage. Man nannte ihn daraufhin auch den »Elektromann«.

Als das Gericht ihn freisprach, wurde er wie ein Triumphator auf Händen getragen. Ein Geschäftsmann, der an Gicht litt, schickte ihm seine Stiefel, Drieske kniff hinein und heilte den Mann aus großer Entfernung. Im ganzen Land hingen die Leute sein Porträt, das allein schon eine heilende Wirkung hatte, an die Wände. Er bat seine Nachbarn, vorbeizukommen, um sein Geld zu zählen, denn er selbst hatte nie Rechnen gelernt. Es stellte sich heraus, dass er für diese Zeit sagenhaft reich gewesen ist. Im folgenden Jahr nahmen seine Wunder ein abruptes Ende. Er wurde krank und starb, kaum sechsundzwanzig Jahre alt, am 8. Januar 1853. Seinen Anhängern zufolge wurde er von neidischen Ärzten vergiftet, vermutlich aber hatte er sich beim Kneifen mit Typhus angesteckt. In der Zeitung wurde gespottet, dass Drieske Nijpers sich nicht selbst hatte heilen können und jetzt durch den Tod einen finalen Kniff bekommen hätte.

***

Da kommt der Heubauer auf einem Ungetüm von einem Traktor angerast, der mehr Krach als der Bulldozer nebenan macht. Der Mann ist Bauer, Lohnunternehmer und Kaufmann in einem, denn heutzutage müsse man auf jeder Hochzeit tanzen, um zu überleben. Er donnert mit seiner modernen Presse auf der Wiese herum, die das Heu zu Packen à dreihundert Kilo zusammenpresst und sofort in weißes Plastik wickelt. Er bittet mich, dabei zu bleiben, aus Angst, Dohlen und Krähen könnten Löcher hineinpicken. Mit den Greifarmen seines Traktors stapelt er alle Packen übereinander.

Ich habe ihm das Heu für nicht einmal 15 Euro pro Packen verkauft, trotzdem sieht er unzufrieden aus. Die Hände tief in den Hosentaschen und die Kappe halb über meine Augen gezogen, höre ich mir sein Knurren an.

»Es braucht mehr Gülle, dann wird das Heu reicher«, sagt er.

»Es ist, wie es ist.«

»Mageres Ergebnis, ist das Geld nicht wert.«

»Gut, dann werde ich meinen großen Bruder rufen.«

Das hätte ich gerne gesagt, lasse es aber bleiben. Ich bin ziemlich frustriert. Wir hatten vorher ganz klar 15 Euro pro Packen vereinbart, jetzt will er mir aber nur 13 Euro geben. Früher war unter Bauern ein Wort ein Wort, niemand hätte es gewagt, eine Vereinbarung zurückzunehmen. Jetzt scheint es manchmal, als würden in der Landwirtschaft wie auch in der Natur die Opportunisten, als Folge eines jahrzehntelangen, unaufhörlichen Überlebenskampfs, die Oberhand gewinnen.

Später bin ich froh, dass ich die halbe Ernte der großen Wiese für mich behalten habe. Ich habe unser Heu in kleine altmodische Ballen von zwölf Kilo pressen lassen. Man hat mir gesagt, dass sie bei den vielen Pferdebesitzern, die ihr Hobby nun vermehrt im Polder ausüben, sehr beliebt seien. Man spricht sogar von einer Verpferdung und Entkuhung auf dem Land. Die Viehzucht ist jedes Jahr rückläufig.

Der Wetterumschwung ist eingetreten, der Wind schwillt an, und die ersten Wolken ziehen auf, als ich mit meinem Sohn Nathan das letzte Heu hereinhole. Stundenlange Knochenarbeit für einen kleinen Jungen: Seine Hände sind voller Blasen, die Beine zerschrammt, die Nase voll schwarzem Schnodder, aber er hält sich gut. Er reicht mir mit einer langen Gabel das Heu, und ich schichte es übereinander. »Abwechselnd eine Lage in die Breite und die nächste in die Länge, als würde man eine Mauer bauen. Das nennt man Schichten«, erkläre ich ihm, aber da surft er schon auf seinem Smartphone.

In der Ferne donnert es, der erste Staubregen fällt, und wie fast immer wird es zu einem Wettlauf gegen die Zeit. Als wir die letzte Karre in die Scheune fahren, prasseln die Regentropfen auf das Wellblechdach, als wären sie Kugeln. Es ist drückend heiß. Mit nacktem Oberkörper laden wir das Heu in dem großen, offenen Raum ab. Früher mussten wir schweißgebadet auf dem alten muffigen Heuboden eine lebende Kette bilden, um die Ballen weiterzureichen: Pa, Ma, mein Bruder, ich, jeder, der helfen konnte.

Die Ernte ist eingefahren und blinkt wie Kupfer. Es ist befriedigend, zu sehen und zu riechen, dass die Scheune wieder halb gefüllt ist. Doch weil sich das letzte Heu etwas klamm anfühlte, bin ich unruhig: Wird es gären und schwelen? Wird die Scheune abbrennen? Wird der rote Hahn krähen?

***

Irgendetwas dringt in mein Bewusstsein, während ich die Fotos betrachte, die neben meiner Schulbank in einem Rahmen an der Wand hängen. Auf dem ersten Foto sitzt mein Bruder in Jeans und T-Shirt auf einem Fahrrad, mit zwei Knirpsen aus der Verwandtschaft auf dem Gepäckträger. Er lacht, die Kinder lachen, und auch die alte Scheune lacht mit ihren frisch gestrichenen Fensterrahmen und Türen. Natürlich hat Ma recht, wenn sie meint, es hätte auch alles anders kommen können.

Auf dem zweiten Foto steht mein Bruder stolz mit einem großen weißen Zuchtbullen vor dem neuen Lagerschuppen. Der Stier hebt den schweren Kopf und blickt mit Schaum vorm Mund in die Kamera. Mein Bruder betrachtet den Stier ernst, als gäbe es nichts Wichtigeres auf der Welt als ihn. Mit der linken Hand hält er das Seil fest, in der rechten einen Knüppel. Ohne Stock wäre es zu gefährlich gewesen, denn jedes Jahr wurden Bauern von Stieren getötet. Aber mein Bruder hat nur geschlagen, wenn es notwendig war.

Kurz nachdem dieses Foto entstanden ist, lag sein Lieblingstier, das fast tausend Kilo gewogen hat, zahm war wie keines sonst, das all die Jahre hübsche Kälbchen gezeugt hat, tot auf der Weide. Ich war wieder einmal im Ausland. Ein schwerer Schlag, sagte Ma.

Auf dem dritten Foto ist er in tadelloser Uniform zwischen den Soldaten von Zimmer 5, Zug 4, Geschwader c zu sehen. Auf der Rückseite hat er alle Namen notiert und aus welchem Dorf sie gekommen sind. Er kniet auf einem Bein in der vordersten Reihe, um den Mund ein feines, gezwungenes Lächeln.

Die Papiere aus dieser Zeit hat er im Schrank in unserem Zimmer aufbewahrt. Das *Militair Zakboekje*, also sein Truppenausweis mit seinem Passfoto. Das Handbuch *Überleben im Kampf.* Selbst den Einberufungsbescheid: »Sie werden zu den Waffen gerufen.« Er hatte die technische Schule abgeschlossen und auf der Abendschule Französisch gelernt. Er war neunzehn Jahre alt, als er zu »den Truppen« musste. Als Flugzeugmechaniker in Koksijde bei den Seakings, den Hubschraubern, die Rettungsaktionen auf See ausführten, später dann in Melsbroek bei den riesigen C-130, den Transportflugzeugen, die Hilfsgüter nach Afrika brachten.

In seinen Briefen schrieb er über das viele Saufen, das schlechte Essen, den Drill im Schlamm, die Übungen an der Maschinenpistole und wie schlimm es gewesen sei, als man ihm seine Locken abrasiert hat. Damals musste noch jeder langhaarige Soldat unter die Schermaschine. Er schrieb auch von seiner Faszination für Flugzeuge und seiner Kameradschaft mit den anderen Soldaten.

An den Wochenenden kam er nach Hause, ging in die Diskothek und schlief nachts wie ein Stein neben mir. Ich erinnere mich, wie Ma ihn vergeblich ausfragen wollte, um danach seufzend in ihr Bett zu kriechen. Dann kam es zum Zank im elterlichen Schlafzimmer. Unser Haus war sehr hellhörig. Ich legte das Ohr an die Zwischenwand und hörte die Brummstimme von Pa und die Klagestimme von Ma. Mein Bruder fragte, schon grummelnd und zähneknirschend im Schlaf, die Knie gegen meinen Rücken gepresst, weswegen sie sich stritten.

Es ging nicht um sein Ausgehverhalten, sondern darum, dass Pa, damals fünfzig Jahre alt, noch zu jung war, »um den Traktor bereits abzugeben«.

»Soll er sich halt nach der Armee eine Arbeit suchen«, sagte er.

»Du willst aus ihm einen Arbeitnehmer machen«, protestierte Ma.

»Na und? Marc van Peer geht auch arbeiten, und er ist ein richtiger Herr geworden.«

»Ein Knecht bestimmt. Auf anderen Bauernhöfen dürfen sie zu Hause bleiben.«

»Er kann doch schon einmal Geld für seinen eigenen Hof verdienen.«

»Komm schon, Mann, er hat doch auch seinen Stolz.«

Aus dem Stall drangen die Geräusche der Kühe zu mir hinüber. Ich war mir sicher, dass mein Bruder nichts anderes wollte als Bauer werden. Die Frage der Nachfolge war in der Landwirtschaft schon immer schwierig, und nun mehr denn je. Als eines Tages der alte Nachbarhof, der einem kinderlosen Ehepaar gehörte, das sich zur Ruhe setzte, verkauft werden sollte, nahm Pa allen Mut zusammen, ging zu ihnen hinüber und fühlte vor, ob er den Hof kaufen könnte. Für meinen Bruder.

Der Bauernhof wurde allerdings von einem jungen dynamischen, mit viel Geld ausgestatteten Bauern vom rechten Scheldeufer gekauft. Er war nach meinem Pa der neue »neue Bauer«. Er baute auf dem alten Hof eine Reihe Schweineställe, noch nie dagewesen zu jener Zeit, und kaufte den kleinen Bauern viel Grund ab. Er war der Erste in der Straße, der Intensivlandwirtschaft betrieb. Der »neue Bauer« sollte die alte Bauerngemeinschaft durcheinanderrütteln. Vor ein paar Jahren ist er dann plötzlich nach Ungarn gezogen, wo er eine Kolchose mit noch mehr Grund und noch mehr Tieren übernahm. Die Schweineställe auf dem Nachbarhof wurden von einem anderen Bauern weitergeführt.

Gegen Ende seines Wehrdiensts fuhr mein Bruder noch

einmal ein Auto zu Schrott. Er brach sich das Schlüsselbein und verbrachte seine letzten Tage im Militärkrankenhaus in Antwerpen. Ma fuhr jammernd mit dem Bus hin.

Einer seiner Briefe aus der Militärzeit endet mit diesem Satz: »Er hat ein schönes Leben, aber wir sitzen hier ein Jahr fest.«

Bald danach gab es ein neues Gesetz, das besagte, dass ein Bruderdienst, also ein von einem Bruder geleisteter Wehrdienst, pro Familie genügte. Ich rannte zum Rathaus, um meine Freistellung zu beantragen. Was mir nun erst klar wird, wenn ich die Fotos betrachte, ist: dass der eine Bruder ein Jahr seines Lebens opfern musste und der andere nicht. Eine der größten Ungerechtigkeiten dieser Zeit.

Bruderdienst.

***

Der rote Hahn kräht. Vom großen Fenster aus sehe ich schwarzen Rauch über der Scheune aufsteigen. Zum Glück ist es nicht mein Heu, das vor sich hin schwelt. Heute Morgen hat es in einem der Ställe des »neuen Bauern« gebrannt. Die Feuerwehr steht immer noch in der Straße. Ich gehe zu Simone und frage, was los ist. Ein Problem mit der Elektrik. Zurück an meiner Schulbank, blicke ich auf große Löcher und schwarz verrußte Stellen am Dach des beschädigten Stalls.

Feuer hat uns immer angezogen. Ma, mein Bruder und ich taten nichts lieber, als Feuer anzufachen. Es ärgerte mich, als ich im Umweltbericht lesen musste, dass der Inspektor meinen Bruder dabei erwischt hat, wie er hinter dem Schuppen Gestrüpp und Zeitungen verbrannt hat, was mittlerweile verboten war. Ja, er kam aus einer Zeit, in der noch alles möglich war. Herr über den eigenen Hof zu sein ist schon seit Jahren nicht mehr möglich, steht aber laut Umfragen auf dem ersten Platz des Wertemaßstabs von Bauern. Auf dem zweiten steht die Arbeit mit Tieren und in der freien Natur.

Warum hatte Feuer es uns so angetan? Ich war fünf Jahre alt, und ich lief meinem Bruder ständig hinterher, der als ältester Sohn schon auf dem Hof mitarbeitete. Er füllte den kleinen Kanonenofen, um es für die tausend Hühner im neuen Stall warm zu machen. Ich war von den gelben flaumigen Küken, die überall herumkrochen, gerührt. Ich dachte, sie würden frieren. Also packte ich ein Küken und stopfte es in den Ofen, danach zwei, und dann ganze Hände voll. Sie zischten, glühten, verfärbten sich. Sie sangen: »Tschilp, tschilp, tschilp.« Ein toller Moment der Wärme und Schönheit, wie mir schien. Aber mein Bruder wurde danach von Pa fürchterlich ausgeschimpft, während ich feige den Mund hielt. Es wurde zu einer klassischen, noch oft erzählten Familiengeschichte.

An einem sonnenüberfluteten Mittag, Jahre nach dem Kükendrama, sollten wir das Stoppelfeld bei der Grote Geule abbrennen. So wurden die Äcker nach der Ernte in Ordnung gebracht. Die Asche war ein natürlicher Dünger für den Boden. Unser Geuleacker war, trotz seiner Unförmigkeit entlang des Wasserlaufs, eines unserer Lieblingsfelder. Der Wasserlauf wurde von einer Reihe bizarrer Kappweiden gesäumt.

Auf Pfählen standen Fischerhütten im Wasser, die uns so sehr anzogen, dass wir verschiedene Male dort eingebrochen sind. Wir setzten uns auf die Stege, blickten uns um und lauschten. Das Röhricht war eine geheimnisvolle Welt voller Kröten und Rohrdommeln. Bei aufziehendem Nebel klangen die Tiergeräusche in der feuchten Stille unheimlich. Das Gras knisterte vor lauter Grillen. Hier irgendwo musste das beklemmende Kriekeputte gewesen sein, wo *Reinaert de Vos* seinen Schatz vergraben hat. Hier lauerten verborgene Kräfte.

Den Geuleacker haben wir später an die Flurbereinigung verloren, die diese Gegend jahrelang in helle Aufregung versetzt hat. Nun befindet sich in der Kurve des Wasserlaufs eine Wiese mit kräftigen Pferden. Das Stück daneben wurde von *Natuurpunt* mit gebietsspezifischen Bäumen bepflanzt. Sie werden regelmäßig von den Grünen zurückgeschnitten. Naturfreunde spazieren über einen schmalen Pfad, als würden sie einen Brutkasten umkreisen. In einem ihrer Dokumente las ich kürzlich, dass die Punktierte Segge, eine seltene grasartige Sauerpflanze, wiederentdeckt wurde, nachdem sie jahrzehntelang ausgestorben war. Selbst mit dem besten Willen der Welt bemerke ich hier keine Punktierte Segge, es sei denn, ich würde stolpern und aus Versehen mit dem Gesicht direkt drauffallen. Aber als ich den Bericht gelesen habe, fragte ich mich unwillkürlich, ob mein Bruder und ich vielleicht für die Ausrottung der Punktierten Segge verantwortlich gewesen waren.

An diesem sonnigen Mittag liefen wir über unser Stoppelfeld, jeder mit einer Mistgabel über der Schulter, an der ein brennendes Strohknäuel baumelte. Lässig zündeten wir hier und da die Stoppeln an. Über den Flammen zitterte die Luft. Es erregte uns. Das Feuer begeisterte und verzehrte uns. Feuer war Natur pur, sichtbar, aber ungreifbar und gut für die Fruchtbarkeit unseres Landes. Auf einem Acker ein Stück weiter wurde nach der Kartoffelernte ein Haufen Laub jubelnd in Brand gesteckt.

Ein scharfer Wind kam auf. Die Flammen grollten und jagten von Stoppel zu Stoppel. Sie hechteten über den Wassergraben. Sie kosteten vom trockenen Riet. Es knisterte und funkte. Alles schien nun in Brand zu geraten, das Riet, die Sträucher, die Luft. Das Feuer bahnte sich einen Weg zu den Fischerhütten. Es war wie ein lebendiges Wesen, das seinen eigenen Weg suchte. Dann schlugen wir mit unseren Heugabeln auf das Feuer ein, stampften es mit unseren Füßen tot, schaufelten eine Schicht Erde darüber, und wurden so Meister des Biests.

Erschöpft saßen wir anschließend auf einem großen alten und ausgehöhlten Baumstamm. Wir sahen uns an, und bei dem Gedanken an die Angler, die wir in ihren Pfahlhütten verkohlt gefunden hätten, wenn wir das Feuer nicht hätten löschen können, prusteten wir los. An das Röhrichtfeld dachten wir nicht einmal.

Dann schoss aus der schwarzen, verbrannten Vegetation ein langes, schlankes Tier, das ich als Hermelin erkannte. Mit großen glänzenden Augen sah es uns an. Dann tauchte es in die Geule. Wir waren entzückt.

Der Geuleacker ist immer ein Ort von spannenden Begegnungen gewesen. Überall konnte man noch ungezähmte Natur sehen, und gerade das war das Märchenhafte des gesamten Gebiets. Die Verwobenheit von Natur und Landwirtschaft, das war für uns der wirkliche Schatz von Kriekeputte.

Mein Bruder, der so gerne an der frischen Luft war, der Tiere, Pflanzen und die sich abwechselnden Jahreszeiten liebte, hätte es nie in einer Fabrik oder in einem Hafenbetrieb ausgehalten. Das hat Pa schließlich auch irgendwann eingesehen.

Als unsere eigene alte Scheune brannte, besorgte er sich

zum ersten Mal in seinem Leben die Zeitung: »Landwirt schwer verwundet«. Mein Bruder hatte, um es zu wärmen, eine große Glühlampe über ein frisch geborenes Kälbchen gehängt. Die Lampe hatte das Stroh angezündet, und etwas später schlugen die Flammen aus dem Dach. Er hörte die Ziegel bersten und rief die Feuerwehr. Ma kam gerade vom Markt, und schon auf dem Pfad der Akkerkes sah sie den Rauch. Der Schreck fuhr ihr in die Glieder. Sie ließ die Taschen fallen und eilte nach Hause. Dort sah sie meinen Bruder brennende Strohballen nach draußen schleudern. Das Vieh lief im Hof herum.

Sie hat den Zeitungsbericht aufgehoben: »Als die Feuerwehr ankam, brannte ein Teil der Stallungen bereits lichterloh. Dem Landwirt gelang es, gut fünfzig Kühe zu evakuieren. Dabei zog sich der Mann ziemlich ernste Brandwunden zu. Nach einer Stunde Löscharbeiten war das Feuer unter Kontrolle.«

Der Schaden war halb so schlimm, und die Brandwunden verheilten schnell. Bis auf das eine verkohlte Kälbchen waren alle Rinder nicht nur von meinem Bruder, sondern auch von Günther gerettet worden. Der Rauch hat ihn angelockt, und er lief in die brennende Scheune, um die Kälber zu befreien und nach draußen zu treiben. Er und mein Bruder standen sich nicht besonders nahe, kamen aber gut miteinander zurecht. Auch Günther, der um die Ecke am Wassergraben wohnte, lebte mit seiner Mutter zusammen, bis er plötzlich eine philippinische Frau kommen ließ und sie heiratete. Mein Bruder hat mir das erstaunt erzählt und mich mit großen, fragenden Augen angeblickt.

Diese Woche habe ich allerdings ein Schild an der Hecke von Günthers Bauernhof gesehen: »Zu verkaufen«. Gibt er auf? Auch das hätte meinen Bruder erstaunt, denn er konnte sich ein Leben ohne Landwirtschaft nicht vorstellen.

***

In den Tagen, während mein Pa aufgebahrt im besten Zimmer lag, das mit schwarzen und violetten Draperien als Trauerkapelle eingerichtet war, übernahm mein Bruder den Hof. Nun war er der Bauer, ich sein Bruder. Ich ließ los. Immer war mein Bruder an meiner Seite gewesen, seit meiner Geburt. Jeder Tag begann und endete mit ihm im Bett. Aber jetzt ging ich auf Distanz. Nun stand ich außen vor. Mein Außenstehertum sollte knapp zwanzig Jahre dauern.

Hier sitze ich nun an meiner Schulbank und schreibe dies auf, aber es ist fast ein halbes Menschenleben her, und hinterher sieht man alles durch eine andere Brille. Ich setze Wasser auf. Während ich warte, bis der Kaffee durch den Filter gelaufen ist, blättere ich im Fotoalbum, das der Bestatter, wie damals üblich, von der Beerdigung gemacht hat.

Die Brüder, die ihren Vater begraben; heute erscheint es so gewichtig. Beide in schwarzen Anzügen, die Hände gefaltet, mit gerunzelten Stirnen und langen, welligen Haaren. Wir, die noch jungen Söhne, mussten Seite an Seite unter lautem Glockengeläut den Leichenzug anführen. Ma, verschleiert, ging ein Stück hinter uns.

Mein Vater war so alt, wie ich es jetzt bin, als er einen Gehirntumor bekam, der ihn in zwei Jahren auszehrte. Er fand im Nebenzimmer ein jämmerliches Ende. Wir hielten abwechselnd Wache. An dem Morgen, an dem er starb, war ich gerade an der Reihe. Mein Bruder steckte mit dem Kopf unter den Kühen und melkte. Auf Leben und Tod.

Danach verließ ich sofort unser kleines Voutezimmer und schlief fortan im elterlichen Schlafzimmer, in das Ma keinen Fuß mehr setzen wollte. Ich ging an der am weitesten entfernten Universität studieren und baute mein eigenes Leben auf. Ein grenzenloser Glaube an mich selbst und an die Zukunft, der nun weit weg erscheint, hat mich fortgetrieben.

Je größer meine Welt wurde, desto kleiner wurde seine. Es war gewiss nicht leicht gewesen, so als junger Bauer ohne Vater anzufangen. Sein Stolz wuchs, aber auch seine Unruhe. Wir waren Brüder, geboren aus derselben Gebärmutter, mit dem Samen desselben Vaters, aber die Entfremdung war nicht aufzuhalten. Ich kam nur noch am Wochenende nach Hause, mit der Dreckwäsche oder wenn meine Hilfe, vor allem während der Ernte, wirklich notwendig war.

»Ça va?«, fragte ich.

»Du machst dir eben nichts mehr aus dem Hof«, sagte er.

»Na und?«

»Weg ist weg.«

»Ach, musst du selbst wissen.«

Er musste es selbst wissen.

Die Jahre verstrichen, und meine Abwesenheit fühlte sich immer mehr wie eine Fahnenflucht an, wie es in dem Buch im Regal genannt wird. Aber der Familie entkommt man nicht. Familie bleibt immer Familie. Und eine Bauernfamilie erst recht.

7.

Das Geisterdorf

»Hey Guido, haben sie Doel immer noch nicht plattgemacht?«, fragt jemand lachend im Bus.

»Allmächtiger Gott«, seufzt der Mann neben mir, ein Tierarzt, der noch einmal sehen will, wo er früher den Kühen beim Kalben geholfen hat, auf Bauernhöfen, die es jetzt nicht mehr gibt. »Geht das denn nicht schon schnell genug?«

Es ist ein Mittwochabend nach der Arbeit. Der örtliche Bauernverband hat kurz entschlossen eine Naturexkursion für »Katastrophentouristen« organisiert. Zwei große Busse mussten angemietet werden, weil so viele Leute mitwollen, ältere Menschen aus Nostalgie und Bitterkeit, aber auch viele jüngere, und fast alle haben eine direkte oder indirekte Verbindung zur Landwirtschaft. Unser Reiseführer ist Guido Van Mieghem, einer der letzten Bauern von Doel.

Wir fahren am Singelberg entlang nach Kallo. Dies ist die Gegend, in der sich einer der wichtigsten Momente unserer Geschichte zugetragen hat: 1585, der Fall von Antwerpen, die Trennung von Nord und Süd, von Protestanten und Katholiken, von Freien und Unfreien. »Aber die einzigartige historische Entwicklung eines Gebiets zählt nicht mehr«, sagt Guido zitternd vor Empörung. »Das Land hat seit der

Überschwemmung 1585 nie wieder so drastische Veränderungen erfahren wie jetzt. Genau wie damals springen wir wieder leichtsinnig mit unserer Landschaft um.«

Nahe des Dorfkerns von Kallo ist der Melselepolder bereits Naturgebiet geworden: große Tümpel voller Enten und Gänse mit kleinen Inseln und Rietbepflanzung. Vom alten Deich verlaufen Holzstege bis ins Schilf hinein.

Dieses Naturgebiet ist eine plötzlich und unerwartet durchgeführte Kompensationsmaßnahme für die neue Bahnlinie von Liefkenshoek, erklärt uns Guido durchs Mikrophon. »Erst legen sie Naturkompensationen entlang der Autobahn an, und wenn sie fertig sind, verlegen sie dort eine Bahnstrecke, die dann ebenfalls wieder mit Ackerland kompensiert werden muss. So haben sie immer alle Hände voll zu tun, was? Es gibt nur ein Problem: Die Gänse grasen das frisch angepflanzte Schilf ab. Deshalb seht ihr dort den Maschendraht um die schwimmenden Inseln.«

Viele Leute im Bus, die seit einigen Jahren nicht mehr hier gewesen sind, sind baff. Sie stoßen einander an und erinnern sich, welche Familien früher wo gewohnt haben. Drei Bauernhöfe mussten dem Sumpf weichen. Auf manchen ihrer Mauern hat man ablesen können, wie hoch das Wasser bei der Flutkatastrophe 1953 gestanden hat. Und jetzt ist das Wasser wieder da.

Das neue Rietfeld in Kallo mit seinen zwei weiteren, dahinter gelegenen Naturkompensationsgebieten wird, eingeklemmt zwischen Autobahn und Bahnlinie, von Dutzenden Hochspannungsleitungen durchschnitten. Ein Stück weiter qualmen Ölraffinerien und Fabrikschornsteine: ein Chemie-Cluster, eine der grimmigsten Landschaften Europas. Doch in den stimmungsvollen staatlichen Broschüren und

Berichten wird dieser düstere Hintergrund meist nicht mit abgebildet.

Ich kann mich an keinen anderen Ort erinnern, an dem Natur und Kultur auf so sonderbare Art miteinander verschmelzen. Hier ist es gewesen, wo die Motocross-Fahrer gegen ein Drahtseil fuhren und dabei fast geköpft wurden. Jetzt traben hier wilde Pferde. Ein Schild verbietet, die »großen Graser« zu füttern.

Die Busse fahren den Hafenweg entlang und passieren ein Terrain, an dem Tümpel und Sandhaufen angelegt werden. »Eine der vielen Kompensationen für die Kreuzkröte und das Sumpf-Glanzkraut«, ruft Guido mit Donnerstimme, »die zwei am meisten verhätschelten Wesen im Hafengebiet. Jeden Abend kommen Biologen und zählen die quakenden Kröten. Vierzig? Aha, dann brauchen sie einen Hektar und zwei Tümpel extra. Schreibt euch die Namen hinter die Ohren. Kreuzkröte. Sumpf-Glanzkraut. Und wenn ihr sie auf eurem Grundstück entdeckt: kein Mitleid. Oder ihr werdet selbst fortgejagt.«

Schmunzeln und verstohlenes Lächeln im Bus, der nun auf den Polder von Verrebroek zufährt. Die plötzliche Weite der Landschaft bringt Erleichterung und berauscht die Busreisenden, die genau wie ich von Ackerflächen in Entzückung versetzt werden können. Dies hier ist noch richtiges Bauernland. Weizenland. Zuckerrüben- und Kartoffelfelder ziehen an uns vorüber. Ein einsamer Flachsacker. Ein Birnbaumgarten. Es ist die Zeit im Jahr, in der man den Pflanzen beim Wachsen zusehen kann.

»Setzt euch mal hier in den Schatten und schaut, wie herrlich dieser Polder ist, gerade jetzt, wenn die Tage am längsten sind«, sagt Guido mit einem Kloß im Hals. »Das ist doch die beste Naturkompensation, die es gibt. Aber offensichtlich gefallen mir die falschen Dinge. Kommt nächstes Jahr noch mal her, und ihr werdet sehen, hier entsteht ein Logistikpark, wie sie es nennen. Alle Bauern müssen weg.«

Die beiden Busse kreuzen die Landstraße und fahren, an der Grote Geule entlang, weiter nach Meerdonk und Sint-Gillis. »Hier werden hundert Hektar Ackerland enteignet. Das wird alles Sumpfgebiet und Süßwasserwiese«, sagt Guido. »Außerdem wird der Wasserspiegel so weit ansteigen, dass die Landwirtschaft im ganzen Umkreis davon betroffen sein wird. Falls dort dann überhaupt noch Kühe stehen, kriegen sie nasse Hufe. Sie sollten gut schwimmen können.«

In der Ferne sehe ich den Zaligem liegen.

Die Busse drehen um und fahren über den Drijdijk. Auf beiden Seiten sehe ich, wie neue Natur entsteht. Auch hier werden ganze Baumreihen gefällt. Oben, an der Stelle, an der die drei Deiche zusammenkommen, steht ein vollkommen überwuchertes Landhaus – das frühere *Poldercafé Sebastopol*, das schon vor Jahren enteignet wurde. Als ich kürzlich dort eingedrungen bin und die Krähen aufgeschreckt habe, wuchsen drinnen bereits Bäume. Wie besessen prozessieren die ehemaligen Besitzer immer noch, weil sie ihr »Traumhaus« zurückhaben wollen. Hinter dem Deich wurde ein Hühnerzuchtbetrieb für ein Naturgebiet enteignet und abgerissen, aber auf dem Grundstück hat sich bislang nichts getan. Die Bäuerin erzählte mir, wie bestürzt sie war, als ihr Haus gleich nach ihrem Auszug von den eigenen Nachbarn vollends ausgeräumt wurde, wie ihr Mann, der jetzt im Hafen arbeitet, krank wurde und wie zornig ihre Kinder sind.

In Oud Arenberg bekomme ich einen Schock, als ich sehe, dass die historische Polderscheune vom Hof ter Walle, die schon eine Weile mit ihrem nackten Gebälk dagestanden hatte, eingestürzt ist. Wind und Wetter haben die Abbrucharbeiten, die man wegen der Proteste hat einstellen müssen, in kürzester Zeit vollendet. Alles hier im Naturgebiet Putten West, in dem Hof ter Walle liegt, ist gelb vom Jakobskreuzkraut. Auf der Kreuzung liegt ein gigantischer Heuhaufen, der in die Müllverbrennungsanlage muss, da das Heu durch das Kraut giftig ist.

Guidos Augen sprühen Funken. »Anstelle unseres offenen Polders haben wir hier jetzt einen unzugänglichen Morast bekommen. Wir mit unserem dummen Bauernverstand haben immer gedacht, dass Natur etwas Einzigartiges wäre, etwas, das von sich aus wächst und gedeiht. Aber nein, Natur muss anscheinend mit Bulldozern und Kränen gestaltet werden. Ich habe nicht gewusst, dass das möglich ist. Die natürliche Entwicklung der Natur ist nicht mehr von Interesse.«

Rot wie eine Tomate, deutet Guido nun mit ausgestrecktem Finger, dessen Nagel vom Dreck schwarze Ränder hat, auf die Umzäunung. »Seht ihr die fünf Stromleitungen? Die sollen den Fuchs fernhalten. Damit er die Vögel nicht frisst. Denn wenn er das tut, liebe Leute, erreichen die grünen Verwalter ihre Zielvorgaben nicht. Und wenn sie ihre Vorgaben nicht erreichen, nehmen sie uns noch mehr Ackerland weg. Füchse und Gänse sind ihre größten Feinde, aber das dürfen sie nicht laut sagen. Sie werden von ihren eigenen Schützlingen in den Schwanz gebissen.«

Der Tierarzt neben mir lacht bei jeder sarkastischen Bemerkung von Guido laut auf. »Das ist natürlich seine Sicht der Dinge«, sagt er, »aber es ist eine Sicht, die wir vielleicht nicht mehr allzu oft hören werden. Bald wird niemand mehr die Ereignisse mit seinen Augen betrachten.«

Einige Kilometer weiter, an der Straßenecke nach Doel, halten die Busse an. Hier ist nun ein Schlagbaum angebracht worden. Auf seinem Display steht, dass die Bewohner sich mit ihren Ausweisen elektronisch identifizieren müssen. Den Schlagbaum selbst haben Vandalen zerstückelt.

Auf einem großen Schild steht in vier Sprachen: »Doel ist bewohntes Gebiet. Respektieren Sie die Menschen. Es ist verboten, die Häuser zu betreten.« Fehlt nur noch der Zusatz, dass es verboten ist, die Bewohner zu füttern.

»Willkommen im Reservat«, sagt Guido leise. »Allez, lasst uns ein Bier trinken.«

***

Guido, der sein Leben lang eine Stütze des Bauernverbands, des Kirchenvorstands und einiger Poldervereinigungen gewesen ist, der seit vierzig Jahren auf die Barrikaden geht und in allen möglichen Ausschüssen für die Polderdörfer kämpft, für den die Landwirtschaft Berufung und Segen zugleich ist, sitzt jetzt, wie er selbst sagt, tief in der Scheiße. Er hat zwei Söhne, die gerne in seine Fußstapfen treten würden, wofür ihn viele seiner Kollegen beneiden. Nur hat er bald keinen Bauernhof mehr. Und er findet auch keinen, weder im In- noch im Ausland. Und spätestens 2018 muss er hier weg.

»Wenn sie kommen, jage ich sie vom Hof«, droht er und zeigt mir den Hundezwinger am Zaun seines Grundstücks. Der große schwarze Hund fletscht die Zähne, hat Schaum vorm Maul und bellt mich beängstigend an, während er zwei Meter hoch springt, um mich an der Gurgel zu erwischen. »Und hätte ich keine Familie, würde ich sie mit meinem Gewehr erwarten.«

Guido zieht mit seinem Fuß einen Strich in den Sand. Genau hier soll der neue Deich des Naturgebiets entstehen. Er fühlt sich umzingelt und erstickt fast in dem Netz aus Bleistiftstrichen. Die Ingenieure sagen, dass sie ihn verschonen könnten, aber das will »man« nicht.

Schon vor ein paar Jahren wurde im Doelpolder-Noord ein Naturgebiet mit einem eindrucksvollen Deich angelegt. Und jetzt wird das Gebiet erweitert, und dafür muss der neue Deich noch einmal um einige hundert Meter verlegt werden, und zwar mitten durch seinen Hof. Bereits in den siebziger Jahren war Guido als junger Bauer mit einem großen Transparent im Fernsehen zu sehen: »Die größte Tragödie: fruchtbarer Polder wird Einöde.« Doch nie hätte er gedacht, dass sein eigener fruchtbarer Polder Sumpfland werden würde.

Voller Unverständnis schreit er Fragen heraus. Wer sind wir, wer sind sie, wer ist der Staat, der mir nichts, dir nichts verfügen kann, einen historischen Landstrich völlig umzugestalten? Weshalb müssen die Naturkompensationen für die Hafenerweiterung und die Vertiefung der Schelde um jeden Preis in derselben Umgebung entstehen, aus der doch schon Tausende Menschen vertrieben worden sind? Ist denn die Naturbewegung nicht gemeinsam mit ihm vor den Richter gezogen, um den Hafen zu bändigen? Wie konnte es sein, dass dieselbe Naturbewegung danach, und ohne mit der Wimper zu zucken, ein Abkommen mit Hafen und Regierung geschlossen hat, wodurch noch viel mehr Menschen enteignet wurden? Ein abartiges Bündnis, ein Teufelspakt, ein Kuhhandel, so nennt Guido das, rasend vor Wut.

»Die meisten Bauern haben sich aufgerieben«, sagt er abschließend. »Aber wenn wir nicht weiterkämpfen, ist alles verloren.«

Ach, er habe es manchmal so satt, all dieses Geschwafel und Geschwätz. Lieber will er mir seine Tiere zeigen. Im großen Kuhstall ist die Luft geschwängert vom frischen Mist. Verhaltenes Muhen ist zu hören. Der Tierarzt untersucht gerade den Zuchtbullen, der ein lahmes Bein hat. »Sieht nicht gut aus«, brummt er. »Wenn ich Ihnen glauben soll, habe ich wohl bald keine Kunden mehr hier im Polder.«

Als hätte er die Zukunft noch vor sich, hat Guido stur vor einigen Jahren noch einen neuen Schweinestall gebaut. Heute Morgen um vier Uhr hat der Händler die Schweine abgeholt, was Guidos kleine Augen und die Abgespanntheit in seinem wettergegerbten Gesicht erklärt. Aber das erzählt er mir voller Stolz und nicht, um sich zu beklagen. Bauer sein, das ist für ihn nicht einfach nur ein Beruf, sondern eine Lebensweise, das Los und die Erfüllung des Lebens, er hat es im Blut.

Wir betrachten ein Stück weiter das neue Naturgebiet, in dem es vor Vögeln wimmelt. Einige Naturschützer haben gerade ein Plastikfloß im Tümpel montiert in der Hoffnung, Flussseeschwalben würden darauf brüten. Auf einem Schild mit hübschen Fotos steht, dass die Graugans eine »Zielart« für dieses Gebiet sei. Ein letzter Baum bei der Kapelle am Scheldedijk wurde mit einer Kettensäge gefällt. Aber es gibt auch eine gute Nachricht: die verschwundene Statue des heiligen Antonius, der Schutzpatron der verlorenen Dinge, steht wieder in der Kapelle. In seinen Armen hält er ein großes Buch und das Jesuskind.

Das Doeler Polderland war einmal als Talregion ausgewiesen, auch wenn es hier keine Berge gibt, jetzt ist es als Wiesenvogelgebiet eingerichtet, und bald wird es zu einem Schorrengebiet umgebaut, und das alles innerhalb kürzester

Zeit. Ja, die technische Planung hinter der ökologischen Entwicklung ist ein sehr wechselhafter Prozess, findet Guido. Anfangs nannte er es einen Fehlschuss, hier auf dem höchsten Punkt des Polders Tümpel und Wasserläufe anzulegen. Aber die grünen Verwalter können mit Stauanlagen und Pumpen den Wasserstand bis auf den Zentimeter genau regulieren. Sie müssen nicht, wie die Bauern, die Form des Geländes oder das wechselhafte Klima berücksichtigen. Auch das Süßwassergras ist Guido zufolge falsch ausgesät. Er spricht recht mitleidig über die Grünen und ihren Glauben, landwirtschaftliche Arbeiten leisten zu können. Das sei wie ein Bäcker, der meint, eine Messe abhalten zu können, nur weil er zufällig Hostien backen kann.

Guido hat eine Zeitlang die Sitzungen der *Beheercommissie Natuur*, des Verwaltungsausschusses Natur, besucht, die für alle Naturgebiete am linken Scheldeufer verantwortlich ist. Laut Guido geht es dort nur selten um Natur, sondern vor allem um Biodiversität, Ökosysteme, Kompensationen und Erhaltungszielvorgaben. »Sie wollen die Natur nicht verwalten, sondern beherrschen. Grüner Imperialismus mit dem Ziel, sich möglichst viel Grund unter den Nagel zu reißen. Die Doelener und die Polderbauern lassen sie kalt. Und sie sind auch noch stolz darauf, dem Polder den Rest zu geben.«

Gemeinsam mit seinem jungen Kollegen Kris De Smit hat Guido einmal anhand von Luftaufnahmen aus dem Jahr 1970 berechnet, wie viel Natur für den Hafen schon verlorengegangen ist. Sie haben alle Wasserläufe, Schorren, Deiche und Tümpel zusammengezählt, sind auf maximal 150 bis 250 Hektar Natur gekommen, die verschwunden sind. »Und die werden nun mit rund 2500 Hektar neuer Natur kompensiert. Zehnmal so viel. Oder knapp die Hälfte des Gebiets, das der Hafen am linken Scheldeufer einnimmt«, rechnet Guido vor.

»Natürlich haben die Luftaufnahmen auch gezeigt, dass es früher deutlich mehr Grasland gegeben hat, das später dann in Ackerland umgewandelt wurde. Das Grasland hat damals viele Wiesenvögel angezogen. Deshalb hatte ich vorgeschlagen, besonders Wiesenvogelgebiete anzulegen, um die wir Bauern uns hätten kümmern können. So eine Art Vermischung von Natur und Landbau. Aber sie haben sich für eine strikte Trennung entschieden.«

Er seufzt tief: »So hätten wir vielleicht hierbleiben können.«

Dieser Guido also, der manchmal radikal daherredet und handelt, der Bauern aufpeitscht und Aktionen anführt, würde gerne eine Rolle als Naturschützer übernehmen, wenn das möglich wäre. Ein erstaunlicher Standpunkt, der für viele Polderbauern noch immer undenkbar ist. Sie bekommen ja schon eine dürftige Prämie für Schwalbennester und Ackerrandpflege, was aber würde passieren, wenn man sie für die Naturerhaltung tatsächlich bezahlen würde? Guido kann sich so ein Gespräch unter Bauern gut vorstellen: »Und wie viele Kiebitze hast du zur Zeit?«

Er erschlägt eine Mücke auf seinem Arm. »Schau, das kommt durch die Sümpfe. Bald gibt es hier wieder Malaria. Polderfieber hieß das früher.«

Letzteres wage ich zu bezweifeln: »Machst du Witze?«

»Natürlich nicht. Weißt du nicht mehr, dass es noch in den sechziger Jahren Malaria in Ouden Doel gab? Mit deinem Erinnerungsvermögen ist es wohl nicht weit her.«

Ich fahre Guido und seiner betagten Mutter zum Friedhof von Doel hinterher. Sie ist auf dem elterlichen Gehöft geboren. Die ganze Entwicklung raubt ihr jetzt buchstäblich den Schlaf. So leer das Dorf ist, so voll ist der Friedhof. Ausgiebig schrubben sie das Familiengrab. Danach schmücken sie die Kirche mit den grünen Tannenzweigen, die Guido mitgebracht hat. Durch das Bleiglasfenster hat jemand einen Stein geworfen. Er liegt noch immer hinter dem Altar. Neben dem kaputten Fenster ist eine riesige Wandmalerei zu sehen. Bauern mit Heugabel und Sense: »Mutter, wir pflügen und säen, und möge uns der Vater im Himmel die Ernte geben.«

Um den schiefen Kirchturm kreisen mindestens tausend krächzende Dohlen im Wind. Sie nisten in den Schornsteinen der verlassenen Häuser. Der Boden ist von Kot übersät, der von den Holunderbeeren lila gefärbt ist.

***

Ich gehe zur traditionellen Scheldeweihe in Doel. Das letzte Mal war ich vor mehr als zehn Jahren dort. Am kleinen Hafen, wo der Pfarrer die Boote mit dem Weihwedel segnet, haben sich viele Leute eingefunden. Guido, die treibende Kraft hinter dem Ereignis, steht mit der Fahne des örtlichen Bauernverbands in der ersten Reihe. Über dem Fluss hängt der Frühnebel eines warmen Tages. Am Nachmittag werden wieder Tausende Menschen über den Deich flanieren und mit großen Augen auf das in Stücke geschlagene Dorf blicken. Wie jedes Jahr zur Scheldeweihe werden der Trödelmarkt, die Demonstration der alten Handwerke und die Auftritte der Folkloregruppen zahlreiche Menschen anziehen.

Ins Hooghuis kann ich nicht mehr. Es ist von großen

Rollen Stacheldraht eingezäunt, und alle Fenster und Türen sind mit Stahlplatten verriegelt. Das alte Bauwerk hat Kriege, Überschwemmungen und Enteignungspläne überlebt, aber Vandalismus und Einbrüche haben es nun übel zugerichtet. Als ich hier damals mein Schreibbüro eingerichtet habe, ist das im Schatten der Kirche gelegene Gebäude aus dem 17. Jahrhundert, in dem früher der Deichvorstand getagt hatte, noch immer zentraler Ort im Dorf gewesen. Nun aber scheint es, als hätte etwas anderes von ihm Besitz genommen, eine finstere Macht, die bedrohlich hinter den geschlossenen Fensterläden über mir emporragt.

Schon immer hat mich das Alte angezogen. Ich habe nie in einem Neubau gewohnt. Ich kann nur in Häusern leben, in denen schon gestorben wurde.

Als ich Ende 1998 in Doel angekommen bin, gab es hier noch eine Dorfgemeinschaft aus knapp tausend Einwohnern. Es war Leben im Dorf. Es gab einen Metzger, den Bäcker, den Schuster, den kleinen Supermarkt *Flandria* und *Het Klein Bazaarke*, ein kleiner Secondhandladen. Hier hatten sich verschiedene Banken niedergelassen, und neben dem Postamt und der Schule florierten Kneipen und schicke Restaurants. Die Kirche war frisch renoviert, und der engagierte Pfarrer radelte in voller Pracht durch die Straßen. Doch schon damals herrschte im Gemeindehaus der von der Regierung entsandte »Schlichter«, der den Bewohnern bei den Enteignungen zur Seite stehen sollte. Als vor einigen Jahren seine Arbeit hier beendet war, landete eine große Sahnetorte mitten in seinem Gesicht, sozusagen als Abschiedsgeschenk. »Judas«, »Lügner« und »Dieb« hatte man an seine Dienststelle geschmiert.

Von Doel aus sieht man jetzt auf die kolossalen Hafenkräne und Containertürme, die knapp einen Kilometer entfernt vom neuen Deurganckdok aufragen. Sie waren der Grund, warum das Dorf für »unbewohnbar« erklärt wurde und verschwinden musste. Bereits 2005 haben König und Premierminister den ersten Teil des Docks mit viel Champagner eingeweiht. Das Dock ist noch immer in Betrieb, aber nur zu einem Bruchteil seiner Kapazitäten ausgelastet. Nur relativ wenige Arbeitsplätze sind entstanden. Millionen Container einführen, auf Lastwagen setzen und wieder ausführen, das bringt wenig Mehrwert, aber viel Verkehrs- und Umweltprobleme mit sich. Trotzdem will der Hafen in naher Zukunft das noch viel größere, vier Kilometer lange Saeftinghedok bauen, das sich direkt über den Doeler Dorfkern erstrecken wird. So reimt sich das also zusammen: Saeftinghe als Name eines Docks und eines Naturgebiets, beide auf den Trümmern von verwüsteten Dörfern entstanden.

Doel ist schon jetzt nur noch ein Gemisch aus Chaos und Gewirr, als wären die Hunnen hindurchgezogen. Wie konnte ein jahrhundertealtes Dorf so rasch verfallen? Mit dem Beginn der Enteignungen setzte zugleich die Entvölkerung ein. Der Bäcker, die Schule, die Geschäfte, die Cafés, alle machten dicht. Die leerstehenden Gebäude wurden den Ratten und Krähen überlassen. Die Gärten verwilderten. Der Verfall nahm seinen Lauf. Häuser wurden geplündert. Am helllichten Tag räumten Diebe Badezimmer und Küchen aus. Die Bewohner durften zwar noch einige Jahre im Dorf wohnen bleiben, doch die *Maatschappij Linkerscheldeoever*, die Gesellschaft Linkes Scheldeufer, die für das Kulturerbe verantwortlich ist, hat nichts für ihre Sicherheit getan. Man nannte das die Verrottungsstrategie.

Irgendwann wurden die ersten Häuser von Künstlern

und Aussteigern besetzt. Und nachdem die Presse 2006 den »kostenlosen Häusern« von Doel einige Artikel gewidmet hatte, gab es kein Halten mehr. Hausbesetzer strömten von überall herbei, brachen Türen auf, brachten Schlösser an und bezogen ihre kostenfreien Wohnungen. Alles geriet außer Kontrolle, erst recht, als scharenweise Osteuropäer mit Bussen ankamen. Dutzende Illegale hausten dann unter erbärmlichen Zuständen. Man zapfte Wasser und Strom ab, ein Asylsuchender erlitt einen tödlichen Stromschlag. *Café De Sportvriend* wurde als »Volxküche« wiedereröffnet, betrieben von einem Hippie mit Nasenring und Joint zwischen den Lippen.

Der Zustrom von Hausbesetzern und Asylanten traf Doel wie ein Keulenschlag. Ein Jahr später waren die meisten wieder fort, aber viele Häuser sahen da schon aus wie Ruinen. Die Regierung nahm das Heft wieder in die Hand und fing an, die Gebäude, die sie für unbewohnbar erklärte, abzureißen, auch wenn es sich manchmal um recht neue Villen handelte. Bei anderen Häusern rissen Kräne die Fensterrahmen heraus und machten sie so unbewohnbar. Oft wurden diese Aktionen von der Bereitschaftspolizei begleitet, die die Demonstranten mit Gummiknüppeln und Pfefferspray von den Dächern holten. Sogar das Begräbnis des an Krebs verstorbenen Pfarrers wurde von dem Lärm der Abbrucharbeiten gestört. Mauern voller Schwalbennester wurden dem Erdboden gleichgemacht.

Die Camermansstraat, die schönste Straße mit großen Herrenhäusern, blieb wie ein zahnloser Mund zurück, nur hier und da ragte noch ein verfaulter Zahn heraus. Meine frühere Nachbarin Emilienne, die an der Ecke der Camermansstraat wohnt, schickte mir vor einigen Jahren einen ratlosen Brief. Auch ihr und ihrem Mann Jo hatte der Vollstreckungsbeamte mit Zwangsräumung gedroht, woraufhin sie einen Herzanfall erlitten hatte. Jo aber hatte der Enteignung zugestimmt und war in eine Wohnung in Beveren gezogen. Dort war er aber schnell krank geworden. So lebte das betagte Paar getrennt von Tisch und Bett. Emilienne, eine echte Doelerin, die nicht hatte weichen wollen, hatte ihren Mann in seinen letzten Tagen wieder zurück nach Hause geholt und ihn auf dem Friedhof in Doel begraben lassen.

Jetzt scheint es ihr zu meiner Erleichterung wieder besserzugehen, obwohl sie weiterhin Medikamente nehmen muss. Sie empfängt mich so wie früher, mit Geschichten, Schnaps und Zigaretten. Sie hofft noch immer, dass sie bis zu ihrem Tod in ihrem Geburtshaus wohnen bleiben kann, auch wenn der Direktor der *Maatschappij Linkerscheldeoever* kürzlich in einem Zeitungsartikel erklärt hat, dass die Bewohner gewiss »senil« sein müssten, wenn sie in einem solchen Dorf wohnen bleiben wollten. Der Kahlschlag wurde gestoppt, nachdem ein Richter die Abbrucharbeiten für ungesetzlich erklärt hat. Nun sind noch ungefähr zwei Drittel der Häuser übrig, manche vernagelt, andere halb abgerissen. Das Dorf ist wieder, was es jahrhundertelang vor seiner Entstehung gewesen ist. Niemandsland.

Emilienne führt mich zu ein paar nahe gelegenen Häusern. Die Verwahrlosung spottet jeder Beschreibung. Eingesunkene Dächer, abbröckelnder Putz, herunterhängende Rollläden, kaputte Regenrohre, eingeschlagene Türen. Sogar ziemlich neue Häuser, die vor zehn Jahren noch in tadellosem Zustand waren und in denen ich damals noch blühende Haushalte angetroffen habe, sehen jetzt aus, als hätte eine Bombe eingeschlagen. Aufgerissene Fußböden, eingestürzte Decken, demolierte Heizkörper, aus der Wand gerissene Türrahmen und Vertäfelungen, Berge aus Müll und Kot. Der Gestank ist nicht auszuhalten. Fast jede Hauswand ist mit Graffiti und Wandschmierereien besudelt.

»Sieh es dir an, das Dorf, in dem ich geboren bin und in dem ich sterben werde.« Emilienne lacht und steckt sich gegen den ärztlichen Rat eine weitere Zigarette an.

Es ist kein Wunder, dass Doel an Frühlings- und Sommerwochenenden, wenn die Fähre verkehrt, von Besuchern mit guten und weniger guten Absichten überfallen wird. Regelmäßig hinterlassen Jugendbanden eine Spur der Verwüstung. Sie treten Türen ein, werfen Steine durch die Fenster, legen Feuer, schänden Gräber und Kreuze. Die paar Dutzend Einwohner, die noch übrig sind, bitten schon seit Jahren um mehr Polizeipräsenz, doch ohne Erfolg. Nur ab und zu patrouilliert ein Streifenwagen.

Auch Karel ist weggezogen, wie ich mit Bedauern bemerke. Der kleine Hof, hundert Meter vom Hooghuis entfernt, ist kurz und klein geschlagen. Jede Menge Farbdosen wurden auf den Trümmern leergesprüht. Die Hausfassade ist mit Köpfen von haarigen Monstern bemalt. »What's my name? Bitch!«, lautet einer der Slogans. Katastrophentouristen gehen ein und aus. Die großen Käfige und Volièren in seinem Garten sind von Unkraut überwuchert. Wie mag es ihm wohl gehen, dem Bauernsohn und Vogelfreund, der hier mit seiner alten Mutter gelebt hat und später eine junge Hausbesetzerin heiratete?

Direkt hinter dem verschandelten Bauernhof hat *Natuurpunt* ein nagelneues Schwalbenhaus installiert, um den aus Doel vertriebenen Schwalben eine Alternative zu bieten, ein grüner stählerner Pylon mit einem hochaufragenden, nachgemachten Ziegeldach, unter dem Kunstnester befestigt sind. Aber kein einziger Vogel lässt sich blicken.

***

»Es schreit zum Himmel«, sagt Ma und wedelt mit den Armen, als wolle sie Mücken verjagen. »Dieses Lumpenpack.«

Sie spricht über die Hafenleitung, die Doel vernichtet hat und auch den restlichen Polder konfiszieren will. Es ist kurz nach der Scheldeweihe, und ich schiebe ihren Rollstuhl an den verlassenen Häusern und Höfen vorbei. Sie kann sich noch gut an das Familienfest erinnern, das wir hier veranstaltet haben, als ich im Hooghuis gewohnt habe und das Dorf heiter vor uns gelegen hat. Es fügt ihr fast körperliche Schmerzen zu, diese Verwahrlosung zu sehen. Die Vertreibung von Menschen passt nicht mit der Botschaft der Nächstenliebe zusammen, mit der sie erzogen wurde. Das Gefühl von Rechtschaffenheit hat sie uns schon mit der Muttermilch mitgegeben. Sie studiert noch jeden Tag die Zeitung, sieht fern und verfolgt die Nachrichten, und wenn sie etwas über Doel erfährt, ist das immer das Erste, was sie sagt, wenn ich zur Tür hereinkomme.

»Für Karel, der vom Bauernhof beim Hooghuis, ist es gut ausgegangen«, sage ich. »Ob du es glaubst oder nicht, er ist jetzt mit einer jungen Hausbesetzerin verheiratet.«

»Echt wahr?« Sie ist perplex und beißt sich auf die Unterlippe.

»Aber sein Haus sieht jetzt aus wie eine Geisterbahn auf der Kirmes.«

Für sie bleibt er das Wichtigste, »der Hof«. Wir haben die Fähre zum anderen Ufer genommen und einen Spaziergang um Fort Lillo gemacht. Zurück in Doel, haben wir Pfannkuchen im *Doel 5* gegessen, das letzte Lokal zwischen den Ruinen. Danach fühlte Ma sich unwohl und wollte zurück. Ich mache mit ihr weiterhin diese kleinen Ausflüge, obwohl das manchmal aus medizinischer Sicht nicht mehr zu verantworten ist. Aber sie blüht auf, wenn sie nachmittags wegkann. Im Pflegeheim besteht ihr Leben ausschließlich aus Warten, klagt sie stets. Warten, dass man sie aus dem Bett holt, Warten auf das Mittagessen, Warten auf mich. Und das ist etwas, das sie noch nie gut konnte: warten. Die Zeit totschlagen als wichtigste Beschäftigung.

Als wir an den Naturgebieten entlang zurückfahren, klatscht sie wie ein kleines Mädchen mit den Händen auf ihre nackten Knie. »Das ist doch nicht zu glauben«, ruft sie aus. »Die Polder waren so schön.«

»Das ist der Preis des Fortschritts, Ma.«

»Wenn alles überflutet ist, werden sie andere Töne anschlagen.«

»Viele Menschen mögen jetzt die Natur lieber.«

»Das will mir nicht in den Kopf gehen. Das ist kein Fortschritt, sondern Rückschritt. Wir haben alles getan, um die Böden trocken zu kriegen.«

»Für Bauern ist hier kein Platz mehr.«

»Muss es erst wieder zu Krieg und Hungersnot kommen«, sagt Ma wie viele alte Leute in der Gegend, »damit man den Wert von Nahrung wieder erkennt? Heute wird alles importiert und ist spottbillig. Aber das wird nicht ewig so bleiben.«

Als ich sie am Pflegeheim aus dem Auto hole, bemerke ich einen Blutfleck auf dem Beifahrersitz. Sie hat sich das Bein aufgeschürft, und wegen der blutverdünnenden Medikamente fängt die kleinste Schramme heftig zu bluten an. Ich verbinde sie mit einem Taschentuch. Körperlich geht es weiter abwärts, aber mental ist sie wach. Wir gehen am »living room« vorbei, in dem Demenzkranke gemeinsam versorgt werden. Ein grässliches Geschrei dringt aus dem Zimmer, ein fast tierisches Wimmern. Jemand lacht laut und schrill. Ma hat eine Höllenangst, irgendwann hier zu landen.

Sie klingelt, und binnen fünf Minuten steht eine Pflegerin in der Tür, um sich um sie zu kümmern. Man hat acht philippinische Pflegerinnen eingestellt, was den Personalmangel teilweise wettgemacht hat. Sie haben sogar ein paar Brocken Niederländisch gelernt, allerdings reicht es noch nicht aus, um ein Gespräch zu führen, ganz davon abgesehen, Mas Dialekt zu verstehen.

Der Abend kommt, aber Ma will mich noch nicht gehen lassen. Sie will dies, sie will das, sie will hierhin, sie will dorthin, sie lässt mich wie ein Pferd hinter ihrem Rollstuhl hertraben. Sie gibt das Heft nicht aus der Hand.

»Jetzt schon?«, fragt sie beleidigt, als ich müde in meine Jacke schlüpfe. Es ist jedes Mal dasselbe Ritual. »Warum so spät?«, fragt sie, wenn ich eintreffe, obwohl ich immer pünktlich bin. Und abends beim Abschied: »Warum die Eile? Du brauchst doch keine Kühe mehr melken?«

»Ma, das ist gemein.«

»Du kannst mich mal.«

»Was ist los, Ma?«

»Ihr könnt mich alle mal«, ruft sie. »Und damit basta.«

Sie kann manchmal so giftig sein, und das aus heiterem Himmel. Es kommt ihr gar nicht in den Sinn, dass sie mich damit vielleicht kränkt. Manchmal ist ihr Zorn größer als sie selbst, bis sie beinahe keine Luft mehr kriegt. Wenn ich dazu etwas sage, antwortet sie: »Gerade meine grimmige Sturheit hält mich am Leben.«

»Aber tief in mir drin weine ich viel«, fügt sie noch hinzu. »Und ganz gewiss heute, denn es ist immerhin der Geburtstag deines Bruders.«

***

Ich kann der Versuchung nicht widerstehen, Karel aufzusuchen. Ich finde ihn, dank Emiliennes Hinweis, in einem Reihenhaus mit hübschem Garten in Beveren. Er wiegt gerade seine einjährige Tochter in den Schlaf. Ich glaube, ich komme ungelegen, doch er versichert mir, dass dem nicht so sei. Seine über dreißig Jahre jüngere Frau Frauke, eine Bürgerstochter mit braunen Locken, bringt mir Kaffee und Kekse.

Als ich noch im Hooghuis gewohnt habe, ist Karel immerzu mit irgendetwas beschäftigt gewesen, wenn ich meinen täglichen Spaziergang über den Lange Pad, der jetzt wegen der Hafenerweiterung ziemlich kurz geworden ist, unternommen habe. Ich sehe noch genau vor mir, wie er und seine alte Mutter draußen in der Sonne saßen. Sie schälte Kartoffeln oder pulte Bohnen, er reparierte Vogelnester oder machte sich auf dem Hof zu schaffen. Ich hatte immer ein Gefühl des Wiedererkennens.

Nun ist er ein sechzigjähriger pensionierter Mann mit grauem Bart, lebhaftem Blick und festem Händedruck. Er hätte keine einfache Jugend gehabt, erzählt er mir lang und breit. Als er sieben war, saß sein Vater tot auf dem »gemak«. Gehirnblutung. Seine Mutter blieb mit vier Kindern zurück. Sie hatte seit ihrer letzten Entbindung offene Beine, lebte mit chronischen Schmerzen, aber hielt sich wacker.

Karel musste schon früh mitarbeiten und konnte deshalb nicht studieren. Als seine Schwestern aus dem Haus waren, blieb er mit seiner Mutter allein. Er ging viel aus, hatte verschiedene Verlobte, wie das Mädchen aus dem *Klein Bazaarke*, aber es hielt nie lange, auch weil seine Mutter stur blieb. »Hier kommt keine andere Frau rein.«

Als er vierzig wurde, fand er sich mit seinem Schicksal ab und versprach ihr, dass er bis zu ihrem Tod zu Hause bleiben und für sie sorgen würde. Er hat sein Wort gehalten, hatte aber immer das Gefühl, sein Leben sei unfertig. Er steckte viel Zeit und Liebe in die Zucht zahlreicher Vogelarten: große Sittiche, Papageien, Kakadus. Im Polder fing er Distelfinken, Erlenzeisige, Bluthänflinge. Bei Vogelschauen und Wettbewerben der Königlichen Vereinigung der Vogelfreunde räumte er regelmäßig Preise ab.

Manchmal fing er mit einem Lockvogel in einer Trichterfalle Hunderte Stare, die er an einen Händler aus Beveren verkaufte. Oder er aß sie selbst, bis er eines Tages Besuch von den Naturwächtern bekam.

»Das war dein Leben früher im Polder«, sagt Frauke, die mit gespitzten Ohren zuhört. »Ich könnte es nicht ertragen, wenn du jetzt noch Vögel wildern würdest, geschweige denn essen.«

»Aber der Fasan war doch lecker?«

»Ja, der schon«, lächelt sie.

Frauke arbeitet momentan als »Nachhaltigkeitsbeamtin« für die Gemeinde. Sie entscheidet unter anderem über die Prämien, die ich und andere Bauern erhalten, wenn wir die Nester von Rohrweihen auf unseren Feldern beschützen. Sie hat Kriminologie studiert und weiß wenig oder nichts über die Bauern und ihre Arbeit. Zwei Welten prallen aufeinander.

Diese beiden Welten kamen zusammen, als die sozial eingestellte und Abenteuer suchende Frauke nach dem Studium beschlossen hat, in Doel ein Haus zu besetzen. Im Baumarkt kaufte sie ein Schloss, brach die Tür einer Bankfiliale auf und knipste den Schalter an. Zu ihrem Erstaunen hatte sie Licht. Dann legte sie ihren Schlafsack auf den Fußboden und fühlte sich zu Hause. Sie setzte sich vollkommen für den Kampf um Doel ein.

Eines Tages, auf der anderen Straßenseite, sagte Karels Mutter zu ihrem Sohn: »Drüben in der Bank hat sich eine Strauchdiebin eingenistet. Jag sie fort.«

Er hatte schon vorher Hausbesetzer und Einbrecher am Kragen gepackt und ihnen eine Abreibung verpasst. Fest entschlossen ging er zur Bank und klingelte. Frauke öffnete die Tür. Er stotterte, er sei der Nachbar und wolle sich vorstellen. Sie fragte ihn, ob er ihr helfen könne, die Hecke zu stutzen. Danach hatte er nur noch Augen für sie. Kurze Zeit später hat er ihr seine Liebe gestanden.

Bis er einen schweren Autounfall hatte, ist ihre Beziehung geheim geblieben. Es hat nicht viel gefehlt, und er wäre gestorben. Frauke ging resolut zum Bauernhof hinüber, um sowohl Karel als auch seine Mutter zu pflegen. Die alte Frau fand sich damit ab, und der Kontakt wurde zusehends besser. Einige Monate später ist sie im Schlaf gestorben.

Karel und Frauke lebten noch Jahre in Doel und setzten sich für den Erhalt des Polders ein. Eines Tages sorgte Frauke für einen Skandal, als sie Mitarbeiter der *Maatschappij Linkerscheldeoever* dabei fotografierte, wie sie mit Brechstange und Vorschlaghammer die verlassenen Häuser aufbrachen. Die Regierung stritt alles ab, bis die Fotos veröffentlicht wurden.

Karel hat ihr drei Kinder geschenkt. Sie sind der Grund, weshalb sie vor ein paar Jahren doch aus Doel weggezogen sind: Es wurde zu unsicher. Trotzdem verfolgen sie den Kampf aufmerksam, der auf jeden Fall für eine Sache gut gewesen ist: »Ich habe eine hübsche Frau und goldige Kinder«, lacht Karel.

Während der Scheldeweihe hat er nur aus großer Entfernung zu seinem elterlichen Hof schauen können. »Es tat zu weh.«

Er vermisst den Polder sehr und hält nichts von den künstlichen Naturgebieten. Frauke hingegen schon, nur sollten dafür keine Menschen vertrieben werden.

»Ganz Ouden Doel wird jetzt verjagt«, sagt er. »Wieder ein Dorf weniger. Der Schlichter hat seine Runde schon gedreht, weiß das nicht jeder?«

Wohl alle anderen, nur ich nicht.

***

Es bleibt mir nichts anderes übrig, als nach Ouden Doel zu fahren und dieselbe Runde wie der Schlichter zu drehen. In Streifen wirft die Sonne ihr stroboskopartiges Licht durch die Baumkronen. In der faden, schwülen Luft schmettert ein Eichelhäher sein schrilles Hohngelächter über die Felder. Ein Fasan trippelt über den Deich, seine langen Schwanzfedern funkeln wie Brokat. Ich ertappe mich wieder einmal bei dem Gedanken, wie ich ihn fangen könnte.

Im West-Langeweg galoppiert eine Kuh los und bricht aus Erics Weide aus. Ich fahre auf seinen Hof am Fuße des Deichs. Es scheint ihm nichts auszumachen. »Die finde ich schon wieder«, sagt er und schenkt mir lauwarmen Kaffee ein. Seine Küche sieht aus wie ein Abschiedsraum. Nach einigen Todesfällen in der Familie ist er nun allein. 1999, zu Zeiten der Dioxin-Krise, die seinen Betrieb hart getroffen hat, haben wir uns oft stundenlang unterhalten. Jetzt sieht Eric grau und gepeinigt aus. »Wenn das hier noch ein paar Jahre dauert, bringen ich und meine Kühe vielleicht gerade so unsere Rente ein.«

Oben auf dem Deich liegt der Schweinebetrieb von Robbie. Er sieht verlassen aus, aber ich höre die Ferkel quieken. Vor kurzem ist Robbies alte Mutter an einer Gehirnblutung gestorben. Sie konnte nicht begreifen, weshalb sie, die hier auf dem Deich geboren war, wegsollte. Robbie, ein 47jähriger Junggeselle, hat einen neuen Hof in Limburg im Auge. »Und dann können die Ausflügler gerne hierherkommen. Heute ins Verdronken Land. Die Woche drauf zum Vergnügungspark *Plopsaland*. Aber die Bauern, die das Land Tag für Tag im Auge haben, von Jahreszeit zu Jahreszeit, von Generation zu Generation, die müssen weg.«

Obstzüchter Paul wird bereits zum zweiten Mal enteignet, erst für das Atomkraftwerk, jetzt für die Natur. Er ist einer der sieben Geschworenen des Poldervorstands. Sein Haus steht vorläufig noch, aber die zigtausend Birnbäume, um die er sich all die Jahre gekümmert hat, als wären sie seine Kinder, wurden einer nach dem anderen von einem Kran aus der Erde gerissen. Kurze Zeit später wurde bei ihm ein Gehirntumor diagnostiziert. Dennoch wird er in Kieldrecht zum dritten Mal einen Betrieb gründen, für seinen Sohn. »Es geht nicht allein darum, was sie tun«, seufzt er, »es ist die Art und Weise, wie sie es tun, ohne einen Funken Respekt.«

Während der Gespräche wird regelmäßig die Fliegenklatsche geschwungen. Die Reflexe der Bewohner haben Fortschritte gemacht. »Mückenplage trifft die Polderdörfer«, steht in *De Wase Koerier.* Mückenspray und -stifte finden großen Absatz. Die Apotheker haben keine Vorräte mehr, so etwas war noch nie vorgekommen. Fast alle sind der Meinung, dass die Mücken sich in den stehenden Gewässern der Sümpfe massenhaft fortpflanzen. Aber die *Beheercommissie Natuur* bestreitet das, aber sie haben wieder einmal eine Studie in Auftrag gegeben.

Im Ortskern von Ouden Doel hängen aus Protest grüne Fahnen aus, keine schwarzen. Er ist eine Ansammlung hübscher Häuser, alte Deichhäuser und Gehöfte, historisch gewachsen rund um das Haus, in dem sich das legendäre Poldercafé *Schuurke* von Irma befindet. Gegenüber dem Café steht ein Neubau, *De Zilte Schorre*, eine Bed & Breakfast-Pension. Neben der Bar hängt eine ausgestopfte Schleiereule. Dirk, der Besitzer, sagt, in allen möglichen Planungspapieren und Informationsbroschüren wurde versichert, dass dieser Weiler immer erhalten bleiben wird. Deshalb wurde den enteigneten Menschen aus Doel empfohlen, hierhinzuziehen. Was Marc und einige andere auch gemacht haben. Er ist der Sohn eines Doelener, der sich, nachdem er die Nachricht der Enteignung bekommen hatte, das Leben genommen hat.

Nun hat der neue Schlichter, zehn Jahre nach den Enteignungen in Doel, auch hier in etwa fünfzig Häusern einen Brief abgeliefert. In dem Brief stand, dass man sie »auslöschen« müsste. Wie eine Zigarette. Die Nachricht schlug ein wie der Blitz, wie ein Wortbruch. Auf der Volksversammlung im Café *Schuurke* wurde wieder eine Aktionsgruppe gegründet. Einer der kämpferischsten Männer ist der ehemalige Rattenfänger. Er war so ziemlich alleine für die Ausrottung der Bisamratte im Polder verantwortlich. Früher bekam er für jeden Rattenschwanz eine Prämie, und die Bisamratte selbst wurde in so manchem Restaurant in Braunbier geschmort und als »Wasserkaninchen« serviert.

In der alten Scheune des *Reinaerthof* hat Benjamin, Sohn des Jagdaufsehers vom Hedwigepolder, in kürzester Zeit ein »Poldermuseum« eingerichtet, voll mit altem Krimskrams, Karten, Büchern, Landwirtschaftsgeräten. Mit Fotos, die vor Nostalgie nur so strotzen. Als Zeichen der Sehnsucht nach einer Zeit, die im Blick zurück unschuldig und einfach erscheint. Zeit hatte noch keine andere Dimension. Stress musste noch erfunden werden. Nein, es ist nichts falsch an Nostalgie, wenn ein ganzer Landstrich vor deinen Augen verwüstet wird, findet Benjamin.

Er ist Archäologe und platzt fast vor Begeisterung über jedes Relikt, jedes Tier, jede Pflanze. Kürzlich wurde seine Ziege vom Naturwächter dabei erwischt, wie sie das Wiesenvogelgebiet erkundete, was Benjamin eine saftige Geldbuße eingebracht hat. Er versteht einfach nicht, wieso die Naturschützer eine einzigartige Landschaft zerstören wollen, und schon gar nicht, dass dafür eine jahrhundertelang bewohnte Gegend entvölkert werden muss. Ouden Doel soll für das Gemeinwohl Platz machen, heißt es. Es ist nun wieder die Zeit eines Geheimplans des Hafens, denkt Benjamin. Es ist Zeit für die völlige Entmenschung des Polderlands.

In den offiziellen Berichten wird nun hochtrabend von der Evolution »der Ad-hoc-Naturkompensationen hin zu proaktiven Kernschutzgebieten« gesprochen. Robuste Naturgebiete müssen bereits vorab die zukünftig zu erwartenden negativen Auswirkungen von Hafenprojekten wie den Bau des Saeftinghedok auffangen, selbst wenn es womöglich nie gebaut wird. So viel steht fest: Doelpolder, Hedwigepolder und Prosperpolder sollen ein einziges großes Naturgebiet werden, das nahtlos an das Verdronken Land van Saeftinghe anschließt. Zusammen bilden sie den Grenzpark Groot Saeftinghe, die größte Brackwasserwildnis Europas. Ouden Doel inbegriffen.

Das Schorrenhaus am Ende des Deichs steht plötzlich leer. Nachbarin Laura – es war ihr Sohn, der in den sechziger Jahren noch an Malaria erkrankt ist – erzählt mir, was passiert ist. Die pensionierte Ärztin Colette wurde von einem Kranwagen von der Straße gedrängt. Ihr Auto landete kopfüber in der Gracht. Sie hat sich alle Knochen gebrochen, ist nun in Antwerpen in einem Reha-Zentrum und wird nie mehr zurückkommen. Noch ein Ort der Rast und der Ruhe, den ich verliere. Noch ein historisches Bauwerk weniger im Polder.

***

Im *Het Centrum*, einem brütend heißen Festsaal in Kieldrecht, hat der Deichvorstand die »Deichgemeinschaft« eilig zu einer allgemeinen Versammlung über den neuen Flächennutzungsplan der Gegend zusammengerufen. Ich darf heute zum ersten Mal mitstimmen. Nachdem meine Dokumente überprüft sind, erhalte ich einen Stimmzettel und zwei Getränkebons.

»Dies ist der Todesstoß für die Landwirtschaft in unserem Polder«, eröffnet Deichgraf Theo De Roeck die Versammlung. Er ist ein Sohn des früheren Doelener Bürgermeisters und wurde selbst vor geraumer Zeit im Prosperpolder enteignet. »Wir sehen uns großen Mächten gegenüber.«

Mit Grabesstimme zählt er circa zwanzig neue Naturgebiete auf, als wäre es eine Liste gefallener Soldaten. Es ist mucksmäuschenstill im Saal. Ein Saal voller bedrückter Gesichter. Ein Saal voller Emotionen.

Der Poldervorstand ist schon seit dem Mittelalter für den Gewässerschutz verantwortlich und schwört noch auf Traditionen. Allerdings versucht er in manchen Bereichen doch ein wenig mit der Zeit zu gehen. Wenn früher eine Überschwemmung drohte, musste der Deichgraf auf dem betroffenen Deich Posten beziehen, bis die Gefahr vorüber war, aber heutzutage kann er die Stauanlagen und Schleusen von seinem Bett aus mit dem Smartphone bedienen. Behauptet er wenigstens, nicht ohne Stolz.

Der Deichgraf bittet die Anwesenden, ihn, wie es die Tradition will, »mit Sitzen oder Aufstehen« zum Handeln zu ermächtigen.

»Sie wollen eine allgemeingültige Vollmacht von uns? Einfach so?«, protestiert ein Hafenvertreter. Hinten sitzen offenbar einige Leute vom Hafen, der Regierung und der Naturbewegung, die als größte Landbesitzer mittlerweile auch zur »Deichgemeinschaft« zählen.

Stimmengewirr. Stühlerücken. Gläserklirren. Böse Blicke.

»Gut, niemand hat sich erhoben, also ist die Ermächtigung erteilt«, sagt der Deichgraf schnell, um es zu keinem Disput kommen zu lassen.

Er weiß natürlich, dass vor kurzem der Landesvorsitzende des Belgischen Bauernverbands genau in diesem Saal ohne Pardon vor die Tür gesetzt wurde. Piet Vanthemsche wollte hier erklären, weshalb er der Regierung schließlich doch sein Wort gegeben hat, sich mit dem neuen Flächennutzungsplan abzufinden. Kris De Smit, ein Geschworener des Deichvorstands, warf ihm daraufhin vor, sein Wort gebrochen und somit als Vorsitzender versagt zu haben. Guido Van Mieghem schmiss das Propagandamaterial des Belgischen Bauernverbands wütend auf den Tisch, entschuldigte sich bei den Mitgliedern dafür, dass er den Verband immer verteidigt hätte, und erklärte, sich einen Anwalt für die örtliche Sektion zu nehmen. Andere kündigten ihre Mitgliedschaft. In einer eisigen Stille musste der Landesvorsitzende den Saal mit eingezogenem Schwanz verlassen.

Der Sekretär des Poldervorstands fasst nun kurz das Dossier und das Verfahren zusammen. Die Regierung wird noch einmal 1500 Hektar Ackerland enteignen, fast die Hälfte davon für Naturkompensationen. Also muss abgestimmt werden, ob der Deichvorstand beim *Raad van State* Beschwerde einreicht.

Neben der Wahlurne steht Guido Van Mieghem und sieht drohend zu. »Aha, Sie wagen es also, hier aufzutauchen?«, fragt er einen Abgesandten des Hafens, ein Mann mit getrimmtem Bart und elegantem Jackett. »Können Sie noch ruhig schlafen nach dem, was Sie hier so alles getrieben haben?«

»Wir leben doch in einer Demokratie«, sagt der Mann und schiebt seinen Stimmzettel in die Urne.

»Und du?«, fragt mich Guido.

»Kannst beruhigt sein, Guido.«

Eine Viertelstunde später verliest der Deichgraf das Ergebnis: »Für die Beschwerde beim *Raad van State* stimmen achtzig von sechsundachtzig Anwesenden. Die Vorgehensweise ist somit genehmigt. Früher haben wir gemeinsam mit den Grünen gekämpft, aber nun müssen wir zum ersten Mal gegen die Natur prozessieren.«

Der Mann vom Hafen verlässt den Saal und knallt die Tür zu. Ein unbändiger Applaus bricht los. Der Deichgraf spendiert jedem noch einen Getränkebon. Der Applaus schwillt an.

Ich sitze am Tisch und trinke mit einer Gruppe von Bauern Bier. Es sind starke Männer, die sich ihrer Kraft und ihres Wissens bewusst sind. Joris, ein Großbauer im Polder, gibt eine Übersicht von Dutzenden »Abwehrmitteln«, die er gegen Gänse, Pfeifenten und Dohlen einsetzt. »Man hat immer noch lieber einen Bauern auf seinem Hof als einen Vogel in seinem Nest«, sagt er. »Unsere Nachkommen werden uns immer vorwerfen, dass wir diese Leute nicht einfach mit Gewalt verjagt haben.« Alexander, ein dynamischer Landwirt und Lehrer, der auch wegziehen muss, meint, dass erst kürzlich Bagger im Prosperpolder demoliert wurden. Er will harte Aktionen, auch wenn sie zu nichts führen, aber so geht man wenigstens mit »gutem Gewissen« unter. Denn diese Antwerpener würden doch, um sich ein Omelette zu braten, selbst das Haus ihres Nachbarn in Brand stecken. Sie hätten keinen Bezug mehr zu Lebensmitteln. Die hätten mit dem Bauernstand nichts zu schaffen. Und deshalb müssten die Bauern von ihrem Land …

Während nun starke Geschichten und Zoten über den Tisch fliegen, zeige ich dem Bauern neben mir eine Graphik des Antwerpener Professors Meire, der oft Studien für die Hafenbetreiber erstellt. Er behauptet, dass ein Hektar neue Natur durch die Verbesserung der Umwelt Millionen Euro einbringt. Ein Hektar Ackerland erbringt genau null Euro, weil die Kosten für die Umwelt exakt so hoch sind wie der Ertrag.

»Null? Nichts? Gar nichts?«, fragt der Bauer bestürzt.

»Und was isst dieser Professor dann? Algen? Der sollte besser mit einer Zwangsjacke abgeholt werden.«

»Grüßen Sie Ihre Mutter«, sagen der Deichgraf, der Jagdaufseher und ein paar stämmige Polderbauern beim Abschied. »Nicht vergessen, abgemacht?«

8.

Zaligem. Die Razzia

Es ist ein frischer, heiterer Morgen, als ich dem Naturwächter zum ersten Mal begegne. Am neuen Rietfeld in Kallo stehen fünf grüne Autos des Rattenbekämpfungsdiensts *Rato*, daneben der große weiße Pick-up von Björn Deduytsche von der *Agentschap Natuur en Bos*. In seiner braunen Uniform, Pistole an der Hüfte, steht er da und diskutiert mit Karel Van Moer, der die Rattenfänger anführt. Zu meiner Verwunderung sind sie hier, um Graugänse einzufangen.

Der Naturwächter hat sie um Hilfe gebeten, weil die Gänse das angepflanzte Riet abfressen, andere Vögel verdrängen und das Wasser verschmutzen. Ihr Kot kann zu Algenwuchs und Sauerstoffabnahme führen, wodurch manche Pflanzen und Tiere Schwierigkeiten bekommen können. »Es gibt schon Naturgebiete, wie etwa in Aalter, in denen die Eutrophierung des Wassers Probleme verursacht«, sagt Björn, ein dünner junger Mann mit einer kleinen Brille.

In den zwischen Strommasten gelegenen Tümpeln von Kallo sind bereits viele Rietbüschel mit einem Drahtgitter abgeschirmt. Ein komischer Anblick. Wenn man über die kleinen Holzstege geht, sieht man an den Ufern überall eine Schicht Gänsekot. Die Disteln und Brennnesseln schießen dadurch umso saftiger in die Höhe.

Wir stoßen auf den Kadaver einer Graugans. Das Werk eines Fuchses, meint Björn und deutet mit der Stiefelspitze auf schwarze Exkremente. »Leider frisst der Fuchs nicht nur Gänse, sondern auch geschützte Vögel, wodurch wir unsere Zielvorgaben nicht erreichen.«

Ein Stück weiter wird eine Brutinsel mit einem Stromzaun vor Füchsen geschützt, was eigentlich ganz gut geklappt hat, bis die Batterie eines Tages leer war und ein Fuchs eindringen und die Nester plündern konnte.

Die Rattenbekämpfer gehen mit Langschäftern ins Wasser. Sie treiben die Graugänse mit zwei Booten zu einer großen Reuse, die sie am Abend zuvor aufgestellt haben. Karel, ein junger Waasländer mit Pferdeschwanz und nervösem Lachen, sagt, dass sie in den vergangenen drei Jahren schon siebentausend Gänse eingefangen haben. Vor allem kanadische Gänse, die als »invasive Exoten« in Europa bekämpft werden müssen, genau wie die Bisamratte, der Waschbär und der Ochsenfrosch. Weil die Bisamratten beinahe ausgerottet sind, lassen sich die Rattenfänger mit europäischen Fördergeldern zu Gänsefängern umschulen.

Die beste Zeit, um Gänse zu fangen, ist die Mauserzeit im Mai und Juni. Dann verlieren sie ihre Schwungfedern und können einen Monat nicht fliegen. Außerdem sind die Jungen noch nicht flugtüchtig. Früher im Jahr wird manchmal auch eine »Nestbehandlung« durchgeführt. Die Eier werden gequirlt, durchbohrt oder in Öl getaucht, wodurch die Embryos sterben, eine sehr arbeitsintensive und nicht immer erfolgreiche Methode.

Heute ist es das erste Mal, dass die Rattenfänger eine gezielte Aktion gegen die einheimische Graugans organisieren. Vor einem Jahrhundert war sie im Beneluxgebiet als Brutgans so gut wie ausgestorben. In den fünfziger Jahren wurde von Graf Léon Lippens eine Gänsekolonie aus Osteuropa in den Zwin ausgesetzt. Die Zwingänse vermischten sich mit anderen Gänsen und kolonisierten Zeeuws-Vlaanderen, mit Saeftinghe als Zentrum. Ab den sechziger Jahren wurden die Oostvaardersplassen bei Lelystad zum idealen Gänsegebiet. Aber in der letzten Zeit vermehren sie sich, besonders durch die gezügelte Jagd und die Erweiterung der Feuchtwiesen, explosionsartig.

Es stellt sich heraus, dass die Graugans schwieriger zu fangen ist als die Kanadagans. Das hat Karel bereits befürchtet. Ich beobachte, wie die sich mausernden Gänse, die Köpfe flach über der Wasseroberfläche, listig im Schilf wegschnellen, während die Rattenfänger mit dem Mut der Verzweiflung hinterherpaddeln.

Über uns hängt ein beißender Geruch der nahen Chemiefabriken. Die Hochspannungsleitungen knistern in der feuchten Luft. Ich verfolge die zeitraubende Arbeit aus einiger Entfernung, gemeinsam mit Björn, der mich ab und zu auf einen bemerkenswerten Vogel aufmerksam macht. Als Vogelfreund hat er eine Vorliebe für diese Schilffelder, in denen Rohr- und Zwergdommeln brüten.

»Ein schöner Ort für Twitchers«, sagt er.

»Twitchers?«

»Ja, Beobachter, die scharf auf seltene Vogelarten sind und auf Listen verzeichnen, wie viele sie schon gesehen haben. Die Entdeckungen werden dann auf speziellen Webseiten bekanntgegeben.«

Er selbst kommt mit seiner Liste auf 340. Eine seiner schönsten »Seltenheiten« ist eine Katzendrossel beim Schleusenhaus in Kallo gewesen, ein amerikanischer Vogel, der ein miauendes Geräusch von sich gibt und als blinder Passagier mit dem Schiff ins Land gekommen ist. Begeistert sind alle Naturschützer aus dem Schleusenhaus nach draußen gestürmt, und nachdem Björn seine Entdeckung auch mit dem Smartphone publik gemacht hatte, kamen die Twitchers von nah und fern mit Vollgas angefahren, sogar aus dem Ausland. Am nächsten Tag war die Katzendrossel plötzlich verschwunden.

»Aber ist es nicht so«, fühle ich vorsichtig vor, »dass die Graugans eine geschützte Art ist und damit gerade eine Zielart der neuen Naturgebiete?«

»Natürlich«, sagt Björn, »aber trotzdem kann man sie in bestimmten Perioden und unter bestimmten Bedingungen jagen. Und hier ist es nun einmal dringend notwendig, oder es gerät, wie schon mit der Kanadagans, außer Kontrolle.«

»Und die Kanadagans ist ein Exot, der von jedem bekämpft werden darf?«

»Ja, hätten wir das bereits in den siebziger Jahren nach den ersten Brutzeiten getan, wäre das nie so schiefgegangen. Deshalb habe ich in der letzten Zeit auch ziemlich viele Schwarzkopfruderenten totgeschossen.«

Die Schwarzkopfruderente ist eine der schönsten Enten, die es gibt. Eine kastanienrote Tauchente mit blauem Schnabel und graubraunen Schwanzfedern, die wie eine Haifischflosse emporragen. Der Erpel hat einen besonders mächtig beschaffenen, schraubenförmigen Penis. Und was er damit nach einer prachtvollen Balz alles so angestellt hat, ist nun eben das Problem.

»Es ist ein amerikanischer Exot, der durch Hybridisierung eine Bedrohung für die seltene europäische Weißkopfruderente darstellt«, erklärt mir Björn.

»Meinst du damit, sie haben Sex, Björn? Und dass ihre Reinrassigkeit in Gefahr ist?«

»Ja, es führt zu Bastardbildung, was auf die Dauer zum Aussterben der reinen Weißkopfruderente führen kann, die heute sowieso nur noch in Spanien vorkommt.«

»Aber bei uns gibt es doch lediglich einige wenige Schwarzkopfruderenten, und die Weißkopfruderente kommt überhaupt nicht mehr vor. Also werden sie hier auch keinen Sex haben.«

»Es geht ums Prinzip und um europäische Auflagen«, sagt Björn leicht gelangweilt.

Jetzt, wo wir zusammen am Ufer sitzen, kann ich es nicht lassen. Ich muss ihn nach dem fatalen Zwischenfall mit dem Drahtseil fragen, der nur einen Steinwurf weiter von jemandem gespannt wurde und einige Motocross-Fahrer beinahe enthauptet hat. Der Untersuchungsrichter strengte damals Ermittlungen wegen versuchten Mordes an, und auch Björn wurde ausführlich verhört. Seit darüber ein scharfzüngiger Artikel in *De Wase Koerier* erschienen ist, schauen viele Polderbewohner den Naturwächter schief an.

»Das war eine fürchterliche Erfahrung«, sagt Björn nervös. »Ich sitze lieber auf der anderen Seite des Verhörtischs, so viel ist sicher. Die Motocross-Fahrer haben die Natur gestört, aber wir haben sie allein mit Rechtsmitteln bekämpft. Die Untersuchung hat bewiesen, dass ich mit den Zwischenfällen nichts zu tun hatte. Aus meinen Mobilfunkdaten hat sich gezeigt, dass ich noch nicht einmal in der Nähe war, als es passiert ist.«

Er stammt nicht aus dieser Gegend und bleibt sicherheitshalber in der Umgebung von Gent wohnen, sagt er selbst. »Es ist nicht zu glauben, wie oft sie hier die Umzäunung der

Naturgebiete niedergerissen haben, so dass die wilden Konikpferde sogar auf die Straße gelaufen sind. Wir haben die Saboteure nie erwischt.«

Die Rattenfänger stapfen aus dem Wasser, in ihren Armen zappelnde Gänse. Sie stopfen sie in Käfige, die auf einem Anhänger stehen. Karel Van Moer ist enttäuscht, weil sie nur dreißig erwischt haben. Manchmal kriegen sie Hunderte bei einem einzigen Fang. Auch Björn ist absolut nicht zufrieden und sagt, dass er dann wohl selbst die Graugänse vom Deich aus abschießen wird. Er will schon sein Jagdgewehr aus dem Pick-up holen, doch Karel beschwört ihn, den Rattenfängern noch einen zweiten Versuch zu lassen.

Während sie noch lebhaft beratschlagen, gehe ich bedächtig zum Anhänger mit den Käfigen hinüber. Zwischen den dreißig Gefangenen sitzen eine Menge piepende Küken. Und eine weiße Bauerngans, die mich sehr an meine eigene erinnert. An ihrem gestreckten Hals sehe ich, wie angespannt sie ist. Die Nackenfedern stehen ihr zu Berge. Der orangefarbene Schnabel ist weit geöffnet. Blaue, ängstliche Augen.

»Gackgack«, jammert sie leise.

»Quackquack«, antworte ich tröstend.

Als die Operation beendet ist, sagt Karel, dass die dreißig Gänse »euthanasiert« werden. Euthanasie, geschieht das nicht auf eigenen Wunsch? Ja, gut, sie bekommen vom Tierarzt eine Spritze mit T 61. Eine andere Alternative ist, so steht es in den Broschüren, die Karel mir mitgibt, die »zervikale Dislokation«: einfach den Hals umdrehen. Die toten Gänse kommen anschließend zu einem Tierkörperverwerter, auch wenn Karel sich für eine »sinnvolle Folgeprozedur« einsetzt. Damit meint er, dass wir sie besser essen sollten, natürlich erst nach langer Schmorzeit, denn das Fleisch ist zäh.

Ich lese zu meiner Verwunderung, dass ein Gänseabkommen der *G-7* in Vorbereitung ist. Die *Gänse-7* ist ein Zusammenschluss von sieben niederländischen Natur- und Landwirtschaftsorganisationen. Sie haben vereinbart, die Gänsepopulation wieder auf den Stand von 2005 zurückzubringen. Darum müssen innerhalb von fünf Jahren mehr als eine Million Gänse abgeschossen oder vergast werden. Auch die niederländische Vogelschutzorganisation, *Vogelbescherming Nederland* hat diesem »Massenmord an Gänsen« zugestimmt, wie die Maßnahme von wütenden Tierschützern genannt wird.

Der Schutz der Gänse, einer der größten Erfolge der Naturschutzpolitik, wird nun von *G-7* sehr negativ beschrieben, weil die Tiere ökologischen und ökonomischen Schaden anrichten. Sie sind allgegenwärtig, sie scheißen, sie stinken, sie mausern sich, sie beißen und picken, sie machen Lärm, sie vermehren sich wie Ratten, sie werden gut fünfzig Jahre alt, sie übertragen Krankheiten wie Salmonellen, sie fressen alles kahl, sie bedrohen die Biodiversität, sie stoßen mit Flugzeugen zusammen. Rund um Schiphol sollen sie angeblich vergast werden, um die Zahl der *birdstrikes* möglichst gering zu halten.

In einer anderen Publikation lese ich, dass der berühmte Gänseexperte und Nobelpreisträger Konrad Lorenz sich während des Kriegs den Nazis angeschlossen hat, was ich nicht wusste. Er arbeitete sogar für das Rassenamt und unterstützte das Eugenetikprogramm, darunter Zwangssterilisationen und Euthanasie bei angeblich minderwertigen Menschen. Professor Lorenz behauptete, dass domestizierte

Menschen genau wie domestizierte Tiere degeneriert seien. Das nannte er »Verhausschweinung«. Das Beispiel von Lorenz wird immer dann angeführt, um davor zu warnen, dass radikale Ökodiktatur in Extremismus und Totalitarismus umschlagen kann.

Den Rattenfängern zufolge soll dies ein gutes Rezept für eine Gänsepaté sein:

> *Gänsefleisch und Schweinebauch durch den Fleischwolf drehen. Alles mit Gewürzen und angeschwitzten Schalotten vermischen. Einen Schuss Cognac oder Portwein hinzufügen. Die Auflaufform abdecken und das Paté 60 Minuten bei 170 °C in den vorgeheizten Ofen stellen. Abkühlen lassen. Guten Appetit!*

***

Vom Groene Dijk aus sehe ich unseren Flachsacker. Die Pflanzen wiegen sich wie ein himmelblaues Meer hin und her. Die Flachsblumen sind beinahe verblüht. Ihre Saatkapseln glitzern im Sonnenschein. Die feinen, ranken Stiele haben fast ihre volle Länge erreicht. Ein Ringeltaubenschwarm lässt sich weiter hinten bei den Karnemelkputten nieder. Sie kümmern sich nicht um die roten Bänder, die mitten im Feld gespannt sind, um sie abzuschrecken. Ich schätze, dass schon ein Drittel des Flaches abgefressen wurde.

Der Jagdaufseher hat mich angerufen, um den Schaden zu melden. Das Werk von Gänsen und Tauben, behauptet Mon. Es liegt nicht in seiner Verantwortlichkeit, sondern in der des Naturgebiets. Er fügt noch hinzu, dass wir eine Entschädigung bei der *Agentschap Natuur en Bos* beantragen können. Aber dann wären wir dazu verpflichtet, präventive

Abschreckungsmittel einzusetzen, Fahnen, Bänder oder Vogelscheuchen.

Ich schreie und schwinge die Arme. Mit lautem Flügelklappern suchen die Tauben Deckung im *Reigersbos.* Ich laufe auf das Feld, atme die Luft ein, inspiziere den Schaden. Der Flachs flüstert und raschelt. Der gesamte anmutige Flachsacker ist in Bewegung. Die flimmrige Luft der Mittagsstunde lässt die Sicht verschwimmen. Hier im offenen Feld, verloren im zarten Licht, den Kopf im Wind, fühlt sich der Flachs wie ein weiches Fell an.

In alten Pachtbüchern habe ich gelesen, dass hier im Zaligem bereits im Mittelalter die Leinsaat des Flachses für die Gewinnung von Leinen und Leinöl ausgesät wurde. Jahrhundertelang war Flachs von großer Bedeutung für den Wohlstand in Flandern, aber auch, aufgrund von Missernten und dem Niedergang des Spinngewerbes als Heimarbeit, für die Verarmung. Anfang des 20. Jahrhunderts wurden hier noch zehn Prozent der Ackerfläche mit Flachs bestellt. Nach dem Zweiten Weltkrieg verschwand nahezu der gesamte Sektor, vor allem durch die Konkurrenz von Kunstfasern und Baumwolle. Flachs konnte allein mit europäischen Subventionen überleben, aber die hat man jetzt auch abgeschafft.

Ich fahre über die Grenze zu den Brüdern Van Looij, die den Flachs auf unserem Acker gesät haben, um die Formulare für den Schadenersatz auszufüllen. Sie sind die letzten großen Flachsbauern der Gegend. In den Zeeuwer Poldern stehen viele Getreidesorten, Kartoffeln, Zwiebeln und Tulpen, aber kaum noch Flachs. In Absdale, einem Dorf bei Hulst, das auch im *Reinaert de Vos* vorkommt, stehen neue Megaställe für viele hundert Kühe, die nie mehr auf die Weide dürfen. Eine richtige Milchfabrik im Besitz eines Bauern, der zuvor in Brabant enteignet wurde und der eines Tages, auf der Suche nach Mais, vor meiner Tür gestanden hat. Ein Stück weiter Richtung Küste verpflichtet die Gemeinde Oostburg die Bauern dazu, die Kühe wieder auf die Weiden zu treiben, damit Touristen noch etwas zu sehen bekommen.

Koewacht, Flachsdorf. Viele »Zu verkaufen«-Schilder, denn auch hier schlägt die Entvölkerungspolitik von Zeeuws-Vlaanderen zu. Vor einem halben Jahrhundert haben noch achtzig Prozent der Einwohner von Koewacht in der Flachsindustrie gearbeitet. Das kann man in diesem Grenzdorf noch überall erkennen. Es gibt das Gemeinschaftszentrum »De Vlaschaard« (der Flachsacker), das Museum »'t Vlasschuurke« (die Flachsscheune), die Schule »De Vlaswiek« (das Flachsbündel). Es gibt einen Flachsradweg und das Standbild des Flachsschwingers bei der Kirche.

Auf dem Weg nach Sint-Jansteen steht, in dritter Generation, der Betrieb der Brüder Van Looij. In einer großen Lagerhalle finde ich Honny und Karel, zwei Männer um die fünfzig in grauen Overalls, die heute schon seit sieben Uhr in der Früh Flachs schwingen. Die meterlange Maschine lockert lautstark und Staub aufwirbelnd die kostbaren Fasern. Die langen Fasern werden für die Leinenproduktion verwendet, die kurzen gehen zur Spanplattenfabrik in Koewacht. Die Saatkapseln werden separat verarbeitet.

Ich blicke mich um. Schon ihr ganzes Leben arbeiten die beiden Brüder zusammen und haben einander noch nie im Stich gelassen. Die Aufgaben haben sie, je nach Vorliebe und Können, aufgeteilt, und sie ergänzen sich perfekt. Ab und an rufen sie sich etwas zu, dann geht die Arbeit schweigend weiter.

»Seit über sechstausend Jahren wird Flachs angebaut«, sagt Karel, der von Haus aus Physiklehrer ist. Während der Kaffeepause im Büro vorne in der Halle gibt er mit Begeisterung in der Stimme einen historischen Abriss. »Im alten Ägypten hatten sie schon prachtvollen Flachs. Sogar Christus wurde in ein Leinentuch gewickelt …«

An der Wand hängt eine große Landkarte, die mit Stecknadeln übersät ist. Eine Nadel steckt auch in unserem Feld. Im Küstengebiet zwischen Holland und der Normandie, wo das ideale Klima herrscht, haben sie siebenhundert Hektar Flachs stehen. Sie weichen als »Flachsflüchtlinge« immer stärker in die Normandie aus, weil die Niederlande das Flachsgewerbe in keiner Art und Weise mehr unterstützen. In Frankreich sei das noch anders, gerade um der Krise auf dem Land entgegenzuwirken. Zudem gerät der Zeeuwer Grund auch immer mehr unter Druck, als Folge der Antwerpener Enteignungspolitik, aber auch wegen der Einwanderung von Bauern aus Brabant, die für Natur- und Industriegebiete bereits enteignet wurden.

Die bedachtsamen Brüder haben noch große Flachsäcker im Polder von Verrebroek, die im nächsten Jahr in ein Firmengelände umgewandelt werden, und auch im Hedwigepolder, der Schorrengebiet werden soll. Also werden sie in Zukunft noch mehr Zeeuwer Flachs in der Normandie anbauen. Sie belegen in Sint-Niklaas schon einen Abendkurs für Französisch.

Es nieselt, als wir eine Woche später zu dritt am Flachsacker neben dem Reigersbos stehen. Die Brüder Van Looij hatten zwar früher mit Gänsefraß zu tun, aber noch nie mit einem Schaden dieses Ausmaßes durch Tauben. Sie sind zuversichtlich, denn in den Niederlanden ist die Schadensabwicklung nur eine Formalität. Der Jagdaufseher kommt dazu. Mon behauptet, dass ein paar Dutzend Ringeltauben ein Feld wie eine Herde Kühe abgrasen können. Sie würden sich auf die Stängel fallen lassen, damit diese umknicken, und danach picken sie die Körner einfach vom Boden.

»Mon, als Jagdaufseher ist es doch deine Pflicht, all die Tauben abzuschießen«, sage ich energisch.

»Nein, nicht wenn sie aus einem Naturgebiet kommen«, sagt er. »Vor ein paar Jahren hat mir *Natuurpunt* deshalb eine Klage aufgebrummt.«

Oben auf dem Deich tauchen drei Beamte der *Agentschap Natuur en Bos* auf, mit Fotoapparaten um den Hals und Akten unterm Arm. Sie ziehen sich Stiefel an. Mit einer siebenköpfigen Delegation schreiten sie durch den Flachs, der klatschnass vom Regen ist. Auch bei mir klebt der feuchte Lehm an den Schuhen. Die abgebissenen Pflanzen sind in der letzten Woche wieder tüchtig in die Höhe geschossen. Der Flachs zeigt seine enorme Lebenskraft.

Honny Van Looij zieht mit einem Ruck eine Pflanze aus der Erde, weist auf die Stelle, wo sie abgebissen wurde, und erklärt, dass der heutige Wildwuchs keine langen Fasern für Leinen mehr liefert. »Dreizack« nennt er diese gespaltenen Stängel, die nur noch für Spanplatten zu gebrauchen sind.

Zurück auf dem Deich, werden die Dokumente aufgesetzt – ein kurioses Bild für die vorbeikommenden Bauern.

»Der Schaden erscheint uns evident«, sagt einer der Beamten.

»Die Naturgebiete mag ich ja gerne«, sagt Karel und blickt zu den Karnemelkplassen. »Aber Flachs ist doch auch schöne Natur, nicht wahr?«

Die Beamten lächeln, antworten aber nicht. Die beiden Brüder unterschreiben. Ich auch.

Sehr zum Befremden der Zeeuwer Flachser erreicht mich kurze Zeit später ein lakonischer Brief der *Agentschap Natuur en Bos*: »Sehr geehrter Herr, Ihr Ersuchen nach Schadensersatz wurde geprüft und abgewiesen. Wir verstehen, dass Flachsacker für Ringeltauben als Ruhe- und Beobachtungsposten sehr verlockend sein können. Aber Sie konnten nicht glaubhaft erklären, dass die Tauben aus dem Naturgebiet stammen.«

***

Ich streife durch den Zaligem. Die Stelle im Klein Paradijs, an der nach meiner Erinnerung meine Schutzhütte gestanden hat, ist völlig verwahrlost und überwuchert. Auf der anderen Seite des Zaligemdijks liegt ein kleiner Polder, der heute als das Rietland bekannt ist, aber von den Bauern immer der *Koeye* genannt wurde. Auf alten Karten wird er auch als der *Polder der Verloren Kost* bezeichnet, weil die Landwirtschaft dort fast nichts eingebracht hat. Die sumpfigen Böden reichen bis zu einem Sandweg, der nicht zufällig *Waterstraat* heißt.

Als ich dort ankomme, kriege ich erst einmal einen Schreck und muss schlucken. In den letzten Tagen wurden hier ein paar hundert Pappeln mit Kettensägen gefällt. Sie liegen in ihrer nackten Rinde kreuz und quer an der Allee im Moorland und in den Morasten. Nur ein paar Sprösslinge stehen noch aufrecht.

Wo die Straße den Wasserlauf kreuzt, der zur Grote Geule fließt, steht eine riesige Stauanlage aus Beton mit eingebautem Migrationskanal für Fische. Das Wasser hier steht auffallend hoch. Die Straße ist jetzt wieder ein Sandweg und verkehrsfrei.

Anscheinend hat der Deichvorstand die Bäume nach einer Übereinkunft mit *Natuurpunt* beseitigen lassen, die einen Prozess gewonnen haben, der sich ein Vierteljahrhundert hingezogen hat. *Natuurpunt* hatte seinerzeit Klage eingereicht, weil als Folge der Flurbereinigung in den achtziger Jahren die Straße asphaltiert und der Wasserspiegel gesenkt worden war, wodurch Naturwerte verlorengegangen sind. Nach einer endlosen Prozess-Schlacht hat der Richter ihnen recht gegeben und die nötigen »Wiederherstellungsmaßnahmen« angeordnet.

Ich gehe durch die Koeyestraat, noch immer ein matschiger Sandweg, der sich in weiten Kurven einen Weg durch das Schilf bahnt. Zu beiden Seiten liegen Äcker und Weiden. Ganz am Ende, in einer Ecke zwischen zwei Armen des Wasserlaufs, liegt unser Feld, ein Pachtgrundstück, das jahrzehntelang von meinen Eltern als Weide genutzt wurde.

Hier habe ich, wie schon mein Bruder in den letzten Jahren, Mais gesät. Die jungen, gelblichen Pflanzen stehen in geraden Linien zitternd im Wind. Dazwischen sind immer mal wieder kahle Stellen zu erkennen, die mir Sorgen bereiten. Der klumpige Boden ist hart wie Beton. Wenn man aber mit dem Spaten tief gräbt, ist die Erde feucht und schwammig. Als würde man schon im Torf sein. Quellgrund.

An einer kahlen Stelle grabe ich tief, schöpfe meine Hände voll Erde, siebe sie, wie ein Goldgräber den Sand, durch meine Finger. Nach langem Suchen finde ich noch einige aufgekeimte Samen. Die Saat lebt also noch. Und Mais kann noch bis in den Spätherbst wachsen und großen Rückstand aufholen.

Erst seit den siebziger Jahren wird hier Mais angebaut. Rasch wurde er zur wichtigsten Ackerpflanze mit hohem Nährwert für das Vieh, die auf fast jedem Boden wachsen kann und zudem über große Kapazitäten verfügt, den Dung aufzunehmen. Letzteres ist einer der Gründe, weshalb die Grünen nichts für Mais übrighaben. So gilt hier in der *Koeye* seit einigen Jahren das Verbot, den Dung auszubringen, und das senkt den Ertrag empfindlich. Doch ich bin immer wieder überwältigt, wenn ich zwischen hohen Mauern aus Mais herumlaufe, als wäre ich in einer Zuckerrohrplantage auf Haiti.

Ich setze mich ans Ufer und nehme die Umgebung in mich auf. Den Wasserlauf voll gelber Teichrosen und Mummeln. Die Kappweiden und Rohrkolben. Der Ruf des Kuckucks, ein Geräusch, das mir aus meiner Jugend so vertraut ist. Die Kiebitze, die hier durch die Luft taumeln. Zwei Reiher, die nahe bei den grasenden Kühen stehen. Vier große Gänse mit Küken auf unserem Maisfeld. Vor ein paar Monaten habe ich hier gut fünfhundert Kanada- und Graugänse gezählt. Zufrieden habe ich zugesehen, wie sie, trotz des Verbots, unseren Acker tüchtig gedüngt haben. Ich habe schnell nachgerechnet: Eine Gans produziert täglich ein halbes Kilo Dung, das sind bei 500 Gänsen gut 7500 Kilo pro Monat, eine ganze Mistladung! Ein Stück weiter hinten am Wasserlauf hatte damals gerade jemand einen Fuchsbau vergast, was ich schlimm gefunden habe. Am Eingang des Baus lagen noch Dutzende totgebissene Enten, Fasanen, Ratten, Kaninchen und Hasen.

Warum hat mein Bruder vor zwanzig Jahren eigentlich die Wiese, die hier früher gewesen ist, umgepflügt? Wegen des niedrigeren Pegelstands, gegen den *Natuurpunt* so lang prozessiert hat? Weil dadurch das Land trockengelegt und somit bearbeitet werden konnte? Oder weil es für ihn als jungen Bauern sicherlich nicht leicht gewesen wäre, hier auf der Weide, viele Kilometer vom Bauernhof entfernt, ein paar Kühe zu halten?

Ich sehe uns noch mit einer störrischen Färse über diesen Sandweg voller Pfützen und Kuhlen laufen, mein Bruder mit dem Seil in der Hand, ich in kurzen Hosen hinterher, hopp, hopp, ein einziges Ziehen und Schieben, weil sie alle naselang halsstarrig stehen blieb. Wenn die Färse sich gar nicht mehr bewegen ließ, musste ich ihr mit aller Kraft den Schwanz zwirbeln, bis sie sich ächzend wieder in Gang setzte. Allerdings nur für zehn Meter. Und dann noch einmal das ganze Spiel.

Als wir Stunden später an der Wiese angekommen waren, mussten wir den elektrischen Weidezaun einschalten. Mein Bruder hielt ein Büschel Gras an den Draht, um zu sehen, ob schon Strom darauf war. Dann drückte er die Färse mit ihrer feuchten Nase dagegen, damit sie lernt, sich vom Zaun fernzuhalten. Sie sprang muhend rückwärts und rempelte ihn zu Boden. Er fluchte.

Als er ihr die Schlinge über den Kopf ziehen wollte, bemerkte ich, dass das Seil ihr bestimmt einen Zentimeter tief ins Fleisch geschnitten hatte. Es war eine blutige, eitrige Wunde. Er zerrte das Seil herunter und die Färse brüllte wieder, als würde sie sterben.

Ich konnte es nicht mehr mitansehen. Kurz zuvor habe ich ein kreischendes Schwein an den Vorderbeinen festhalten müssen, während mein Bruder ihm die Kehle durchgeschnitten hat, dass das Blut nur so strömte. Das Schwein hat noch gezappelt und gezuckt. Ich spürte, wie sein Leben wegsickerte. Eine Notschlachtung, wie es öfter vorkam. Ich hatte gerade mein Studium beendet und war für ein paar Monate zu Hause, während ich Arbeit suchte.

»Die Färse blutet, das ist pure Tierquälerei«, rief ich.

»Halt den Mund, ist nicht meine Schuld.«

»Das Tier hat den ganzen Weg über Schmerzen gehabt.«

»Lass mich in Ruhe und geh zu deinen Vögeln oder Büchern«, rief er wütend.

Es lief wieder auf Streit hinaus, er warf mir sogar noch einen Erdklumpen hinterher. Mein Bruder war mir so fern. Abends fing Ma wieder zu jammern an: »Kain und Abel waren zwei Brüder ...«

***

Ein Stück weiter steht das *Natuurhuis Panneweel.* Erik Rombaut ist einer der Mitbegründer. Er ist Biologe, lehrt Ökologie und schreibt darüber eindrucksvolle Texte. In den achtziger Jahren hat er bereits für die Flurbereinigung eine ökologische Studie erstellt, in der schon damals die Maßnahmen aufgeführt waren, die das Gericht nun verhängt hat.

Seine Studie sei nur Tarnung gewesen, sagt er, als ich bei ihm vorbeischaue. Nach der Flurbereinigung verschwanden immer mehr Weiden und Heuwiesen. Die intensive Landwirtschaft mit ihrer Schwemme an Dung und Pestiziden rückte beständig vor. Böden wurden dräiniert, Wassergräben begradigt, Gehölzkanten gerodet und Sandwege befestigt.

Obwohl die Umweltbelastung durch die Landwirtschaft seit den neunziger Jahren schon merklich eingedämmt wurde, hält er den Polder immer noch für ökologisches Katastrophengebiet: »Die Wasserqualität der Wasserläufe und Bäche bleibt schlecht. Es gibt immer noch zu viel Zustrom und Emissionen von Schadstoffen, wodurch seltene Pflanzen und Tiere aussterben. All die Jahre der Überdüngung und Austrocknung haben aggressive, abiotische Konditionen geschaffen, die nur für die Opportunisten oder Kulturfolger gut sind. Dohlen, Ringeltauben, Kakerlaken, Brennnesseln, Disteln. Zwanzig Prozent der Arten. Aber die Biodiversität verschlechtert sich weiterhin. Die Rohrdommel ist bereits verschwunden. Das einzige Rezept dagegen ist genau das, was ich schon in den achtziger Jahren gefordert habe: Vernässung und Bodenverarmung.«

Die heutigen Renaturierungsmaßnahmen sieht er als ersten Schritt in die richtige Richtung. Was wird aus dem Gebiet in der ferneren Zukunft? Aus dem Rietland muss Sumpfgebiet werden: *Wetlands.* Mit großen Grasern. »Die *Oostvaardersplassen* im Kleinformat«, meint Erik Rombaut, der sich selbst als einen Anhänger von Frans Vera bezeichnet. Erik will Otter, Biber und andere wilde Tiere aussetzen, »und dann kommt der Wolf von selbst zurück«. Die Wildnis klopft an unsere Tür, und wir müssen sie sperrangelweit öffnen. Auch eine Folge der Landwirtschaftskrise und Landflucht in großen Teilen Europas.

Er gibt mir ein Buch von Frans Vera mit, das er das Evangelium der Naturschützer nennt: *Wildernis in Nederland.* Vera findet kultivierte Natur degeneriert und plädiert für ein radikales Trennungsmodell. Die Landwirtschaft sollte weiter intensiviert werden, damit umso mehr Bodenfläche für die neue Natur freikommt. Ich lese den letzten Satz des Buchs: »Die neue Wildnis wird uns das Paradies, das wir verloren und beinahe vergessen haben, wieder zurückbringen.«

Im Zaligempolder wird Erik zufolge nur noch etwas »arkadische Landwirtschaft« wie im neunzehnten Jahrhundert übrig bleiben, mit Sträucher- und Baumhecken und Wasserläufen, die sich wieder schlängeln sollen. Verwaltete landwirtschaftliche Nutzung gibt es dann nur gegen Bezahlung, verbunden mit allen Möglichkeiten der Erholung. Die Genehmigung, das *Natuurhuis Panneweel* zu einem Besucherzentrum auszubauen, wurde bereits beantragt.

In einem Faltblatt, das in meinem Briefkasten steckte, gibt *Natuurpunt* bekannt, dass sie weitere neun Hektar im Zaligem angekauft haben. Den Löwenanteil des Geldes hat die Regierung bezuschusst, aber es müssen noch 135 000 Euro aufgetrieben werden, und dazu wird die Öffentlichkeit angesprochen. Der Erwerb von Grundstücken ist die beste Art des Naturschutzes, steht im Faltblatt.

»So wird das Feuchtgebiet allmählich wieder zu dem seligen Landstrich, der er früher gewesen ist«, sagt Erik abschließend.

Es muss an mir liegen. Nie habe ich das Gefühl: Zu schade, dass die wasserkranken Heuwiesen verschwunden sind. Ich denke immer: Wie schön diese vielseitige Landschaft aus Äckern, Wiesen, Bäumen, Tümpeln und Wasserläufen doch ist. Ist es denn so schlimm, dass die Rohrdommel hier im Waasener Zaligem »ausgestorben« ist, aber nun ein Stück weiter im Zeeuwer Saeftinghe brütet?

Zurück auf dem Bauernhof, bemerke ich, wie Hunderte Vögel um das Wasserreservoir des benachbarten Tomatenbetriebs kreisen. Kormorane, Silbermöwen, Enten und Gänse stören sich nicht an den Pumpen, die das Wasser mit viel Getöse durch die Rohre jagen. Als ich auf den mit schwarzem Segeltuch abgedeckten Damm klettere, fällt mir auf, wie ein hitziger roter Erpel mit aufragendem Schwanzgefieder, das wie eine Haifischflosse aussieht, einigen Enten nachstellt. Unverkennbar ein roter Schwarzkopfrudererpel, der mit dem großen Penis. Der nur hier ist, um unsere Wasservögel zu schänden, und der von der EU zum Abschuss freigegeben ist. Aber ich habe nur einen alten Revolver ohne Kugeln auf dem Dachboden. Was soll ich tun? Björn anrufen?

***

Ich betrachte die Windräder vor dem Haus und denke an die Artefakte des Klosters, die noch unter unserem Feld liegen. Eine mysteriöse unterirdische Welt, von der ich inzwischen eine beachtliche Kollektion aus Bruchstücken und Scherben gesammelt habe, die ich hege und pflege. Sie sind nichts wert, aber es geht mir nicht um ihren Wert, es geht um die Echtheit, das Alter. Sie rufen Bilder von den ersten Menschen herauf, die hier die Sümpfe urbar gemacht haben.

Ich bin zur Polderverwaltung und zum Staatsarchiv gegangen, um aus alten Beschlussakten, Pachtbüchern und Chroniken ein paar grundlegende Fakten über die Geschichte der Pioniere zusammenzutragen. Die 1136 gegründete Abtei Zaligem wurde später ein Kloster mit einem »Filialkloster« unter der Vormundschaft der Mutterabtei in Drongen. Als es mit dem gewinnbringenden Torfabbau vorbei war, ging man in den folgenden Jahrhunderten dazu über, die trockengelegten Böden zu verpachten. Auch der Klosterbauernhof, der »Hof von Zaligem«, wurde laut den Chroniken seit 1392 verpachtet.

Die »Herrschaft von Zaligem«, deren Herr der Abt von

Drongen war, wurde sogar zu einer eigenständigen administrativen Einheit, mit eigenem Vogt und eigenem Gericht. Im Kloster lebten nur einige Brüder, die sich mit der Verwaltung und den Gottesdiensten beschäftigten. 1463 wurden noch Ausgaben für neue Fenster für die Kapelle notiert. Verschiedene Male wurden die Brüder nach Stürmen und Überschwemmungen abgezogen. Besonders schwere Schäden gab es nach der Allerheiligenflut im Jahre 1570.

Die Flut kam zeitgleich mit dem Beginn der Religionskriege, die dem Kloster von Zaligem den Todesstoß versetzten. Um 1570 wurden viele Kirchen in dieser Frontlinie von Geusen geplündert und zerstört. Unter dem Titel *Villa Saliggam* und in feinster Mönchsschrift ist in einer Chronik zu lesen, dass der Hof von Zaligem von den Calvinisten verkauft wurde: ein Gut von 121 Gemeten*, »nebst einer Getreidewindmühle«, außerdem ein Steinhaus, teilweise zerstört, Scheunen, Stallungen, Wagenhaus und Kapelle. Auf dem Hof gab es 54 Bäume, »Nutzholz« und 32 Obstbäume. Vor dem Eingang lag eine Allee mit 135 Kappweiden, 35 Eichen und einer Linde.

Nach den Überschwemmungen für die Schlacht um Antwerpen stand alles jahrzehntelang unter Wasser. Auf einer spanischen figurativen Landkarte aus dieser Zeit ist das Kloster noch eingezeichnet. 1615 wurde das Gebiet wieder eingepoldert. Dem Eindeichungsvertrag zufolge wurde der Auftrag an eine Nord-Niederländische »Clique aus Partizipanten« vergeben, die auch Doel wieder trockenlegte. 1624 ordnete der Abt von Drongen an, das Kloster von Zaligem

* Altes flämisches Flächenmaß. 121 Gemeten entsprechen ca. 4479 m^2. (Anm. d. Übers.)

endgültig abzureißen, vermutlich weil nur baufällige Gebäude übrig geblieben waren. Ein Jahr später, so die Chroniken, ertrank der Abt in der Schelde.

Bis Ende des achtzehnten Jahrhunderts kassierte Drongen noch Pachtgeld und den Kirchenzehnt. Das Wappen der Abtei zierten ein weißer Schwan und der Spruch *Vita brevis* – das Leben ist kurz. Nach der Französischen Revolution wurde der ganze Drongener Besitz beschlagnahmt und, in einzelne Parzellen aufgeteilt, verkauft. Anfang des neunzehnten Jahrhunderts war unser Bauernhof, in fast derselben Gestalt und mit denselben Gebäuden wie heute, im Besitz der Familie De Rop, mit zahlreichen dort wohnenden Dienstmädchen, Knechten und Kuhhirten. Das sollte dann anderthalb Jahrhunderte so bleiben, bis zur Ankunft meiner Eltern im Jahre 1953.

Laut der ersten Urkunde wurde das Kloster von Zaligem an »einem Ort, bestimmt für ein gottgeweihtes Leben« errichtet, es war also durch Glaubensaufruhr gleichfalls entstanden und zugrunde gegangen. In den vergangenen Monaten habe ich mich auf unserem Feld, dem früheren »Kapellen-Acker«, mit verschiedenen Hobbyarchäologen darüber unterhalten. Sie zeigten mir nicht nur mittelalterliche Relikte, sondern auch prähistorische Pfeilspitzen, Schrappeisen, Pfrieme und Keile, die primitivsten Landwirtschaftswerkzeuge. Bereits Tausende Jahre vor der ersten Eindeichung wurde hier Landbau betrieben. Aber das Ende ist nah.

***

Entlang der Nationalstraße hat ein Ackerbauer mitten in seinem Feld ein großes Schild aufgestellt: »Hier wächst das

Polderbrot.« Der jetzt rasch wachsende Winterweizen färbt sich schon gelb. Die Äcker bersten vor Wachstumskraft, seit der Regen eingesetzt hat. Beim Duikeldam bemerke ich ein altes japanisches Auto auf einem Bauernkarren, das als Abschreckung für die Gänse dient. Auch auf anderen Äckern stehen mit einem Mal Autowracks auf Karren. Beklommen denke ich an unseren abgefressenen Flachs. In einem Weizenfeld sehe ich zum ersten Mal den *Scary Man*, eine riesige, aufblasbare Vogelscheuche, die aus dem Korn emporragt und Geräusche wie eine Sirene von sich gibt. Die Vögel ergreifen kreischend die Flucht. Aber sobald sie herausfinden, dass *Scary Man* nur aus Plastik ist, kommen sie wieder und picken das Getreide zu seinen Füßen.

»Hast du was?«, fragt Ma, als ich in ihr Zimmer trete. Ihr Radar für Rückschläge funktioniert noch tadellos. Sie spürt instinktiv, wenn etwas nicht stimmt.

»Die Ringeltauben fallen über unseren Flachs her. Mon sagt, er darf sie nicht abschießen, weil sie aus dem Naturgebiet kommen.«

»Welcher Mon?«

»Mon, der Jagdaufseher. Er ist doch immer auf den Hof gekommen, um die Jagdpacht zu bezahlen …«

Sie peinigt ihr Gehirn, ringt immer häufiger mit ihrem Gedächtnis, was sie äußerst beunruhigt: »Bald lande ich im livingroom bei den senilen Alten.«

Auf ihrem Tisch liegt ein Zettel, auf dem sie versucht hat, ihren Namen zu kritzeln. Sie kann unmöglich noch ihr Bankkonto selbst verwalten, sie kann mit ihrer verkrampften, immer mehr zitternden Hand auch nicht mehr unterschreiben, übt es anscheinend aber noch. Sie findet es so schlimm, dass sie jetzt, erst jetzt, nach Monaten des Grübelns und Sinnierens, eine Vollmacht hat geben müssen. Sie hat ein Leben lang die Geldangelegenheiten geregelt, aber nun ist das vorbei, und das fällt ihr schwer.

Sie sitzt in ihrem Rollstuhl, schief weggesackt und zusammengekrümmt, das Gesicht voller Falten und Knitter, einen Speichelfaden im Mundwinkel. Doch ihre funkelnden Augen schreien: »Ich lebe noch, ich lebe noch, ich lebe noch!« Jeden Morgen ist sie beim Aufwachen überrascht und erleichtert, dass sie noch da ist, auch wenn sie hier nicht glücklich ist. Sie ist sich darüber im Klaren, dass sie dem Tod immer näher rückt, dem Tod, dem niemand entkommt, aber sie wird knurrend, kratzend und beißend untergehen, im Protest gegen das große Unrecht, welches das Sterben nun einmal ist.

Gleich um drei Uhr gehen wir zur »Pfannkuchenschlacht« hinunter in den Entspannungssaal. Davor fürchtet sie sich wie immer sehr. Sie isst zwar noch gerne und strengt sich auch richtig an, »um noch etwas länger zu leben«. Aber ich muss ihr die Bissen in den Mund stecken, und das findet sie beschämend. Andauernd schaut sie auf die Uhr.

»Dein Bruder hat in den letzten Jahren ziemlich gelitten«, sagt sie mit einem Mal. »Unter den grünen Männern.«

»Wen meinst du?«

»Weißt du das nicht mehr, dieser lästige Grüne, der auf seinen Traktor gesprungen ist und zu wettern anfing, weil seine Reifen Spuren im Modder hinterlassen haben.«

»Nein, das weiß ich nicht mehr.«

»Und dann auf dem Feld neben dem Wald, dort wo jetzt der Flachs steht. Das war das Schlimmste von allem.«

»Was ist da passiert?«

»Ach, du warst ja wieder nicht da. Die grünen Männer hatten am Feldrand Gezweig gepflanzt. Und das wuchs und wuchs. Bis es vollkommen über unserem Acker hing.«

Sie schüttelt den kleinen grauen Kopf.

»Und dann?«

»Dann hat er die überhängenden Zweige abgeschnitten«, sagt sie mit gebrochener Stimme. »Das ist doch normal? Aber abends kommt einer der grünen Männer auf den Hof gefahren. Es war schon fast dunkel. Der Mann hat sofort angefangen zu schreien, dass die Bäume ihnen gehören und er sie nicht anrühren darf. Geschrien, echt!«

»Und dann?«

»Dein Bruder hat natürlich gesagt: Dies ist mein Hof und wenn du nicht machst, dass du wegkommst, rufe ich die Polizei. Und hat die Tür zugeschlagen. Danach hat der Mann an die Fenster gehämmert und so gebrüllt, dass es in der ganzen Gegend zu hören war.«

»Was hat er gerufen?«

»Dass er es dabei nicht belassen werde und dass wir noch von ihm hören würden. Wir saßen zitternd im Dunkeln und sahen uns an. Wir haben den ganzen Abend nichts mehr gesagt, so mitgenommen waren wir.«

»Ich habe das gar nicht gewusst.«

»Wir haben uns andauernd Sorgen gemacht. All die neuen Vorschriften, Kontrollen, Bußgelder. Briefe vom Ministerium. Immer beunruhigt, ob wir vielleicht wieder irgendetwas falsch gemacht haben. Und dann die ganzen Formulare, die wir ausfüllen mussten.«

Letzteres weiß ich mittlerweile auch: Ich habe mir in den vergangenen Wochen den Kopf über den »Sammelantrag« für die Feldbestellung, die Angaben zum Dungeinsatz, die

Dokumente für mehrwertsteuerpflichtige Arbeit zerbrochen. Die Kontrollen werden auch immer schlimmer. Ein Lohnunternehmer, mit dem wir zusammenarbeiten, bekam bereits eine Verwarnung, weil die Beamten mittels Navigationssystem entdeckt haben, dass er einen Streifen Land versehentlich zweimal gedüngt hat.

»Mensch«, seufzt Ma, »wir hatten schon mit Nulldüngung zu tun, als wir doppelt so viele Tiere hatten wie früher. Die Mistgrube war manchmal rappelvoll.«

»Sie wollen die Wasserläufe der Geule schützen, Ma.«

»Ach, sei nicht so einfältig. Die grünen Männer glauben, dass ihnen alles gehört. Sie wollen die Herren des Polders sein. Sie wollen uns alles wegnehmen.«

»Wir können von Glück sagen, dass wir nicht enteignet wurden.«

»Nur, wie lange noch? Es rückt doch immer näher. Es interessiert doch niemanden mehr, was aus den Bauern wird. Wir hatten irgendwann einfach vor allem Angst.«

Sie schweigt abrupt, schaut wieder auf die Uhr. Es sind gerade einmal zehn Minuten vergangen. Sie ist fertig mit den Nerven. »Komm, lass uns gehen.«

Da fährt sie also, da fahren sie, meine Mutter und ihre Ängste, im Rollstuhl durch den Flur, besorgt wie immer.

Aber es hat immer genug Gründe für ihre Sorgen gegeben.

***

Manchmal ging einfach alles schief. Krankheit, Tod, Sturm, Hagel, Brand, Dürre, Überschwemmungen, Missernten, das waren die Schrecken der Natur, die ein Bauer, nur seufzend und klagend und betend, hinnehmen konnte. Was aber an jenem Sommermittag geschehen ist, war so, als hätte jemand eine Handgranate durchs Fenster geworfen.

Und damals war ich tatsächlich dabei. Es begann mit dem Telefonanruf meines Bruders in der Redaktion. Ich hörte seiner Stimme an, dass es ernst war. Ich konnte seine Erschütterung durch das Telefon spüren.

»Hey«, sagte er.

»Hey«, sagte ich.

»Hier gibt's eine Razzia.«

»Ich komme.«

Gegen Mittag kam ich an. Polizeiautos standen auf dem Hof. Ein Hubschrauber hing in der Luft. Es war ein Spektakel für die ganze Nachbarschaft. Die Hormon-Brigade durchsuchte ein Dutzend Bauernhöfe. Der Rinderwahn, die Dioxinkrise, die Vogelgrippe und die Maul- und Klauenseuche sind an uns vorübergezogen, der Hormonskandal nicht.

»Gut, dass du da bist«, sagte Ma mit zittriger Stimme.

Ich sah, wie meine Mutter halb hysterisch durch die Gegend rannte, wie ein Huhn ohne Kopf. Ich sah, wie mein Bruder, reglos und schweigsam, äußerlich beherrscht dabeistand, aber innerlich kochte.

Ein älterer Amtstierarzt gab Anweisungen an die Treiber und Kontrolleure. Sie gingen in den Kuhstall und nahmen Proben vom Mist, vom Futter und von den Tieren. Ich stand Schulter an Schulter mit meinem Bruder im Futterstall. Ich hielt den Atem an und zitterte. Ich hörte mein Herz und das seine so laut klopfen, dass beide in meinem Brustkasten widerhallten. Seine Augen lagen groß und angespannt im unrasierten, zerfurchten Gesicht.

Für ihn ging nichts über die Tiere. Im Stall zu arbeiten war sein Leben. Wenn ich sonntags zu Besuch kam, wollte er immer, dass ich mit ihm die Runde machte, um über die Tiere zu sprechen, die er Tag und Nacht versorgte. Er wollte, dass ich mir etwas aus ihnen machte. Und nun wurden die Tiere von fremden Eindringlingen wie Kaninchen aufgescheucht. Nun wurde dieser alte Bauernhof zum ersten Mal mit einer Razzia konfrontiert, was nicht einmal im Krieg vorgekommen ist. Nun wurde ausgerechnet dieser Bauernhof, dessen Kühe noch alle hinaus auf die Weide kamen, auf dem so viel Eigengewächse aufgezogen wurden, auf dem noch in kleinem Stil und traditionell gearbeitet wurde, in eine Hormonkontrolle hineingezogen.

Wie war das möglich?

Der Amtsarzt lachte laut über unseren altmodischen Anbindestall. Aber in unserem modernen Laufstall nörgelte er, weil er die frei herumlaufenden Kühe nicht zu packen kriegte. Ich musste an eine Redensart unter Landwirten denken: »Früher war der Bauer frei und die Kuh angebunden, heute ist es umgekehrt.«

Der Anbindestall meines Bruders wäre veraltet, sagten sie. Er hätte längst erneuert werden müssen. Mein Bruder hat den Bauernhof auf Mutterkuhhaltung umgestellt und seinen Viehbestand verdoppelt. Aber immer nur vorwärts wollen, das war nicht seine Art. Das wollte er nicht. Es sollte alles bleiben, wie es war. Er wollte sich nicht den Banken oder der Bio-Industrie ausliefern. Niemandes Meister, niemandes Knecht.

Die Razzia wurde immer schlimmer. Die trächtigen Färsen wurden auf der Wiese hinter dem Obstgarten von den Treibern derart aufgescheucht, dass sie sich fast die Beine brachen. Die Treiber jagten den Rindern hinterher, bis diese vor Angst schissen. Sie nahmen dann eine Probe von der

Scheiße und stopften sie in ein Tütchen. Ich speicherte diese Bilder in meinem Kopf.

Im alten Bauernhaus wurde jedes Zimmer und jeder Schrank durchsucht. Alle Schubladen wurden herausgezogen. Sie schnüffelten in Briefen und Papieren meines seligen Vaters. Sie schauten unter die Matratzen. Ein Wäschekorb wurde ausgekippt. Ein Kontrolleur wühlte mit seinen dreckigen Händen durch die saubere Unterwäsche von Ma und meinem Bruder. Anschließend wurden die beiden dann wie Verbrecher verhört. Mein Bruder – das Protokoll liegt hier noch – antwortete kurz und störrisch: »Ich bin von Beruf Landwirt. Auf meinem Hof habe ich über hundert Tiere. Eigenzucht. Ich habe keinen Einwand gegen Ihre Untersuchung. Ich möchte noch hinzufügen, dass ich nicht mit Hormonpräparaten arbeite. Ich züchte meine Tiere auf natürliche Weise.«

Ich erinnere mich, dass er den gemein grinsenden Beamten bestimmt dreimal gefragt hat: »Wer hat mir die Polizei auf den Hals gehetzt?«

»Misten Sie lieber in Ihrem eigenen Stall aus«, sagte der Mann drohend. *Scary Man.*

Dann rief meine betagte Mutter mit knarrender Stimme etwas, das ich mein Leben lang nicht vergessen werde: »Sie dürfen alles durchsuchen, Sie dürfen Bußen verteilen, aber Sie dürfen niemandem die Ehre nehmen!«

Der Mann schaute sie kurz perplex an.

Der Argwohn auf dem Lande war damals noch groß. Es wurde in den Medien so viel über Hormone berichtet, dass fast jeder Bürger unwillkürlich an verbotene Mittel dachte, wenn er eine dicke Kuh sah. Obwohl doch gerade die Weißblauen Belgier mit ihren dicken Hinterteilen die berühmteste Fleischrasse im Lande war. Sollten die Ställe positiv getestet werden, hätte mein Bruder die Bücher wohl schließen können. Ganz zu schweigen von dem Dorfklatsch, bei dem er und Ma so empfindlich waren.

Als die Kontrolleure weg waren, fütterte mein Bruder seine Tiere, als hinge sein Leben davon ab. Er stellte im Futterstall Mais und Mehl für den folgenden Morgen bereit. Er inspizierte die Wiese, auf der wieder Ruhe eingekehrt war. In der Dämmerung machte er seine letzte Runde, um nachzusehen, ob alle Türen und Gatter verriegelt waren.

Danach rauchte er sich auf seinem schwarzen Sofa fast zu Tode. Ich wusste, dass er vollkommen aus der Bahn geworfen war. Er war tief gekränkt und angeknackst.

Nach Wochen quälender Unsicherheit kam ein Beamter mit den Laborergebnissen vorbei: »Die Tiere sind frei von Stoffen mit hormoneller Wirkung.« Die Ställe waren negativ. Die fünfunddreißig Masttiere, die die gesamte Zeit über vorläufig beschlagnahmt gewesen waren, wurden freigegeben.

Kurz darauf stand wieder ein Kontrolleur vor der Tür. Er verglich die Ohrmarken mit den Nummern in der Registratur und kam zu der Feststellung, dass eine gerade erst erworbene Kuh noch nicht eingetragen war. Mein Bruder sagte, dass er das in der ganzen Aufregung vergessen hätte, und brachte es schnell in Ordnung. Der Kontrolleur war zufrieden damit. Doch dann kam ein Brief, dass man meinem Bruder als Sanktion für das Versäumnis die Mutterkuhprämien für das ganze Jahr gestrichen hat. Es ging um viele tausend Euro wegen eines administrativen Fehlers.

Daraufhin schickte mein Bruder dem Ministerium einen Antwortbrief über die Hormon-Razzia und die administrative Kontrolle: »Ich komme zu der festen Überzeugung, dass es das Ziel ist, meinen Betrieb dichtzumachen und dass ich kein Recht mehr habe, noch weiterhin Landwirtschaft zu betreiben.«

»Ist doch wahr, oder!«, sagte er schulterzuckend während meines traditionellen Sonntagsbesuchs.

»Ja, es ist wahr«, sagte ich.

Er starrte nach draußen und zog an seiner Zigarette. Ich verfolgte den Rauch, der nach oben kringelte, vorbei an dem gelben klebrigen Fliegenfänger, an dem zuckend und sterbend die Insekten hingen. Er schien mehr zu rauchen, als zu atmen.

»Na, sag schon«, sagte er.

Ich schwieg.

»Sag es schon. Sie wollen uns kaputtmachen, oder?«

Ich nickte.

Hopp oder top.

Er hatte das alles so satt. Punkt. Aus.

9.

Der Ökozentrismus

Ich bin eingeschlafen. Ein böser, fieberhafter Traum überfällt mich. Überall auf unserem Bauernhof stehen muhende Kühe. Nicht nur in den Ställen, sondern auch in den Scheunen, in jeder Ecke, sogar auf dem Heuboden. Sie pissen, scheißen und lassen wie eh und je klimaerwärmende Furze. Die Dunggrube quillt bereits über, auch weil im Sommer nicht gedüngt werden darf. Der kalte Schweiß bricht mir aus. Ratlos lege ich eine Leitung ins Badezimmer. Die große Badewanne füllt sich zusehends. Jauche läuft über den Rand, fließt unter der Tür hindurch, in die Küche, ins Wohnzimmer, eine Sintflut aus Jauche um mich herum …

Es klopft an der Hintertür. Es ist der »neue Bauer« von nebenan.

»Ich habe zu wenig Jauche«, sagt er und betrachtet den Kot unter seinen Füßen, »und hier ist genug.«

»Nimm ruhig die ganze Badewanne«, sage ich entgegenkommend.

***

In etwas romantischer Stimmung gehe ich heute Abend aus. Zum Hof ter Walle. Die Abendkonzerte der Kreuzkröten haben begonnen. Ich habe von Roger, dem früheren Besitzer, gehört, dass *Natuurpunt* dort eine Krötenexkursion organisiert. Hat er der Presse entnommen. Letzten Winter hatten sie bereits eine Gänseexkursion unter dem Titel Ganssonntag veranstaltet.

Die Wälle rund um den Hof stehen voller Wasser und Schilf, noch mehr als früher. Am alten Zaun hängt ein Transparent: »Bessere Natur, wir tun was dafür.« Als ich auf den Hof einbiege, fährt auf der Straße gerade ein Bauer mit seinem Traktor vorbei. Denkt er jetzt, ich sei ein Verräter? Glücklicherweise kann ich Roger nicht entdecken. Ich betrete seine Privatsphäre. Seine Fußabdrücke sind noch im Lehm zu erkennen.

Der Verfall hat hier noch schlimmer als auf unserem Hof zugeschlagen. Ein Riss in der Fassade des historischen Bauwerks wird größer und größer. Unzählige Dachziegel liegen auf der Erde. Und das eingestürzte Gebälk der monumentalen Scheune, die doch von Demonstranten vor dem Abriss gerettet werden konnte, liegt jetzt in einer Ecke und verrottet.

Ich bemerke, dass der Phönix auf dem Kamin in der guten Stube von der Feuchtigkeit angegriffen ist. Das pastellfarbene Fresko aus dem achtzehnten Jahrhundert wirft Blasen und riecht nach Schwamm. Kleine Ständer mit Broschüren über Kröten und Vögel sind aufgestellt. An einer improvisierten Bar wird *Gageleer* ausgeschenkt, das biologische Malzbier, das von *Natuurpunt* gebraut wird. Im großen Zimmer stehen Stühle und Bänke, aber es sind außer den Organisatoren nur ein Dutzend Besucher gekommen. Johan Baetens, der Verantwortliche, ein Mann mit Ziegenbart und Pferdeschwanz, ist enttäuscht. Die Exkursion, eine Zusammenarbeit mit dem Hafen, wurde bereits seit Monaten in der Presse angekündigt. Alle Hafenbetriebe wurden angeschrieben, aber niemand hat sich die Mühe gemacht zu erscheinen.

Eine Powerpoint-Präsentation wird an die Wand projiziert: »Vom Konflikt zur Zusammenarbeit.« Johan, unser Führer heute Abend, ist einer der drei Mitglieder von *Natuurpunt*, die vom Hafen ein Gehalt bekommen. Er erzählt, wie die Umweltgruppen früher gemeinsam mit den Polderbewohnern und Bauern Prozesse geführt haben, und das mit großem Erfolg. Vor allem die Stilllegung des Deurganckdok durch den *Raad van State* sei ein Meilenstein gewesen. Danach sind Mitarbeiter von *Natuurpunt* zur Hafenleitung gegangen, um einen konstruktiven Dialog zu führen. Es wurde ein Protokoll unterschrieben, in dem beide Parteien versichern, einander zu unterstützen, sowohl bei der »kleinen Naturgeschichte« im Hafen selbst, als auch bei der »großen Naturgeschichte« in den Kompensationsgebieten im Umkreis. *Natuurpunt* erhielt später sogar einen Sitz im Hafenvorstand.

Und das Ergebnis? Zehn Jahre Zusammenarbeit hat mehr zustande gebracht als die dreißig Jahre Kampf davor. Die neue Vorgehensweise ist viel effizienter als die alte, findet *Natuurpunt.* Als »Architekt« dieser neuen Vorgehensweise wird Professor Patrick Meire gerühmt, der bereits seit den neunziger Jahren für eine Fusion von Ökologie und Ökonomie plädiert hat. Der Hafen, das Atomkraftwerk, *Electrabel*, die Chemieunternehmen: Sie alle sponsern nun gerne Naturprojekte, also arbeitet *Natuurpunt* auch gerne mit ihnen zusammen. »Eine Win-win-Situation«, findet *Natuurpunt*, auch wenn manche Polderbauern und Anwohner es lieber als eine »Verlustrechnung« bezeichnen.

Natuurpunt hat sich gegen das »Verwebungsmodell« entschieden, denn das würde einfach nicht funktionieren, heißt es. Landwirtschaft bleibt trotz strengerer Maßnahmen und Kontrollen doch eine »Wüstenei für die Natur«. Und der größte Übeltäter ist und bleibt die Jauche. Die Jaucheflut.

Die Allianz mit dem Hafen hat nun ihren ersten Rückschlag erlebt. Der neue Flächennutzungsplan, in dem die Hafen- und Naturentwicklung festgelegt wird, ist vom *Raad van State* vorläufig mit der Begründung ausgesetzt worden, dass nicht garantiert werden kann, ob das alte Naturgebiet Putten tatsächlich kompensiert werden könnte. Fast alle beteiligten Verwaltungseinrichtungen und Organisationen haben sich an den *Raad van State* gewandt, nur *Natuurpunt* nicht.

Ist die Aufgabe der Putten nicht ein zu hoher Preis gewesen? »Nein, der dortige ökologische Wert hat durch den angestiegenen Wasserstand doch sehr abgenommen«, sagt Johan. »Es ist immer ein Geben und Nehmen.«

Und die Enteignungen der Weiler Ouden Doel und Rapenburg? »Für uns war das nicht notwendig, aber die Regierung hat dort, so dicht am Überschwemmungsgebiet, ein Sicherheitsproblem gesehen.«

Und Hof ter Walle? Der wurde anfangs als Störfaktor für die Brutvögel in Putten West eingestuft, aber in letzter Sekunde gerettet, sagt Johan. Er erzählt nicht, dass die drei Nachbarhöfe trotzdem abgerissen wurden. Vielleicht wird die eingestürzte Scheune ja als Vogelbeobachtungsposten wieder aufgebaut, mit einem Ausguck im Dach. Oder als Dekor von Teambildungsworkshops für Geschäftsleute. Einen Tag lang so tun, als ob. Wie in echt.

Wir spazieren über den Hof und warten auf die Dunkelheit. In den Stallungen zähle ich fünf Nester. Es sind

Rauchschwalben, die diesen Bauernhof noch nicht im Stich gelassen haben, eine Vogelart, die im letzten Jahrzehnt stark dezimiert wurde, wie ich höre. Einer der Gründe hierfür ist der Mangel an alten Bauernhöfen mit offenen Stalltüren und einem Misthaufen auf dem Hof, sagen die *Natuurpunter*. Auch interessant zu wissen: Sie paaren sich in der Luft, diese Rauchschwalben.

Natuurpunt hat an der zerfallenen Scheune eine Infrarotkamera installiert, die jedes Tier filmt, das den Strahl unterbricht. Bisher hat man noch keine »Seltenheiten« wie die miauende Katzendrossel gesehen, dafür aber einen prachtvollen Löffelreiher. Vor zehn Jahren hat sich hier spontan eine Löffelreiherkolonie beim Dock in Verrebroek angesiedelt, ein schöner Erfolg. Nur leider siedeln sie am falschen Ort, denn der wird bald vom Hafen eingenommen. Deshalb hat *Natuurpunt* mit Unterstützung der Hafenunternehmen an anderer Stelle eine alternative Löfflerinsel aus Reisigholz gebaut. Die Insel wurde vor kurzem feierlich eröffnet, mit allem Drum und Dran, Band durchschneiden, Häppchen und Getränke. Nur der Löffler blieb dem Empfang fern.

Durch ein Teleskop betrachten wir das Leben in den Tümpeln und Sümpfen hinter dem Hof ter Walle: eine rote Uferschnepfe, ein Dunkler Wasserläufer, zwei Brandgänse. Eine Kolonie Flussseeschwalben, die nur hier brütet. Die Sonne geht unter, das letzte Abendlicht streift über Wasser und Schilf.

Doch gerade hier gedeihen die Brutvögel, die man schützen möchte, nicht gut. Immerzu werden Eingriffe vorgenommen. Neue Rietabschnitte gepflanzt, Brutinseln angelegt, die Ufer der Süßwasserläufe abgeschrägt. Vergangenes

Jahr leerte sich plötzlich der Wasserlauf, als hätte jemand den Stöpsel aus der Badewanne gezogen. An der Nordseite wurde ein Leck entdeckt.

»Das Problem ist, dass wir unsere Zielvorgaben einhalten müssen«, sagt Johan sorgenvoll, »aber die Raubtiere machen es uns dabei schwer.«

Er deutet auf fünf Stromleitungen, die um das gesamte Naturgebiet gespannt wurden, damit der Fuchs fernbleibt. Auf mit Blitzen versehenen Schildern steht: »Achtung: Elektrozaun«. Das Experiment, das auch in zwei weiteren Naturgebieten durchgeführt wird, scheint für diese Brutsaison gescheitert zu sein. Der Fuchs ist nämlich über das Ökodukt, das für die Krötenwanderung gedacht ist, ins Gebiet gelangt und hat sich seinen roten Bauch vollgeschlagen.

Vor allem der Säbelschnäbler zieht den Kürzeren, was den Zuhörern offenbar nicht gerne erklärt wird: dass ein Kuscheltier das andere auffrisst. »Und schon sind die Säbelschnäbler am Arsch«, lacht ein Mitglied von *Natuurpunt* bitter.

Jetzt ist es dunkel genug. Wir überqueren die Ringstraße und kommen zu einem großen Tümpel, der Putten Plas genannt wird. Schon von fern hören wir die Kröten singen, allerdings klingt es eher wie Schnarchen. Rrr. Rrr. Rrr. Ich habe meine Taschenlampe vergessen und sehe kaum, wohin ich meine Füße setze.

Platsch, ist das eine?

Johan richtet einen starken Lichtstrahl auf das Wasser, und jetzt sehe ich sie überall, glänzend wie Glasmurmeln. Einige Dutzend braune Kröten mit aufgeschwollenen Schallblasen, großen Glupschaugen, vielen Warzen und tatsächlich einem gelben Kreuz auf dem Rücken. Er hebt zwei Kröten hoch, die aufeinandersitzen, einander fest unter die Achseln gegriffen haben, knurren und funkelnd gucken. Selbst mit einer Brechstange könnte man die beiden nicht voneinander trennen. *Amplexus* heißt diese Stellung unter Kennern.

Ich finde keine Worte, um die schwabbeligen Tiere zu beschreiben, aber Johan hilft mir aus der Patsche: »Es sind prächtige, einzigartige Tiere.«

Die Kreuzkröte ist zum Paradepferd der neuen Natur im Hafen geworden. Laut Kooperationsvertrag darf *Natuurpunt* ungefähr fünf Prozent des Hafengebiets, also rund sechshundert Hektar, als »ökologische Infrastruktur« anlegen. Dort werden für einige Arten besondere Schutzprogramme aufgestellt. Ein Experte aus Wageningen hat überschlagen, dass es im Gebiet am linken Ufer eine Kreuzkrötenpopulation aus achthundert singenden Männchen geben sollte. Dafür müssen über fünfzig Tümpel gegraben werden. Auf Kosten des Hafens.

Es ist eine feuchte, windige Nacht, aber ich vergesse den frostigen Regen, ich vergesse den flimmernden Hafen, ich vergesse die abgerissenen Bauernhöfe. Geschützt in meiner Daunenweste, eingehüllt von der nebelhaften Dunkelheit und betäubt von dem permanenten, esoterischen Rauschen, verliere ich mich in der Landschaft, wie ein Schilfrohr im Wind, und werde eins mit der Kreuzkröte. *Amplexus.*

***

Es ist Hochsommer. Die Sonne flimmert im Sandrohr. Die Hitze liegt wie eine heiße Kompresse auf meinem Gesicht. »Ah, da ist er«, sagt Jacques Van Impe: Durch sein Teleskop, das ein messerscharfes Bild gibt, sehe ich ihn so nah, als könnte ich ihn berühren: »Der Säbelschnäbler. Ein Prachtvogel.«

Ich spüre etwas von der Verzückung, die Jacques so erfüllt. Hier ist er in seinem Element. Wir stehen auf dem Scheldedijk und schauen auf den Teil des Prosperpolders, der bereits vollkommen entpoldert ist. Jetzt liegen dort neun temporär angelegte Inseln, die vor allem für den Säbelschnäbler gedacht sind, der sich fleißig, doch vergeblich bemüht, seine Zielvorgaben zu schaffen. Ich beobachte, wie er in seinem weiß-schwarzen Gefieder und mit hohen Stelzbeinen am Ufer der ersten kleinen Insel entlangläuft. Wie ein Bauer seine Sense durch das Schilf zieht, fährt er mit seinem gebogenen Schnabel durch das Wasser.

In den vergangenen Monaten ist Jacques häufig, manchmal mehrere Tage am Stück, hier gewesen, um die brütenden Vögel zu beobachten. Er zählt sie aus der Entfernung, damit er die Nester nicht stört. Ein geschätzter Ornithologe mit einem Universitätsstudium der Veterinärmedizin und gut vierzig Jahren Erfahrung im Poldergebiet. Dutzende wissenschaftliche Artikel und Studien hat er auch in internationalen ornithologischen Fachzeitschriften und Büchern publiziert. Ein stiller, diskreter Mann mit einem großen Herzen für die Landschaft und deren Bewohner. Jacques kennt nicht nur alle Vögel, er kennt auch alle Polderbauern, und fast alle Polderbauern kennen Jacques.

In der letzten Brutsaison hat das Naturgebiet im Prosperpolder trotz der Investitionen in Millionenhöhe keinen einzigen Säbelschnäbler hervorgebracht. Jacques erzählt das mit Bedauern. Vier Kolonien mit über siebzig Nestern. Die meisten wurden frühzeitig verlassen. Wenn überhaupt Küken geschlüpft sind, haben sie nicht lange überlebt. Viele der brütenden Säbelschnäbler wurden von Lachmöwen verjagt, Eier und Junge vom Fuchs geholt. Am helllichten Tag sah Jacques einen Fuchs geradewegs zur ersten Insel schwimmen.

Er wagt es kaum, die Resultate bekanntzumachen, denn auszusprechen, dass die Naturkompensationen nicht den gewünschten ökologischen Erfolg gebracht haben, ist ein Tabu. Jahrzehntelang hat er für seine Arbeit Wertschätzung erfahren, was sich jedoch schlagartig geändert hat, als er 2011 eine umfassende Bilanz über die neuen Naturgebiete zog. In seinem Bericht widersprach er den offiziellen Vogelzählern: »Seit über zehn Jahren kennzeichnet sich das Gebiet am linken Ufer durch einen erschreckend niedrigen Fortpflanzungserfolg bei den fünf untersuchten Vogelarten, den Kiebitzen, Austernfischern, Uferschnepfen, Rotschenkeln und Säbelschnäblern.« Die unterschiedliche Wahrnehmung kommt dadurch, dass die offiziellen Vogelzähler nur die Brutpaare registrieren, während Jacques auch verfolgt, wie viel Küken tatsächlich aufwachsen.

Dass nur so bitter wenige Junge in den Naturgebieten flugtüchtig werden, liegt vor allem an den Raubtieren, allen voran dem Fuchs. Jacques stellte mehrmals fest, dass am Morgen Nester verschwunden waren, die er tags zuvor noch beobachtet hatte. Manchmal lagen die totgebissenen Vögel noch auf dem Boden. Außerdem konstatierte er in zwei Naturgebieten, dass der Bruterfolg seit dem Düngeverbot geringer ausgefallen war. Auf gedüngten Böden tummeln sich für die Küken mehr Würmer und Larven als hier in den nun kargen, abgetragenen Gebieten.

Dies offen auszusprechen war wohl eine Todsünde, denn danach ging es in der *Beheercommissie Natuur* heiß her. In einem Pressebericht stand: »Der Natur geht es genauso gut wie vor dem Bau des Deurganckdok.« Die *Agentschap Natuur en Bos* hat eine Studie in Auftrag gegeben, die zu dem Schluss kommt, dass die Zahl der Wiesenvögel zwar konstant bliebe, aber auch, dass Bruterfolge nie dokumentiert worden seien. Den Fuchs zu bezichtigen sei reine »Spekulation«, und die Düngung bliebe »ein Übel«. Auch der Landesvorstand von *Natuurpunt* hatte für Jacques, der von der örtlichen Abteilung feurig verteidigt wurde, plötzlich kein gutes Wort mehr übrig.

Seither wird er von Naturwächtern und offiziellen Vogelzählern regelmäßig gerügt, verpetzt oder verhört, sobald er sich einem Naturgebiet auch nur nähert. Er findet dennoch, dass er bei den Fakten recht bekommen hat: Gegen den Fuchs werden in aller Stille verzweifelte Schritte unternommen, mit Monitoring wird der Bruterfolg aufgezeichnet, und in manchen Berichten steht mittlerweile schwarz auf weiß, dass die Zahl der Wiesenvögel in den Kompensationsgebieten rückläufig ist. Natürlich weiß er nur allzu gut, dass es für die Vögel in manchen Ackerbaugebieten noch schlechter steht, was er seit Jahren dem Einsatz von Neonicotinoiden zuschreibt, neuen Pestiziden, die schädlich für Insekten und Vögel sind.

Jacques wird von den Naturgebieten ferngehalten, aber kürzlich beobachtete er mit Bedauern, wie Dutzende Twitchers gekommen sind, um sich in Putten Plas einen Steppenpieper aus der Mongolei anzusehen. Auf den Irrgast aus Asien hatte Naturwächter Björn auf Twitter aufmerksam gemacht. Er gab den Twitchers die Sondergenehmigung, den Putten Plas ein Wochenende lang zu betreten. »Sie belächeln Leute wie mich, die noch Kiebitze beobachten«, sagt

Jacques. »Sie wissen nichts von den Tragödien, die sich hier in der Gegend abspielen. Und wenn sie es wüssten, wäre es ihnen egal.«

Möglicherweise ist es der folgende Schluss aus seinem Bericht, der ihm am meisten verübelt wurde: »Der Abbruch von Bauernhöfen und Häusern verursacht viel menschliches Leid und hat mit Naturschutz, in welcher Form auch immer, nicht das Geringste zu tun. Diese Maßnahmen gehen von uns, den Naturschützern, aus, die sich doch dem Schlagwort ›Natur und Kultur sind eins‹ verpflichtet fühlen müssten.«

Im Donautal Rumäniens hat Jacques jahrelang Vögel beobachtet und dabei mitbekommen, mit welcher Brutalität Diktator Ceauşescu Romadörfer hat räumen lassen, was den Westen in helle Aufregung versetzte. »Dieselbe Herzlosigkeit finde ich hier in den Polderweilern wieder«, sagt Jacques. »Doch die Menschen stehen allein mit ihrem Widerstand. Und das alles nur, um neue, überflüssige Naturgebiete anzulegen, statt in den vorhandenen Reservaten Ordnung zu schaffen.« Es erstaunt ihn deshalb auch nicht, dass die Lokalzeitungen bereits Artikel unter dem Titel »Natur ist Diktatur« bringen.

Wir klettern auf den neuen Pufferdeich vom Prosperpolder, der gerade mit dicken Asphaltschichten verstärkt wird. In der »Infobox« auf dem Deich ist eine Übersichtskarte des geplanten Projekts zu sehen. Auf großen Tafeln wird das zukünftige Naturgebiet, wegen der »Ökosystemdienste« gerühmt, die es künftig bieten wird. »Eindeutig Professor Meires Handschrift«, sagt Jacques, »der Hausbiologe des Hafens, der von seinem Schreibtisch aus über dieses Gebiet Beschlüsse fasst, aber keine Verbindung hierher hat. Ich habe es mit eigenen Augen gesehen, dass die Ketenisschor mit ihrem einzigartigen Tümpel umgewühlt wurde, um daraus ein steriles Rietfeld zu machen. Es war der letzte Brutplatz des Sandregenpfeifers am linken Scheldeufer, aber ich stieß mit meinem Protest bei Meire auf taube Ohren.«

Hinter der Werft liegt der Hedwigepolder, der vorläufig noch vor lauter Fruchtbarkeit nur so strotzt. Die neue niederländische Regierung allerdings hat die Entpolderung nun definitiv beschlossen. Den zwanzig Pächtern wurden schon Beamte mit Angeboten ins Haus geschickt, sie solidarisieren sich aber mit dem Gutsbesitzer De Cloedt, der nicht für den Säbelschnäbler weichen will. Jacques, tief erschüttert über die Beschlagnahmung des Polders, findet, dass Professor Meire und alle anderen Verantwortlichen einmal *Früchte des Zorns* lesen sollten, den Klassiker von John Steinbeck, in dem es um die Vertreibung amerikanischer Bauern geht. Aber er glaubt nicht, dass sie es tun würden.

***

Das Auditorium in der Antwerpener Innenstadt, ausgerüstet mit Maßanzügen und Laptops, unterscheidet sich gewaltig von meiner Welt aus Bauernkitteln und Mistkarren. Der Scheldekongress unter dem Vorsitz von Professor Meire wird vom Hafen mitorganisiert. Werbebroschüren werden ausgeteilt. Zwischen den klassischen Argumenten, mit denen der Hafen sich selbst gut vermarktet, steht ein neuer Trumpf, der die Reeder und Schiffsmagnaten vielleicht dazu veranlassen wird, die Stirn zu runzeln: größte Seeschleuse der Welt, größtes Zentrum der Petrochemieindustrie, zweitgrößter Hafen Europas, Kreuzkröte. Der Antwerpener Hafen profiliert sich nun als »Branchenführer der Nachhaltigkeit«. Es klingt, als hätte sich der Papst zum Islam bekehren lassen.

Meires Ansprache, schnell und gehetzt, als wäre ihm der Teufel dicht auf den Fersen, ist ein Text, den er früher bereits in Lesungen, Artikeln und Büchern verarbeitet hat. Wie können wir Ökologie und Ökonomie miteinander versöhnen und weshalb, so fragt er wie immer rhetorisch, wollen wir überhaupt mehr Natur? Doch nicht nur wegen der Pflanzen und Tiere? Nein, für die »Ökosystemdienste«, die in Geldwert übertragen werden können. Die Natur ist nützlich und rentabel zugleich. Und die Entpolderung des Hedwigepolders bringt zweifellos ein Vermögen ein, wie er auf einem fettgedruckten Powerpoint-Sheet zeigt. Die Beamten, Akademiker und Berater im Saal schreiben eifrig mit.

Von seinen Gegnern in den Zeeuwer und Wasener Poldern wird er als der böse Geist dargestellt, doch seine Mitstreiter sagen, dass er die Schelde ökologisch wieder bedeutsam gemacht hat. Mit jeder Faser seines Körpers beherrscht er die Materie, was auch die lange Liste seiner sowohl auf wissenschaftlichem, als auch auf politischem Gebiet geleisteten Dienste belegt. Meire und seine Mitarbeiter von der Antwerpener Universität waren federführend bei der Flut an Gutachten für den Hafen, die die Regierung, die Unternehmen und die Naturschutzvereinigungen in Auftrag gegeben haben. Er wurde in den vergangenen Jahrzehnten zu nahezu jeder Kommission und jedem Beratungsgremium hinzugezogen.

»Schon als Junge war ich vom Schelde-Ästuar und der Gezeitenwirkung begeistert«, erzählt er mir nach dem Symposium in seinem Büro, in dem Zeitungsausschnitte über den Hedwigepolder an der Wand hängen. »Und damals war die Schelde fast mausetot, eine offene Kloake. Nun ist sie wieder voller Leben.«

Bereits in den neunziger Jahren wütete die Debatte über den Hochwasserpolder, der in Kruibeke zum Schutz gegen Überschwemmungen angelegt werden sollte. Dies war auf heftigen Widerstand bei der Gemeinde, den Umweltschutzgruppen und den Bauern gestoßen. Bis sich Meire mit dem Plan hervortat, auf Naturentwicklung in einem »kontrollierten Überschwemmungsgebiet« zu setzen. Er war stark von Frans Vera beeinflusst, seinem großen Vorbild, der bereits Jahre zuvor mit dem Plan Ooievaar den niederländischen Flüssen wieder mehr Platz verschaffen wollte. Meire sagte in Interviews, dass bald auch in Kruibeke wilde Koniks, Rehe, Wildschweine und Biber herumlaufen könnten und dass das eine »touristische Goldmine« werden würde.

Sein Projekt befindet sich noch immer in der Entwicklung. »Es wird phänomenal«, sagt er zu mir. »Nur Koniks grasen dort noch nicht, aber dafür die normalen Kühe einiger Bauern, die mit uns zusammenarbeiten. Zigtausende Erholungssuchende und Naturfreunde werden kommen. Es wird im Vergleich zu den früheren Poldern mehr Arbeitsplätze geben. Denn das ist die Zukunft: Wir müssen uns nicht mehr gegen die Natur stemmen, sondern mit ihr zusammenarbeiten.«

Während unseres Gesprächs muss ich daran denken, dass ich vor einiger Zeit in dem Gebiet herumgestreunt bin. Sechshundert Hektar neue Natur, promotet in Hochglanzbroschüren und auf hübsch gestalteten Webseiten. Es sah schon damals einigermaßen »phänomenal« aus. Die ersten Spaziergänger und Radfahrer erkundeten das neue Terrain. Auf Informationstafeln wurden sie angesprochen, als wären sie Grundschulkinder: Xavier, das Reh und Margriet, Frau Kiebitz, heißen euch willkommen. Der erste Biber wurde schon gesichtet. Er stammte aus einer ausgesetzten Kolonie. Bei der Fähre gruben Bulldozer große Rinnen, auf deren Böden dicke, schwarze Folien ausgelegt wurden. Auf den riesigen Rollen stand »Polypropylen«, der Name eines Kunststoffs. Die neue Wildnis ist aus Plastik.

»Wie meinen Sie das?«, frage ich barsch, aus meinen Gedanken gerissen.

»Ich wollte ein Gebiet, in dem wie in den Oostvaardersplassen die natürlichen Prozesse ihren Lauf nehmen können«, sagt Meire.

2001 hat die Politik entschieden, das Überschwemmungsgebiet von Kruibeke als Naturkompensation für das Deurganckdok in Doel anzulegen. Professor Meire war von Anfang an bei der Planung für das neue Dock beteiligt. Der Hafen wollte eigentlich einen Containerkai am Fluss entlang bauen, aber Meire schlug als Erster vor, das wertvolle Ufer zu verschonen und stattdessen ein Dock ins Innere zu graben, über das Grundgebiet von Doel. Er erinnert sich noch, dass er eines Abends mit einigen Beamten und Politikern in seinem Antwerpener Wohnzimmer gesessen hat und zu dem Schluss gekommen ist, dass man einfach nur das alte, ungenutzte Doeldok zuschütten müsste: »So hatten wir Platz gewonnen, und weniger Menschen mussten enteignet werden.«

Dann dachte er sich mit anderen die Naturkompensationen aus, die als Puffer rund um den Hafen entstehen sollten. Er legte auch die Zielvorgaben fest, die Tiere und Pflanzen zu erreichen haben. Zum Schluss wurde beschlossen, zu einer »proaktiven Naturentwicklung« überzugehen, aus der letztlich ein robustes, grenzüberschreitendes Reservat entstehen soll: »Wir nennen es Groot Saeftinghe, eine neue Wildnis, aber dann auf dem Gebiet der Gezeitennatur.« Auch deswegen hat er sich für die Entpolderung des Hedwigepolders eingesetzt, was jedoch zu seinem schlimmsten Leidensweg wurde: »Ein kleiner Polder, aber ideal gelegen, um einen bremsenden Effekt auf den Gezeitenstrom zu haben, der stets schneller in die Westerschelde vordringt.«

Der Professor erklärt mir, dass der Gezeitenstrom aufgrund der Vertiefungen der Schelde, der Einpolderungen und des Anstiegs des Meeresspiegels immer kräftiger geworden ist. Der Wasserweg ist zu einer Wasserautobahn geworden. Im vergangenen Jahrhundert ist das Hochwasser in Antwerpen um einen halben Meter gestiegen. Der Sigma-Plan, den man 2005 aktualisiert hat und der den Stempel von Meire trägt, sieht deshalb ein paar Dutzend Überschwemmungsgebiete vor, die zusammen eine Fläche von einigen tausend Hektar ergeben. Entlang der Westerschelde sind zwar noch vereinzelt Eingriffe notwendig. »Aber am Ende hoffe ich, dass das Scheldetal für die Nachhaltigkeit dasselbe bedeutet, wie das Silicon Valley für die Informatik.«

Sein ultimatives Argument dafür ist die Nutzung von Naturgebieten als »Ökosystemdienste« für Luft- und Wasserreinigung, Schutz vor Überschwemmungen, Tourismus, Biodiversität. Auf all diese Dienste klebt er stattliche Geldsummen. Das Hedwige-Prosperprojekt kostet gut hundert Millionen Euro, die man aber in zwanzig Jahren wieder hereinholt, da es zwischen acht und siebzehn Millionen Euro Gewinn pro Jahr abwirft, viel mehr als die Landwirtschaft, die in diesen fruchtbaren Poldern laut einer seiner Graphiken einen Wert von exakt null Euro hat. »Ja, die Kosten der

Umweltbelastung sind zufällig genauso hoch wie die Erträge.« Er lacht nervös.

In einem seiner Texte weist er nachdrücklich auf den großen Vorteil seiner Vorgehensweise hin: »Für die wahren Naturfreunde, die Ökozentristen, sind Ökosystemdienste ein hervorragendes Mittel, um auch die Anthropozentristen, bei denen nur zählt, was für den Menschen interessant ist, zu überzeugen. Die Ökosystemdienste appellieren an unseren Eigennutz, wodurch sie relativ einfach breiten Zuspruch erreichen können.«

Am Ende unseres Gesprächs in seinem Büro ringe ich noch mit zwei Fragen. Darf ich als ein nicht gänzlich uneigennütziger Anthropozentrist, der die Natur dennoch innig liebt, wissen, was Meire von der Opferung der Landwirtschaft hält? Er seufzt: »Gib zu, wir sprechen hier von überdüngten Maisfeldern und belasteten Kartoffeläckern und dazwischen totgespritzte Grachten. Nehmen wir den Hedwigepolder: Sein ökologischer Wert ist sehr gering. Aber anderswo bin ich schon für den Erhalt der Landwirtschaft, wenn auch unter strikten Umweltvorgaben.«

Und muss sich ein unabhängiger Professor der Industrie gegenüber nicht so verhalten wie ein Hund gegenüber einem Laternenpfahl? Versteht Meire, der jahrelang im Hafenvorstand gesessen hat, weshalb man ihn den »Hausbiologen« des Hafens nennt? »Ja natürlich, aber es war meine eigene Entscheidung, die Angelegenheiten intern zu regeln. Nicht wie eine Made im Speck und auch nicht von einem Elfenbeinturm aus. Aber ich fordere jeden dazu auf, nachzuprüfen, ob er auch nur einen Fehler in meiner wissenschaftlichen Arbeit findet.«

Nachdenklich fahre ich durch den kleinen Tunnel, die

»Kaninchenröhre«, zurück zu den endlosen Maisfeldern und den flatulierenden Kühen im Polder. Nichts scheint so, wie es sein sollte: Vögel miauen, das ertrunkene Land ist nun vertrocknet, Bauernhöfe werden zu Fabriken, die Grünen arbeiten für den Hafen, und der Hafen arbeitet für die Kröten. Ich fahre über die Nationalstraße an dem Naturgebiet entlang, über das ich kürzlich einen wütenden Leserbrief gelesen habe. Ein Mann spaziert durch das verlassene Gebiet und pinkelt gegen einen Baum. Im nächsten Moment erscheinen zwei Männer, ausgestattet mit Dienststellenausweis, Walkie-Talkie und einem digitalen Gerät. Seine Naturexkursion endet mit einer stattlichen Geldbuße für »Wildpinkeln«.

In Verrebroek beobachte ich, dass ein Stück des Polders, das nun als Firmengelände genutzt wird, unterspritzt wird. Ein Bauer hat es trotz des Verbots nicht lassen können, in dem Matsch den verteufelten Mais anzubauen. Am Rand steht ein *Dixi-Klo. Toi, toi, toi.*

***

Ma sitzt gerne auf dem schattigen Platz unter den Bäumen mit ihren vollendet runden Kronen. Es gibt Straßencafés, und mitten auf dem Platz steht ein Karussell, dessen Musik leise ertönt. Hier regnet es nie, denn wir sind im Einkaufszentrum von Sint-Niklaas. Die zahlreichen Geschäfte sind so erfolgreich, dass viele Läden in der alten Innenstadt schließen mussten und nun verkommen. Das Shoppingcenter ist nicht nur zum Einkaufen da, nein, es bietet Erholung und Freizeitbeschäftigung. Unter den Pappeln bei der Geule begegnet man so gut wie niemandem mehr, aber unter diesem ewig grünen Baum wimmelt es von Menschen, die auf Smartphones und Tablets herumtippen, denn hier ist das WLAN kostenlos.

Vergnügt isst Ma die Pommes frites, die ich ihr reiche. Sie kaut, bis ihr der Speichel vom Kinn tropft. Sie denkt nun immer öfter ans Essen.

Und sie redet wieder über den Bauernhof, über die Kühe, meinen Bruder und mich. Ich freue mich über Mas Erinnerungen. Sie hat sich immer gern mit uns unterhalten, war immer großzügig mit ihrer Aufmerksamkeit. Sie konnte richtige Geschichten erzählen, mit langen Dialogen, zahlreichen Details, vielen Sprüngen, ein Labyrinth, dem sie letztlich aber immer entkommen konnte.

Aber jetzt stockt ihr die Stimme. Sie kommt nicht auf einen Namen, verliert den Faden, denkt verzweifelt nach, verstummt abrupt.

Seit sie Schlaftabletten bekommt, schläft sie besser. Davor lag sie nächtelang wach und drückte ständig den Klingelknopf, bis entschieden wurde, etwas dagegen zu unternehmen. Eine Pille also.

»Warum fällt nie ein Blatt von diesem Baum?«

»Das sind künstliche Blätter, Ma.«

»Sind das denn keine echten Bäume? Oh, alles Lug und Trug«, sagt sie. Schlagartig will sie weg. Zu viel virtuelle Natur, das irritiert sie. Zu viel Vergnügen, das stimmt sie traurig. »Die Leute haben heute einfach zu viel Geld. Sogar für falsche Bäume.«

Ich muss an den neuen künstlichen Wald, den »Avatar-Bos« – wie im Film – denken, der bei Zoetermeer eröffnet wurde. Heutzutage wollen junge Leute anstelle der gewöhnlichen, langweiligen Alltagsnatur die Natur wohl lieber virtuell auf dem Bildschirm erleben. Die ja auch »lebendes Mobiliar« hat. Und kostenloses WLAN.

In ihrem Zimmer im Pflegeheim ist Ma so durcheinander wie nie zuvor. Erst behauptet sie, eine tote Katze würde auf dem Tisch liegen, bis ich ihr zeige, dass es ihre Handtasche ist. Dann sagt sie, mein Bruder würde im Bett liegen, bis ich ihr zeige, dass es nur ein Kissen ist.

»Trotzdem krieg ich es nicht aus dem Kopf.«

»Wir müssen einfach zum Augenarzt, das ist alles«, sage ich, aber sie schöpft keinen Trost aus meinen Worten. Die Unruhe will sich nicht legen.

»Ich werde senil«, sagt sie bestürzt.

»Aber nein, alles wird gut, Ma.« Ich berühre ihren Arm, um sie zu beruhigen.

All die unerzählten Geschichten, all die unerledigten Dinge vermisse ich schon jetzt.

***

Die Wolken hängen tief über dem Zaligem. Der Wind peitscht mir ins Gesicht. Ich rieche den Duft dampfender Erde nach einem Regenschauer. Neben mir steht Glenn Deliège. Er ist Umweltphilosoph an der Universität von Nimwegen. Die Zeeuws-Waaser-Landschaft und die Reinaertsgeschichten haben ihn schon in jungen Jahren verzaubert. Gemeinsam betrachten wir die Grote Geule: den uralten Wasserlauf, das Schilf, die Wiesen. Hinter dem Deich liegt, niedergeblasen vom Wind, das Getreide flach. Ich fühle mich etwas unbehaglich, es ist, als würde ich ihm etwas sehr Persönliches zeigen, etwa mein Elternhaus, Vaters Haarschneidemaschine, das Grab eines geliebten Menschen.

Danach fahren wir zum neuen temporären Naturgebiet Putten West. Ich parke beim Ökodukt. Über die elektrische Umzäunung blicken wir auf den Süßwasserlauf, das Schilf, das Wiesenvogelgebiet. Für Radfahrer und Spaziergänger mag diese Landschaft, auch wenn sie erst vor ein paar Jahren angelegt wurde, der Grote Geule ähneln. Fünfhundert Meter weiter liegt das mittelalterliche Moorgebiet der Putten, das bald vernichtet wird. Es beginnt wieder stark zu regnen. Glenn wischt seine Brillengläser trocken und streicht sich über den Bart.

Zwanzig Meter hinter uns stoppt ein weißer Pick-up am Wegrand. »Keine Sorge«, sage ich, während ich fast fühlen kann, wie sich zwei Augen durch ein Fernglas in meinen Rücken bohren. »Das ist nur Björn. Unser Naturwächter.«

»Und was will er?«

»Er ist einfach besorgt. Er behält uns im Auge.«

Glenn kann einfach nicht verstehen, weshalb Putten West überhaupt angelegt wurde. Eine vollkommen menschlose, entvölkerte Landschaft, die frei ist von historischen Bezügen und Referenzen. Und doch ist der menschliche Einfluss hier viel ausgeprägter als in irgendeiner anderen Natur. Die Landschaft wurde auf dem Reißbrett entworfen, der Wasserlauf von Bulldozern ausgegraben, die Vegetation gesät und angepflanzt. Und es sind Menschen, die sagen, welche Tiere erwünscht sind, wie viele es sein können, wo sie brüten und fressen sollen, sogar mit wem sie Sex haben dürfen.

Er nennt es einen riesigen Verlust, eine authentische Natur wie die Putten aufzugeben und stattdessen artifizielle Natur wie Putten West zu kreieren. Ein Naturfreund, der dieses neue Naturgebiet bewundert und später hört, dass es erst seit ein paar Monaten existiert, muss sich doch betrogen fühlen. Wie ein Kunstliebhaber, der entdeckt, dass sein Gemälde eine Reproduktion ist. »Dies hier ist Naturverfälschung«, sagt Glenn, »auch wenn die Kopie gelungen scheint und man keinen einzigen Unterschied erkennen kann. Es ist Pseudogrün. Ein unredlicher Ort, der nicht in der Gemeinschaft und seiner Geschichte verwurzelt ist. Möglicherweise verweist das Gebiet sogar auf die Vergangenheit, aber es macht sie nicht gegenwärtig.«

Seiner Meinung nach ist Natur heutzutage viel zu sehr von Technik bestimmt. Biodiversität ist seit den neunziger Jahren das Zauberwort für die Naturschützer, ein Begriff, der leicht in Zahlen, Tabellen und Graphiken erfasst werden kann. Noch mehr treffe das auf den Ökozentrismus von Professor Meire zu, der nur noch über den finanziellen Ertrag einer Landschaft rede, aber nicht mehr über ihren Wert. Die Folge ist, dass wir Natur als machbar und reproduzierbar ansehen. »Ein Naturgebiet nach den Regeln der Konsumgesellschaft. Ein austauschbarer Container mit Pflanzen und Tieren. Alles kann wieder abgetragen und verlegt werden, sobald der Hafen das will.«

Das Resultat ist ein reduziertes Bild von der Natur, aber auch eine Verarmung unserer Beziehung zur Landschaft, erklärt mir Glenn. Die Natur ist immer eine externe Realität gewesen, die uns überwältigt und Ehrfurcht einflößt, weil sie unerreichbar und unersetzlich ist. Diese Ehrfurcht empfinden wir in viel geringerem Maße für eine Natur, die wir selbst anlegen und nachahmen können. Die Natur muss gerade größer sein als wir selbst, sie muss uns übersteigen und uns auf unsere Unbedeutendheit hinweisen. Deshalb zieht sie uns an, fasziniert uns und ist so bedeutsam für uns.

Die Landschaft steckt voller Bedeutungen. Sie ist ihr eigenes Archiv, das wir von unseren Vorfahren erben und immer zu Rate ziehen können. Kostbare Landschaft wie diesen Polder zu vernichten ist wie das Verbrennen von Büchern. Die Menschen werden so aus der Geschichte gestrichen. Vor allem die Beständigkeit und die Kontinuität machen eine Landschaft zu einem Bedeutungsträger. Spezifische Orte sind für Menschen Referenzpunkte und stellen ihr Leben in einen Kontext. Sie sind nicht aus dem Nichts gekommen. Deshalb ist der Kummer um den Hedwigepolder so heftig: »Entpolderung trifft die Zeeuwer Seele«, titelte die *Volkskrant*.

Für mich ist die Grote Geule ein Grundriss aus Erinnerungen, Erfahrungen und Erzählungen. Im Zaligem bleibt die Geschichte störrisch spürbar. Ein neuangelegtes Gebiet wie Putten West hat uns außer auf den pädagogischen Schildern nichts zu erzählen. Eine Ente, die über die Geule gleitet, hat mehr Bedeutung als dieselbe Ente, die sich ein Stück weiter in einem gerade ausgehobenen Tümpel niederlässt. Die Geule selbst ist ein Fußabdruck aus dem Krieg im sechzehnten Jahrhundert, als die Gegend unter Wasser gesetzt wurde. Die Deiche und Wehlen erinnern an die unermüdliche Arbeit, mit der die Menschen dieses Gebiet eingepoldert und gegen die Sturmfluten gesichert haben. Und das ist laut Glenn »kein ökologisches Experiment, sondern ein einzigartiges Polderrelikt«.

Die Spannung zwischen traditioneller Natur und neuer Natur wird durch das Aufkommen der »Neuen-Wildnis-Theorie« auf die Spitze getrieben, meint Glenn, der in Nimwegen deren gesellschaftliche Folgen erforscht. In ganz Europa kehren nun wieder wilde Tiere zurück, die vor einem Jahrhundert vor dem Aussterben bedroht waren: Wolf,

Braunbär, Luchs, Wildkatzen, Biber, Otter. Es stimuliert die Phantasie und ermuntert dazu, überall neue Wildnis anzulegen. Die *Rewilding Europe*-Bewegung fordert schnellstens eine Million Hektar Land. Dieses Comeback ist nicht nur dem Erfolg der Naturbewegungen und der Einschränkung der Jagd zu verdanken, sondern auch der Entvölkerung von großen Teilen der ländlichen Gegenden.

Glenn verweist auf George Monbiot, den britischen Vertreter der *Rewilding*-Bewegung, die in Belgien und in den Niederlanden von den Vereinigungen *Landschap* und *Stichting Ark* vertreten wird. Monbiot stellt drei Bedingungen für eine erfolgreiche Renaturierung wilder Tiere: Sie muss, soweit es möglich ist, mit dem Erhalt der traditionellen ländlichen Gebiete einhergehen, sie darf aus sozialen Gründen nur mit Zustimmung der Menschen durchgeführt werden, und sie kann aus ihrer moralischen Verpflichtung heraus nicht auf den fruchtbarsten Böden geschehen. Monbiot verwirft auch die »Große-Graser-Theorie« von Frans Vera. In den Oostvaardersplassen, dem Testgelände für diese Theorie, das mittlerweile eine fast kahlgefressene Fläche ist, sind sowohl die Population der Brutvögel als auch die Biodiversität stetig zurückgegangen.

Kurzum, im Vordergrund der Debatte sollten Glenn zufolge die gesellschaftlichen Belange stehen, und nicht allein die technische Umsetzung. Die Gesellschaft muss wieder das letzte Wort haben.

»Aber wie war das mit dem Waaslandwolf, der hier vor zehn Jahren aufgetaucht ist?«, frage ich. Glenn lacht.

»Es war ein Hype, wie überall in Europa, typisch für das Verlangen nach einem wilderen und raueren Leben hier. Experten haben mir auf Grundlage der verschwommenen

Fotografien versichert, dass es ein echter Wolf gewesen ist. Heute stehen ganze Wolfsrudel an den französischen und deutschen Grenzen bereit, um zu uns nach Belgien und in die Niederlande zu kommen.«

»Ist das in dieser kleinen, überbevölkerten Region überhaupt möglich?«

»Ich bin nicht gegen die neue Natur«, meint Glenn noch, der selbst ein Reservat von *Natuurpunt* beaufsichtigt und dort, wegen seiner kritischen Sichtweise, auch schon zurechtgewiesen wurde, »aber sie muss die symbolischen und materiellen Bedeutungen einer Landschaft berücksichtigen.«

Ich höre Glenn zu, starre auf meine lehmverdreckten Schuhe und habe das Gefühl, dass gerade etwas Wichtiges gesagt wurde.

***

Ich stehe unter der Trauerweide auf dem Friedhof. Es ist der am stärksten mit Bedeutung aufgeladene Ort, den ich kenne. Hier legen wir Blumen auf das Grab und reden mit unserem geliebten Menschen, auch wenn wir wissen, dass wir nicht gehört werden. Das Grab bewirkt, dass unser geliebter Mensch auf symbolische Weise zugegen ist.

Es gibt den Emotionen eine Form, es hilft uns, den Kummer nach draußen zu tragen. Der Friedhof ist ein Ort, der unseren Kummer sichtbar macht. Ein Ort, der auch dann für uns trauert, wenn wir nicht dort sind. Das Grab weint für uns. Es lässt uns die Nähe unseres geliebten Menschen spüren, schafft aber gleichzeitig Abstand.

Tieren kann es egal sein, ob sie ein Grab bekommen, Menschen aber geben ihren Namen weiter. Und Menschen sind mit Bedeutungen verwachsen.

Das Grab ist nicht nur ein symbolischer, sondern auch ein konkreter, materieller Ort. Würde sich herausstellen, dass wir Blumen auf das falsche Grab gelegt haben, würden wir uns, auch wenn es dem richtigen ähnelt, betrogen fühlen. Wäre das Grab leer, würden wir wütend werden. Mit einem Toten zu reden, das ist schon seltsam genug, umso mehr, wenn es der falsche Tote ist oder ein Toter, der gar nicht da ist.

Der Körper unseres geliebten Menschen liegt hier, unter diesem Grabstein bei der Trauerweide. Es ist der Ort, der uns verbindet.

10.

Zaligem. Das Klappergestell

Ein bewölkter Tag. Nieselregen. Ich wische mir die Augen trocken und gehe hinter dem Federvieh her zum Ackerrand. Dort steht Fernand Huts. Er knallt es ab.

Es ist noch früh am Morgen. Ein kräftiger Wind weht. Wir sind ungefähr zwanzig Treiber, vor allem Bauernsöhne. Wir schwingen Stöcke und tragen fluoreszierende Jacken, damit uns die Jäger vom Wild unterscheiden können. »Prr, prr«, soll ich rufen oder »hei-up, hei-up«. Dann ergreifen Fasane und Hasen die Flucht.

Neben dem Maisfeld sitzen zehn Jäger auf Hockern und Klappstühlen. Sie schießen. Sie jubeln. Sie brüllen »Viktoria« mit französischem Akzent. Sie tragen grüne Klamotten. Ihre Hosenbeine haben sie in die Strümpfe geschoben. Die farbenprächtigen Fasane, die nur mühsam vom Boden abheben, werden durch die enormen Schrotladungen in der Luft zerfetzt. Sie segeln noch ein Stückchen, klatschen dann auf den Boden, holpern noch etwas weiter, bleiben zitternd liegen. Die Jagdhunde sammeln die Überreste ein. Lebt ein angeschossener Fasan noch, packt ihn jemand an seinem feuerroten Kopf und schleudert ihn solange herum, bis sein Genick bricht.

Ich beobachte sie. Sehe mich hier selbst stehen. So wie

mein Vater damals bei den Jägern im Zaligem. Es ist, als wäre ich am Set eines B-Movies.

»Verdammt, bleibt in einer Linie und scheucht das Wild auf«, ruft Fernand Huts, der die Treibjagd mit seinem Walkie-Talkie wie ein General anführt. Dem Hafenchef, der das Logistikunternehmen *Katoen Natie* zu einem Global-Player gemacht hat, gehören in diesem Polder sämtliche Jagdrechte. Nun hat er einige wichtige *Invités* zur Jagd geladen. Huts, ein untersetzter Mann mit Bart um die sechzig, gilt nicht nur als ein gerissener Geschäftsmann, sondern auch als Querulant, ein Reinaert im Maßanzug, der König Nobel nur zu gerne reinlegt.

»Schaut, Wildgänse«, ruft er und schießt, ohne zu treffen, ein paarmal in die Luft. Mit provozierendem Geschnatter fliegen die Gänse hoch in die Wolken, auf und davon.

Auch die Hasen versuchen, auf ihren kräftigen Hinterläufen zu entkommen, die langen Ohren flach in den Nacken gelegt. Eine trächtige Häsin, dick und schwer, wird in ihrem Lauf getroffen. Sie wimmert laut, taumelt, trappelt weiter, hinkt, bis sich ein Jagdhund ihrer erbarmt.

Hinter meinem Rücken stürzt ein Reh mit heiler Haut davon. »Ausgesetzt«, meint ein Treiber, »genau wie die Fasanen, die kommen meist vom Züchter.«

In der Ferne sehe ich das grelle Grün des Singelbergs in Beveren. Hier hat, nachdem er unsere Polder unter Wasser gesetzt hatte, Filips van Marnix de Sint Aldegonde, Bürgermeister, Schriftsteller und Aufständischer, 1585 dem spanischen Feldherrn Alexander Farnese die Kapitulation Antwerpens angeboten. Einer der anwesenden Jäger hier ist ein Nachfahre seiner Familie, ein anderer Spross des berühmten Adelsgeschlechts Van de Arenbergs, das zahlreiche Waasener und Zeeuwer Polder nach den Überschwemmungen wieder trockengelegt hat. Sie besitzen immer noch Hunderte Hektar Ackerland. Außer den Aristokraten sind vor allem Geschäftsmänner mit von der Partie, wie die Zeitungsmagnaten Van Thillo.

In den vergangenen Jahrzehnten mussten sich die Bauern immer wieder damit auseinandersetzen, dass die Großgrundbesitzer ihr Pachtland verkauft haben. Bereits in den siebziger Jahren gab es eine erste Verkaufswelle, weil seinerzeit Verpachtungen umständlich und wenig rentabel gewesen sind. Seit Beginn der neunziger Jahre gibt es, als Folge der Flut an Reglementierungen in den Bereichen Umwelt und Raumordnung, eine zweite Welle. Es gab Zeiten, in denen sich die Großgrundbesitzer durch ihren Einfluss auf Politik und Königshaus noch in die Gesetzgebung einmischen konnten, doch heute klagen sie, dass sie nirgends mehr Gehör finden, weil in den Ministerien die »jungen Grünen« das Sagen haben. Viele alteingesessene Großgrundbesitzer haben deshalb aufgegeben.

Andere schlagen jetzt zurück und prozessieren bei der EU, um für sich dieselben Rechte wie für die Naturvereinigungen einzufordern. Wieso bekommt *Natuurpunt*, um die Grundstücke zu verwalten, bis zu neunzig Prozent des Ankaufspreises zurückerstattet, ganz zu schweigen von den Subventionen, während die Landbesitzer leer ausgehen? Weidmännische Jagd ist ihnen zufolge doch auch eine Art von Naturpflege, was sie heutzutage auch deutlich machen, indem sie Schilder wie »Respektieren Sie die Natur« in den Schutzwäldern aufstellen, manche dicht neben denen von *Natuurpunt*: »Genießen Sie dieses Stück Natur.« Immer dieser Imperativ.

»Ich habe noch nichts getroffen«, jammert der junge korpulente Van Thillo und zieht eine Flunsch.

»Sieh mal, da drüben«, sagt Van Thillo senior lachend, der von einer Großwildjagd in Afrika mit einem lahmen Bein zurückgekommen ist. Er zeigt auf einige über das Maisfeld trippelnde zahme Tauben.

Der junge Van Thillo läuft zu ihnen hinüber und feuert aus kurzer Entfernung eine volle Ladung auf sie ab. Federn und Knochen fliegen umher. Es bleibt fast nichts von ihnen übrig. Sein Gesicht heitert sich auf.

»Guter Schuss«, brummt Fernand Huts.

Er bläst in sein Horn und beendet die Jagd. Zeit für das Mittagessen. Seine Frau Carine ist mit Jeep und Pudel da. Im Kofferraum stehen Körbe voller Brote und Töpfe mit Kürbissuppe.

Vor einigen Wochen bin ich wegen ein paar Auskünften in ihrem Schloss gewesen, das am Rand des Zaligem liegt. Der magische Ort von früher, in den ich als Jugendlicher eingebrochen bin, ist nicht mehr wiederzuerkennen. Das frühere Spukschloss ist vollkommen renoviert und sieht mit seinen zierlichen Türmen, Treppengiebeln und Zinnen nun wie ein Märchenschloss aus. Im aufwendig veredelten Landschaftsgarten steht jede Menge zeitgenössische Kunst, vor allem nackte Frauen und kopulierende Hirsche. Die alte Scheune wurde zu einem modernen luxuriösen Büro umgebaut, aus dem Fernand Huts sein logistisches Netzwerk über die sieben Weltmeere steuert.

Das Schloss wurde Mitte des neunzehnten Jahrhunderts als *maison de plaisance* für den Anwalt Paul Parrin, Bürgermeister von Sint-Niklaas, Deichgraf des Polders und Gentleman-Farmer, erbaut. Angeschlossen war ein Modellhof, der

Bogaerdhof. Es waren wegen der Flachs- und Kartoffelkrise schlimme Zeiten. Die Textilindustrie verkümmerte. Auf dem Markt von Sint-Niklaas kam es wegen fehlender Lebensmittel zu Tumulten. Deichgraf Parrin trat dafür ein, die Polder zu entwässern und die Landwirtschaft zu modernisieren, unter anderem durch die Einfuhr von britischen Zuchtbullen, die die mageren flämischen Kühe veredeln sollten.

Als ich klein war, ging es beim »Schlossherrn« noch zu wie beim *Haus am Eaton Place.* Das Hauspersonal wohnte im Keller und musste Tag und Nacht für den damaligen Schlossherrn, einen Textilbaron mit Fabriken in Hulst und Sint-Niklaas, bereitstehen. In den siebziger Jahren wurde das Anwesen an Snikker verkauft, ein reicher Snob, der als Straßenbauunternehmer die Nationalstraße angelegt hatte. Danach stand es eine Zeitlang leer. Das Schlossgehöft wurde von der Zeeuwer Bauernfamilie Abens aus Koewacht gekauft. Die drei Söhne blieben unverheiratet und sind nun drei alte »Junggesellen«. Es ist rührend, sie auf dem historischen Bauernhof brüderlich bei der Arbeit zu beobachten, zwischen den Weißblauen Belgiern, die sie züchten.

Der heutige Schlossherr, der Antwerpener Fernand Huts, wird von vielen Leuten im Polder auf Händen getragen, weil er sich vehement gegen die Hafenerweiterung ausspricht. Huts meint, es gibt noch mehr als genug Platz auf dem jetzigen Hafenterrain. Der Hafen ist noch lange nicht voll, das Straßennetz hingegen schon. Gerade dieser erstickende Verkehr um Antwerpen herum hat ihn ins Waasland gebracht, sagt er.

Ab und zu empfängt er im Schloss einen örtlichen Aktionsführer und verspricht ihm eine milde Gabe. So unterstützt Huts den Kampf aus dem Hintergrund. Er kauft im

Polder nicht nur alte Pfarreien und Forts auf, weil er eine Schwäche für Baudenkmäler hat, sondern auch Äcker und Wiesen, gerade im Zaligem. Seinem Vorbild folgen bereits andere Hafenbarone, was den Ackerboden noch begehrter macht und die Preise hochtreibt. Auf der Bank wirft ihr Geld im Moment wenig ab, und Grund ist immer eine gute Kapitalanlage, argumentieren diese Neureichen.

Fernand bläst wieder in sein Horn. Die Jagdpartie geht weiter, aber nicht mehr im Polder, sondern auf seinem Betriebsgelände. Wir werden mit zwei Militärlastern zur riesigen Domäne von *Katoen Natie* an der Schelde gefahren. Zwischen den Lagerhallen hat er auf brachliegenden Flächen Mais für das Wild gesät. So ist er nicht nur der größte Hafenbonze, sondern auch der größte Maisbauer im Waasland.

»Hallo, Fernand«, sagt jeder. Hier ist er nicht der »Schlossherr«.

»Das Wild aufscheuchen und alles abschießen«, befiehlt Huts durch sein Walkie-Talkie.

In einer geschlossenen Linie ziehen wir durch das mit hohen Zäunen umgebene Betriebsgelände. Es hört nicht auf zu regnen und zu stürmen. Klatschnasse, aufgeplatzte Maiskolben schlagen mir ins Gesicht. »Prr, prr«, rufe ich recht schwach. Kaninchen kommen in Scharen aus ihrem Bau gekrochen. Sie können nirgends hin. Es ist wie eine Schießbude auf dem Jahrmarkt. Von den Schnauzen der Jagdhunde tropft das Blut.

Nach der Schießerei fahren die Militärlaster uns zum Jagdhaus im Polder, wo mit dem Wild das traditionelle Tableau inszeniert wird. Knapp zweihundert Kadaver werden in Form des Firmenlogos von *Katoen Natie* auf dem Boden angeordnet. Vor allem Hasen, Kaninchen, Fasanen und Enten, aber auch einige *Leos* – anscheinend der Jägerjargon für unbekannte Vögel mit krummen Schnäbeln und langen Stelzen.

»Das werden doch wohl keine Säbelschnäbler sein?«, frage ich. Aber Fernand hält bereits eine Lobrede zu Ehren des erlegten Wilds.

Im Jagdhaus stehen einige ausgestopfte Füchse und Gänse. Beim *après-chasse* am Kaminfeuer erzählt mir der Jagdaufseher, dass er in der vorigen Saison bestimmt siebzig Füchse geschossen hat. Ein anderer Jäger hat einen großen grimmigen Rüden getötet, den er auf eine besondere Art hat ausstopfen lassen: Der Fuchs sitzt auf einem Barhocker, ein Glas Bier in der linken Pfote, den buschigen Schwanz wie ein Sonnenschirm in der Höhe. Magnifique, finden alle.

»Warum steckst du ihm keine Lampe in den Arsch? Dann spendet er auch noch Licht.«

Das hätte ich gerne gesagt, aber ich halte den Mund. Ich sage nur, dass ich kürzlich mein schönstes Huhn tot aufgefunden habe. Der Kopf war spurlos verschwunden. Der Unterleib war weggefressen. In der blutigen Bauchhöhle glitzerten gelbe Eidotter. Es ließ mich nicht unberührt. Totgebissene Hühner finde ich genauso schlimm wie totgebissene Säbelschnäbler. Aber ich pferche sie nicht ein oder stecke sie hinter Stacheldraht. Ich lasse der Natur ihren Lauf.

***

Wie verhext sitzt Ma in ihrem Rollstuhl vor dem Balkon. Ihre Augen starren in die Tiefe, ihre Hände zittern, der Mund ist weit geöffnet. Als ich ihre Aufmerksamkeit auf mich ziehen will, dreht sie sich schief zu mir um und sieht mich misstrauisch an. Diesen argwöhnischen Blick, den kenne ich nicht von ihr, er stimmt mich unbehaglich.

»Ma, rate mal, mit wem ich auf der Jagd war«, frage ich, aber es interessiert sie nicht.

»Der neue Bauer ist wieder an der Arbeit«, sagt sie mit schwacher, doch begieriger Stimme, und schaut hinaus. »Auf seinem neuen blauen Traktor. Gehäckselt hat er schon und jetzt fährt er das Mais-Silo fest.«

»Ma, wir sind hier mitten in der Stadt. Sieh nur, die Kirche, die Bushaltestelle …«

»Da, er hat die Hemdsärmel hochgekrempelt und fährt gerade zu seinem Bauernhof, einem großen Gehöft in Moregem.«

»Das ist die Kunstakademie. Wir sind in Sint-Niklaas.«

»Seine Kühe brauchen viel Futter. Schau doch, wie sie auf der Weide laufen. Ich habe sie schon dreimal gezählt. Sechzehn, siebzehn, achtzehn. Echte Belgier, weißblaue …«

»Das sind Autos, Ma.«

»Ach so, wenigstens ist der neue Bauer so schlau, seine Wiese als Parkplatz zu vermieten. Aber heute Morgen hat er noch ein totes Kalb nach draußen geschleppt …«

»Ma, das ist doch Hokuspokus.«

Ich verwende denselben Term, den sie früher immer an meinem Bett benutzt hat, wenn ich wieder einen Albtraum von Räubern gehabt habe, die den Bauernhof überfallen, durch das Loch in der Hecke kriechen, mich mit Gewehren verfolgen. »Das ist doch Hokuspokus, ein Traum«, hat sie mich immer beruhigt, und zufrieden bin ich wieder eingeschlafen.

»Hokuspokus?«, ruft sie jetzt aus. Ihre Augen funkeln vor

Zorn. »Quatsch nicht so herum. Ich weiß doch, was los ist, Quatschkopf.«

»Hm«, sage ich nur, damit sie weiterspricht.

»Du betreibst hier auf dem Dachboden einen Kartoffel- und Drogenhandel für den neuen Bauern, zusammen mit Hilde. Die Polizei war schon da. Lass Hilde in Ruhe, sie ist verheiratet. Und ich habe hier schon genug Ärger.«

Ich schweige lieber. Sie ist nicht nur davon überzeugt, dass vor ihrem Fenster ein Bauernhof steht, sie denkt auch, dass ich etwas mit ihrer Pflegerin habe, der Großnichte von Bruder Isidoor.

»Hast du schon gehört, wer gestorben ist?«, sage ich nach einigen Minuten des Schweigens.

Ich sehe sofort, wie sich der Nebel in ihrem Kopf verzieht. Die Pupillen sind groß. Die Ohren gespitzt. Das Einzige, was sie von ihrem eigenen Unglück ablenken kann, ist das Unglück anderer Leute.

»Miel. Er hat zwei Tage tot in seinem Wohnwagen auf dem Hof gelegen.«

»Sag, dass das nicht wahr ist«, sagt sie erschrocken. Ihre Gesichtszüge werden weich. »Miel, das war ein Kerl, jung, oder?«

»Und nach dem Begräbnis hat irgendjemand seinen Hof angezündet. Die Scheune, die Maschinen, alles verkohlt. Alles ist weg. Als hätte Miel nie existiert. Da kommt jetzt ein Immobilienprojekt hin, sagt man.«

»Ach, schade. Na ja, du wirst es noch erleben. Er hat oft mit deinem Bruder zusammengearbeitet, viel geschuftet und sich abgerackert.«

»Und Günther ist es leid. Sein Bauernhof steht zum Verkauf.«

»Günther? Der mit der Philippinerin? Dann gibt es außer Dirk keinen einzigen Bauern mehr in der Gegend. Voriges Jahr ist Guido schon gestorben. Tot vom eigenen Traktor gestürzt. Gerade 52 Jahre alt. Der Traktor ist weitergefahren und gegen ein Haus geprallt. Was hier alles passiert.«

Ich stecke ihr zwei Spangen ins dünne Haar, ziehe ihr die Jacke an, lege ihr den Schal um, setze das Hütchen auf. Es geht ein säuerlicher Geruch von dem ramponierten Körper aus, eine Mischung aus Schweiß und Urin. Unten auf der Straße hebe ich sie aus dem Rollstuhl und setze sie ins Auto. Sie ist so zerbrechlich wie Porzellan. Sie jammert, dass ihr Bein gegen die Tür geschrammt ist, und fordert, dass ich nachsehe, ob ihr Knie blutet, doch als wir unterwegs sind, wird sie fideler. Sie betrachtet die Äcker.

»Ich fühle mich im Auto fast wie ein normaler Mensch«, sagt sie, »so ohne Rollstuhl.«

Der Polder zieht sie an, sie will die Ernte sehen, dies ist noch immer ihr Land hinter den Deichen. Wir halten am Rand unseres Felds an. Zwei große gelbe Kombinen mähen den Mais. Es war nicht einfach, sie jetzt anzuheuern, denn in der Erntezeit müssen sie eigentlich überall zugleich sein. Die Bauern arbeiten dann rund um die Uhr. Ich parke das Auto dicht am Acker und kurbele ihr Fenster herunter, damit sie die Arbeiten möglichst gut verfolgen kann. Als ich zum Maisdrescher gehe, höre ich, dass Ma von einem Fahrradtouristen in fluoreszierendem Trikot beschimpft wird, weil das Auto mit einem Reifen auf dem Fahrradweg steht.

»Pass bloß auf oder ich komm dir hinterher«, rufe ich ihm nach. »Fahrradterrorist!«

Der Lohnunternehmer guckt mich befremdlich an, als ich die Leiter der Kombine hochklettere. Ich sage ihm, dass ich die Maiskörner im Silo einlagern möchte, damit ich sie im Frühjahr verkaufen kann, wenn die Preise auf der Synagrabörse hoffentlich gestiegen sein werden. Die Feuchtigkeit beträgt 27 Prozent, wie ich auf dem Messgerät in der Kabine sehe. Das ist gut, denn bei über 30 Prozent müsste man Trockenkosten bezahlen. Auch das Gewicht ist anscheinend ganz ordentlich.

»Eine gute Ernte«, lobt der Lohnunternehmer.

Flach über unserem Feld hängt ein blutroter Heißluftballon mit Korb, in dem zwei Menschen stehen und winken. Sie ziehen am Brenner und steigen mit einer Stichflamme auf. Das kann man am Ende des Sommers jedes Wochenende sehen, denn der Markt von Sint-Niklaas, der größte Marktplatz Europas, ist das Zentrum der Ballonfahrer. Früher passierte es noch, dass unsere Kühe durchgingen und in Panik durch den Stacheldraht sprangen, wenn ein Heißluftballon in der Nähe landete. Aber jetzt ist die Weide bis auf die Tröge und Tränken vollkommen leer. Der Schlagschatten des brummenden Windrads zieht vorüber.

»Dein Bruder würde diese Mühlen verfluchen«, sagt Ma, die lieber nicht zum Bauernhof will, um den Verlust nicht zu spüren. »Er würde die Gewächshäuser verfluchen, und er würde die Villa verfluchen.«

»Ja, er hätte gerne gehabt, dass alles so geblieben wäre, wie es war«, sage ich. Der Ballon steigt immer höher.

»Weißt du noch, wie sie bei der Hormon-Razzia den Kühen auf der Weide hinterhergelaufen sind?«, sagt sie mit bebenden Nasenflügeln. »Das war so schlimm, so schlimm für uns.«

Ich muss mich jedes Mal zu ihr beugen, so schwach ist ihre Stimme. »Guter Mais, was?«, wechsle ich das Thema.

»Du weißt, dass die Sammler erst auf das Feld kommen dürfen, wenn der Bauer die Ernte eingebracht hat.«

»Das weiß ich, Ma.«

»Wer hätte das gedacht, dass du doch noch Bauer wirst«, sagt sie kopfschüttelnd.

»Ich bin der letzte Bauer«, sage ich. »Ich muss das Licht ausmachen.«

Zurück im Pflegeheim, setze ich sie wieder in ihren Rollstuhl und befestige das Brett an den Armlehnen. Ich schneide ihre Butterbrote in Stücke. Sie nimmt sie fest in die Hand, aber die Hälfte landet auf ihrem Kleid. Ihre krummen, steifen Finger funktionieren noch schlechter als Krähenfüße. Ich stecke ihr einen Strohhalm zwischen die Lippen, damit sie ihren Kaffee trinken kann. Ich gebe ihr Pudding, Löffelchen für Löffelchen. So muss sie auch mich gefüttert haben. Ich soll ein recht zappliges Kleinkind gewesen sein.

Ma ist so viel stärker, als ich gedacht habe. Sie kann fast nichts mehr, aber klammert sich an alles, was sie noch fassen kann. Sie kapituliert nicht, sosehr sie auch klagt. Die kleinsten Handlungen, die noch möglich sind, bauen sie auf. Es sind Kleinigkeiten, die dem Leben auf dem Weg zum Tod noch Sinn geben. Es ist der pure Lebenstrieb, der sie anspornt. Es ist ihre enorme Willenskraft, eine Urkraft. Wenn Ma etwas will, kann nichts oder niemand ihr widerstehen.

Sie isst schmatzend, mit Appetit. Essen tröstet sie. Wer isst, lebt.

Wir betrachten das Fotoalbum und den Stammbaum ihrer Familie. Onkel Daniel ist mit 83 Jahren gestorben, mutterseelenallein. Er war das letzte Mitglied des Familienzweigs, der sich als Landwirte in Wallonien niedergelassen hat, als es für Bauern noch das Gelobte Land gewesen ist.

»Wenigstens ist er auf seinem eigenen Hof gestorben, genau wie Pa.« Ma seufzt. »Wären wir damals bloß nach Wallonien gegangen und nicht in den Polder.«

Ich sage ihr nicht, und werde es ihr auch nie sagen, was mit Daniel geschehen ist. Ich kannte ihn früher nur vage aus Mas Erzählungen über den Sonderling mit seinem alten Vierkanthof bei Moeskroen, auf dem er nach dem Tod seines Bruders wie ein Einsiedler zurückgeblieben war. Dort lebte er offensichtlich noch immer mit vier alten Kühen und hatte weder Freund noch Feind. Jeden Tag fuhr er mit seinem blauen Traktor zum Supermarkt, denn ein Auto hatte er nicht. Einmal beobachtete ein Junge, wie Daniel dort mit einem Portemonnaie voller Geld bezahlte. Er erzählte es abends in der Kneipe seinen Freunden. Sie wollten den betagten Mann ausrauben, fanden aber nur eine Handvoll Euro. Also fesselten sie ihn an einen Stuhl und misshandelten ihn. Dann erstachen sie ihn mit einer dreizinkigen Mistgabel. Anschließend legten sie in dem alten Vierkanthof Feuer, der völlig abbrannte, mitsamt dem Bauern und allem anderen. Nur die alten Kühe haben überlebt, mussten dann aber von einem Tierarzt »euthanasiert« werden.

»Ja, ich würde viel lieber auf meinem eigenen Hof sterben wie Daniel«, sagt Ma noch einmal, aber kaum hörbar. Sie schließt die Augen.

***

Ich versuche, Dirk im Koeye den Häckselmais zu verkaufen, aber er beißt noch nicht an. Mittlerweile ist er der einzige Vollzeitbauer in der Kemphoek und hat ungefähr den gleichen Mutterkuhbetrieb, wie mein Bruder ihn hatte, also könnte er das Grünfutter doch gut gebrauchen. Aber unser Mais vom Feld beim Wasserlauf, auf dem schon seit Jahren wegen des Naturgebiets kein Dung mehr verteilt werden darf, ist kümmerlich und teilweise von Fasanen angefressen, die dort ausgesetzt und gezüchtet werden. Die Jäger stellen für sie Futternäpfe ins Gras, wie in einem Hühnerstall.

»Ach Christian«, sagt Lucienne, seine achtzigjährige Mutter. Sie hat mich seit meiner Jugend nicht mehr gesehen, aber die Art, wie sie mit mir redet, klingt gleich vertraut. »Ja, die Bauern werden von hier jetzt weggeekelt. Sie sind die letzte Generation. Die moderne Zeit, sagen sie.«

Ich fange einen Duft ein, der mich unmittelbar ergreift. Lucienne rührt in einer kräftigen Fleischbrühe. Wir setzen uns an einen kleinen Küchentisch und blicken über den blitzsauberen Hof. Die Stalltüren und Fensterläden sind wie bei uns grün gestrichen. Überall stehen Kästen mit roten Geranien. Dirk ist fünfundvierzig, Junggeselle, immer im blauen Bauernkittel. Beinahe jedes Gespräch beginnt mit dem gleichen Dialog.

»Wie geht's?«, frage ich.

»Arm, aber gesund«, sagt er.

»Besser als umgekehrt.«

Wie gewöhnlich zeigt er mir seine blau-weißen Kühe, seinen muskulösen Zuchtbullen, die Kälber. Vor kurzem gab es wieder eine Inspektion. Läuft die Jauche vom Misthaufen auch nicht in den Boden? Wie bekämpft er das Ungeziefer? Und wann schafft er sich einen Computer an, damit sie digital Anzeige erstatten können? Immer mehr Kontrollen, immer neue Vorschriften, die entsetzlich niedrigen Preise, die Modernisierung und Digitalisierung – damit wird Dirk und seinen Kollegen langsam die Kehle zugedrückt.

Die Zeit, in der ein Bauer wie ein König über seinen Hof herrschte, ist schon lange vorbei, sagt Dirk. Gleichzeitig ist auch der altmodische *Bauernstolz* fast gänzlich verschwunden.

Es ist, als würden wir es schon unser ganzes Leben kennen, die Auflösung des Bauernstands. Wir fingen deswegen schon als Kinder manch eine Schlägerei an, und es wird immer schlimmer. Tausende Bauern verschwinden jedes Jahr, weil die Politik, der Markt und jetzt auch noch die Umweltverordnungen sie zwingen, sich zu vergrößern. Vor hundert Jahren machten Landwirte noch ein Viertel der arbeitenden Bevölkerung aus. Als ich geboren wurde, waren es noch vierzehn Prozent. Heute knapp ein Prozent. In Belgien hat sich die Anzahl der Bauern in den vergangenen zwanzig Jahren halbiert. Und in den Niederlanden gaben in den letzten zehn Jahren 25 000 Bauern auf. In vielen Ländern scheiden doppelt so viele Bauern aus dem Leben wie Bürger. Trotzdem wird dieser Untergang von der Gesellschaft nicht als eine soziale Tragödie begriffen.

»Wir dürfen uns beschweren, wir dürfen nörgeln, aber niemand hört uns zu. Es ist wie in Russland«, analysiert Dirk. »Und ansonsten ist es wie in Amerika: das Recht des Stärkeren. Nun sollen auch die mittelgroßen Bauern weg, und dann ist nur noch Platz für die allergrößten Betriebe.«

Auf seinem Acker im Zaligem hat er durch den gestiegenen Wasserpegel das hinterste Stück Weizen bei der Ernte stehen lassen müssen. Er versucht krampfhaft, mit der Zeit zu gehen, und kümmert sich nun auch um einige Kräuterwiesen von *Natuurpunt.* Laut Vertrag erhält er dafür einen symbolischen Euro pro Jahr. Dafür muss er die Wiese zweimal im Jahr mähen. Der erste Schnitt im Juni bringt wenigstens noch einen Karren voll Heu ein, aber der zweite im September so gut wie nichts.

»Und weißt du, um was sie jetzt gebeten haben?« Er lacht. »Ob ich ihren Grund vielleicht halb düngen könnte. Bahnenweise. Ja, auf einmal sagen sie selbst, dass die Vögel auf gedüngten Böden mehr zu essen finden.«

Er bietet mir einen korrekten Preis für den Häckselmais, aber es ist wenig oder nichts daran verdient. Das Heu habe ich bereits mit Verlust verkaufen müssen. Ein professioneller Großhändler hat zwei LKW vollgeladen. Er zahlte anderthalb Euro für einen Heuballen von zwölf Kilo. Ich fand keinen anderen Abnehmer. Einmal kam eine Dame aus der Stadt vorbei, aber sie zog die Nase kraus, weil ihre Ponys nur »das beste Heu vom ersten Schnitt« mögen. Als würde sie von Olivenöl aus der ersten Pressung reden.

Und ja, der Tomatenzüchter von den Akkerkes, der dort bereits mein ganzes Leben gärtnert, hat einige Dutzend Ballen abgeholt. Er scheint nun eine Stelle außer Haus zu haben. Ein anderer Gärtner am Wassergraben hat sogar schließen müssen. Sie werden von der Konkurrenz der großen Tomatenbetriebe verdrängt, wie jenem hinter unserem Bauernhof, wo nun während der Ernte Dutzende billiger Polen arbeiten. Der Mann von den Akkerkes hat seine Tomaten aus Protest sogar kostenlos im Dorf verteilt.

Die Kemphoek, die fast tausend Jahre eine Bauernstraße gewesen ist, wird nun schnell mit Bürgerhäusern vollgebaut. Hundert Meter weiter stehen schon wieder ein Schild mit einer Bauankündigung und ein *Dixi*-Klo. Früher waren Bauern die wichtigsten Bewohner auf dem Land, aber jetzt wohnen hier mehr Städter. Für sie steht nicht mehr die Lebensmittelproduktion im Vordergrund, sondern der Konsum vom Grün, von Ruhe und Entspannung. *Natuurpunt* ist zur größten Vereinigung im Umkreis geworden, viel größer als der Bauernverband.

Im Zaligem ist der Wandel unverkennbar. Ich fahre über den Groene Dijk zu Marc, der mit mir über eine Protestaktion sprechen will, die er mit anderen Bauern plant. Sein Milchviehbetrieb liegt formvollendet hinter der Grote Geule. Drei große Ställe, umgeben von blühenden Obstbäumen und saftigen Wiesen, stehen in einem Polderstück, das früher Kijkverdriet hieß. Er hat sogar eine kleine Windmühle dazugestellt. Doch einen Steinwurf weiter die Geule entlang hat der Enteignungskommissar schon mit seiner Runde begonnen. Hundert Hektar Naturkompensation sollen dort entstehen. Bauernhof nach Bauernhof wird in Angriff genommen.

Marc sitzt in seinem Wohnzimmer und studiert dicke Berichte über Vogelschutzrichtlinien und Erhaltungszielverordnungen. Auch er kümmert sich bereits um einige »Unkrautäcker« von *Natuurpunt.* Er versucht, ihre Absichten zu verstehen, deshalb sitzt er auch in der Arbeitsgruppe Biodiversität der Gemeinde: »Sie haben einen Flächennutzungsplan vorgestellt. Sie wollen aus dem Zaligem ein einziges großes Naturgebiet machen mit einem weitläufigen Puffer darum herum. Dann ist es auch für uns vorbei. Mein Sohn würde noch gerne in die Landwirtschaft, aber ich rate ihm schmerzenden Herzens davon ab.«

Wir gehen in den Stall. Marc war der erste Bauer in der Gegend, der sich eine computergesteuerte Melkanlage angeschafft hat, was damals Aufsehen erregte. »Allez, der melkt schon mit einem Roboter«, sagte mein Bruder verständnislos. Ich sehe, wie eine weiß-schwarze Kuh aus eigenem Antrieb zum Melken auf die Plattform stapft. Die Saugnäpfe der Maschine schließen sich automatisch um ihre Zitzen, und die Milch strömt durch die Leitungen. Die Kuh hat ein elektronisches Halsband um. Der Computer speichert von jedem Tier Daten wie Milchleistung, Körpertemperatur, eventuelle Krankheitssymptome. Die Zitzen haben sich im Laufe der Jahre an die Maschine angepasst und sind durchschnittlich um die Hälfte kleiner als in meiner Kindheit. Eine gute Kuh kann heute bis zu zehntausend Liter Milch pro Jahr geben, doppelt so viel wie vor fünfzig Jahren. Aber bei dem Milchpreis ist auch das manchmal ein Verlustgeschäft.

Ein Kalb zu verkaufen bringt gerade noch knapp vierzig Euro ein. Das ist nicht einmal das Totschlagen wert, lachen die Bauern bitter. Denn der Tierkörperverwerter verlangt für den Abtransport eines toten Kalbs um einiges mehr.

Marc hat Jahre mit Behörden und Umweltvereinigungen kämpfen müssen, um seine Genehmigungen zu bekommen und zu behalten. Er fühlt sich langsam umzingelt. Von allen Seiten kommen Umwelt- und Naturmaßnahmen auf ihn zu. Deshalb hat er nun notgedrungen und nach langem Grübeln beschlossen, seinen Viehbestand wieder zu reduzieren und »auf den alternativen Zug aufzusteigen«. Vorne auf seinem Bauerngut hat er bereits einen kleinen Laden für die »Selbstgemachte Eiscreme« gebaut, mit der er Radler und Spaziergänger zu verführen hofft. So verarbeitet er seine eigene Milch. Auf einer Tafel stehen unter der Überschrift »Von der Kuh zum Kühlschrank« wichtige Informationen. Viele Kinder denken mittlerweile, dass Milch in einer Fabrik produziert wird, und finden es eklig, wenn sie hören, dass sie aus einem Euter kommt. Und dass die Kuh erst kalben muss, bevor sie Milch gibt, wissen sogar manche Erwachsene nicht mehr.

Nun hat Marc auch die Idee in die Welt gesetzt, eine »Labsaltour« zu den bedrohten Bauern zu organisieren. Die Bauernhöfe öffnen ihre Tore, bieten ihre besten Produkte an, und jeder darf zum Naschen und »Labsalen« vorbeikommen.

»Eine Labsaltour?«, frage ich. »Also keine harte Aktion?«

»Wir wollen das Positive zeigen«, sagt Marc, »auf dem eigenen Hof.«

»Tolle Initiative. Aber bei uns gibt es nichts mehr, an dem man sich laben könnte.«

Auf dem Rückweg bemerke ich einen Mann um die fünfzig, der mit seinem großen Auto an unserem Zwiebelfeld anhält. Die Zwiebeln hat ein Zeeuwer Bauer, der direkt hinter der Grenze wohnt, gerodet, aber zum Trocknen liegen sie noch in dicken Schichten auf dem Acker. Der Mann rennt mit einem Korb auf unser Feld, füllt ihn bis zum Rand und läuft zu seinem Auto zurück.

Ich sehe verwundert zu. Der Raub von Feldfrüchten war früher strafbar und wurde »Feldklau« genannt. Das Gewohnheitsrecht schreibt vor, dass Mundräuber erst auf die Felder dürfen, wenn die Ernte beendet ist. Doch die Rodemaschine steht hier noch zwischen den Zwiebeln. Hat der Mann etwa einen derart unwiderstehlichen Drang nach Zwiebelsuppe?

»Entschuldigung, aber ich dachte, der Bauer wäre längst fertig«, sagt er, gibt Gas und fährt mit seinem Korb auf und davon.

Die Ernte ist dieses Jahr überall gut, was heutzutage für die Bauern eine schlechte Nachricht ist. Letztes Jahr gab es so viele Zwiebeln, dass die Preise in den Keller gestürzt sind. Die Polderbauern haben Millionen Kilo zu Schleuderpreisen verkaufen müssen. Hart zu arbeiten, um dann die Früchte zu vernichten, das ist mehr als frustrierend, wie ich noch von meinem Bruder weiß, der nach so einem Rückschlag die Kartoffelzucht eingestellt hat.

Es beginnt wieder zu regnen. Aus dem Wassergraben steigt Nebel auf, ein Wassergeist, der sich träge an Land begibt. Im Polder, das ist bekannt, kann man manchmal Dinge sehen, die gar nicht da sind. Auf Günthers Hof stehen riesige Umzugswagen. Das Schild »zu verkaufen« lehnt noch am Zaun. Ich beobachte seine zarte philippinische Frau, wie sie mit einem Hochdruckreiniger die Landmaschinen abspült. Eine Frau, die ein Herz für die Landwirtschaft hat und hart arbeiten kann, was ihr viel Wertschätzung von den Bauern und den Bäuerinnen einbringt. Günther, ein stämmiger Mann um die vierzig mit langem Pferdeschwanz, bringt die Maschinen mit einem Gabelstapler in den Umzugswagen. Die Ställe sind schon leer. Er hat in den vergangenen Jahren teilweise auf französische Limousins umgestellt. Die Weißblaue Belgierrasse ist »zu Ende gezüchtet«, hat er gemeint. Sie hat immer häufiger mit irgendwelchen Leiden und Krankheiten zu kämpfen. Aber seine roten, ungestümen Limousins brauchen mehr Platz, als sie hier bekommen.

»Kaffee? Zigarette?«

Günther nimmt mich mit in sein Wohnzimmer, das im vorderen Teil des Stalls eingebaut ist. Der Kuhduft liegt noch vage in der Luft. Ein ausgestopfter Schwan steht auf der Anrichte. In einem Käfig sitzt ein kleiner, neugeborener Hund und kläfft. Der Ofen brennt. Während wir Kaffee trinken, muss ich an den Brand in unserer Scheune denken und an

Günther, der meinem Bruder geholfen hat, die Kälber hinauszutreiben.

»Wieso zieht ihr bloß um?«, frage ich. »Ihr wohnt hier doch gut, direkt am Wassergraben.«

»Hier gibt es keine Zukunft mehr.« Günther steckt sich eine Zigarette an. »Es gibt keine einzige Möglichkeit, den Betrieb zu vergrößern und einträglich zu machen, im Gegenteil. Ständig noch mehr Beschränkungen. Ständig noch mehr Natur. Die fetten Jahre sind vorbei. Und wir sind nun mal so töricht, um weiter Landwirtschaft betreiben zu wollen.«

Sie ziehen jetzt auf einen neuen Bauernhof nach Frankreich. Den Kühen hinterher, denn die Limousins kommen aus der Gegend von Limoges, und dort hat Günther einen Hof gefunden. Hoch in den Bergen, ein felsiges Gebiet, mit Wölfen und Wildschweinen, noch kälteren Wintern als hier und der größte Unterschied: eine Sprache, die er nicht spricht. Aber er will unverdrossen weiter als Bauer arbeiten.

Der alte Bauernhof ist bereits verkauft und wird zu einem Auffangzentrum für verwahrloste Esel.

Seine alte Mutter, die mit umzieht, nimmt mich zur Seite. Sie hat mich mit Ma im Rollstuhl spazieren gehen sehen, was sie erschreckt hat. »Unterschätze die Einsamkeit auf dem Land nicht«, sagt sie.

Hinter ihrem Rücken sehe ich noch immer das Andachtsbildchen meines Bruders auf dem Schrank stehen. In der Mitte, unterstrichen, das Wort »Landwirt«. Und weiter: »Niemandes Meister, niemandes Knecht.«

»Lasst es euch gutgehen«, sage ich.

***

»… und deshalb muss mehr Raum her, Raum für den Fluss, Raum für robuste Natur …«

Ich wische mir die Stirn ab, während ich dem neuen Vermittler zuhöre. Wir sitzen im Schleusenhaus von Kallo. Haushohe Schiffe fahren dicht vorbei. Der Saal ist voll. Polderbewohner und Landwirte. Männer, Frauen, Kinder, Alte. Mit einem Anschreiben wurden sie letzte Woche zu dieser Informationsveranstaltung eingeladen. Der Beschluss ist gefallen. Sie werden bereits im nächsten Jahr enteignet, ein unerwartetes Eilverfahren.

Ich bin hier mit einigen Dutzend Aktionsführern aus Doel und den Weilern, den Bauernorganisationen und einer Jugendgruppe, die sich die *Derde Generatie* nennt, weil schon seit drei Generationen mit dieser Gegend gespielt wird. Sie halten große Transparente hoch, auf denen »Der Polder ist unsere Zukunft« und »Wann wird der Hafen Frieden mit dem Polder schließen?« steht. Einige Männer tragen vier Tortenschachteln vom örtlichen Bäcker herein, was sofort ins Auge springt.

Die in der ersten Reihe sitzenden Beamten erstarren: der Naturkompensationsexperte, der Entpolderungsexperte, der Sigma-Planexperte, der Enteigungsexperte, der PR-Experte, alle wie die Kühe beim Roboter mit einem Amtsausweis um den Hals. Sie wissen, was mit dem vorigen Vermittler passiert ist, dem man bei seinem Abschied eine Sahnetorte spendiert hat. Vor allem sein Nachfolger Jan Hemelaer, ein nervöser rundlicher Mann, den man nun offiziell Prozessmanager nennt, behält die Schachteln genau im Auge. Akkurat setzt er sich seine funkelnde Brille auf die Nase.

Auf einem großen Schirm läuft eine Powerpoint-Präsentation. Rechts hängt ein Plakat mit der Überschrift »Ökosystem unter Druck«, und darunter Fotos von dem Säbelschnäbler, der Reiherente, dem Rotschenkel und der Rohrdommel. Links hängt der neue Flächennutzungsplan für das Poldergebiet, die Farben Lila für die Industrie und Grün für Natur überwiegen. Nach der Aussetzung durch den *Raad van State* hat die Regierung hastig einen außerordentlichen »Verbesserungsplan« genehmigt, gegen den man keinen Einspruch mehr einlegen kann. Der neue Plan beinhaltet einen dringenden Enteignungsbeschluss für Doelpolder-Midden, ein Gebiet von circa zweihundert Hektar Ackerland, an das auch ein paar Weiler anschließen. Einige Dutzend Menschen werden auf der Stelle enteignet. Früher hatte man ihnen gesagt, das würde sich noch ein paar Jahre hinziehen. Einer der Bauern ist Guido Van Mieghem, der kämpferischste Bauer des Polders, der so geschockt ist, dass er zu dieser Veranstaltung nicht kommen wollte.

»Der Hafen hält gut zehntausend Arbeitsplätze bereit und hat immer eine konsequente Politik verfolgt«, beginnt Hemelaer mit einigen sorgfältig vorbereiteten Sätzen.

Der Saal bricht in Gelächter aus. »Wir wollen Ihre üblichen Erklärungen nicht hören«, ruft ein Aktionsführer. »Warum hauen Sie uns jetzt diese dringenden Enteignungen um die Ohren? Das wollen wir wissen. Was für eine Sauerei!«

Der Vermittler lächelt von einem Ohr zum anderen. Er sagt, dass der Hedwigepolder auch enteignet und etwa 2019 unter Wasser stehen wird. Er sagt, dass dann auch der gesamte Doelpolder an das Flutgebiet angeschlossen sein muss, deshalb müssen die Arbeiten rasch beginnen. Er sagt, dass die temporären Naturkompensationen im Prosperpolder wieder abgetragen werden, und diese müssen ihrerseits wieder kompensiert werden …

»In diese Kompensationen sind Millionen Euro für den Säbelschnäbler geflossen«, ruft ein Bauer, »aber das hat sich nicht ausgezahlt. Höchstens für den Fuchs.«

Kürzlich habe ich von einem Verantwortlichen der *Beheercommissie Natuur* gehört, dass der Fuchs rund um die Naturgebiete ausgemerzt werden soll, aber das können sie noch nicht öffentlich machen, weil zuerst das grüne Gewissen »massiert« werden muss.

»Wir sind dazu da, die Politik der Regierung umzusetzen«, sagt Hemelaer mit flacher, nahezu tonloser Stimme. »Die Renaturierung ist eine Vorgabe der EU. Dann fahre ich jetzt fort mit unserer Powerpoint…«

Seine kaltblütige Ruhe fällt auf. Wie immer wäscht er seine Hände in Unschuld, der Pontius Pilatus des Polders, wie er hier manchmal genannt wird. Keine Spur von Unentschlossenheit oder Selbstkritik. Viel Schuld liegt bei diesen Beamten, die mehr noch als die Politiker unbeirrbar ihre Tagesordnungspunkte abarbeiten, flüstert ein verbitterter Polderbewohner neben mir. Menschen, deren einziges Band mit der Natur ein Nistkasten im Garten ist. Menschen, die das Anpflanzen von Lauch schon als eine unglaubliche Herausforderung empfinden. Menschen, die herkommen und einer alten Bauerngemeinschaft sagen, dass sie für neue Natur weichen müssen.

Aber die Höflinge von König Nobel, getrieben von Macht und Hochmut, stoßen nun auf ein murrendes Volk, und das haben sie so nicht erwartet.

»Nein, wir können Ihre Darlegungen über robuste Natur nicht mehr hören«, sagt ein Aktionsführer. »Für euch ist dies nur unkultiviertes Gebiet, aber hier wird seit Ewigkeiten gelebt und gearbeitet.«

»Bauernland, das ist unsere robuste Natur«, sagt ein anderer Mann.

»Im Doelpolder-Noord wurde vor einigen Jahren ein Wiesenvogelgebiet angelegt und noch dazu ein neuer, teurer Deich«, sagt jemand. »Wird der nun wieder abgerissen? Denn jetzt kommt ja noch Doelpolder-Midden dazu.«

»Äh, das war eigentlich kein Deich, sondern ein Sandvorrat«, sagt Hemelaer.

»Keine Lügen, bitte. Und dieses Wiesenvogelgebiet, in das so viel investiert worden ist, soll jetzt geflutet werden? Aber dann sitzt doch Ihr Rotschenkel mit dem Arsch im Wasser.«

»Die brüten meistens auf höher gelegenen Stellen, und die überschwemmen nur, wenn es stürmt. Und es stürmt nie während der Brutzeit.«

Wieder Gelächter im Saal.

»Aber all die Pflanzen in dem Süßwasserwiesenvogelgebiet, die jahrelang so gehätschelt wurden, die mögen das Salzwasser doch auch nicht.«

»Nun, die Vegetation wird wohl zum Teil eingehen. Blutweideriche können das nicht überleben, verstehen Sie das nicht?«

»Was für eine riesige Verschwendung. Und jetzt noch mal zweihundert Hektar Ackerland konfiszieren?«

»Natur hat einen indirekten ökonomischen Wert. Sie bietet Entspannung, sie bietet die Vogelbeobachtung …«

»Kuckuck«, ruft ein alter Mann.

Der Vermittler blickt verärgert zur Seite. Er spricht weiter: »Der Rotschenkel …«

»Kuckuck.«

»Mein Herr, ich bin Beamter und hier, um Sie zu informieren. Ich verstehe Ihr Missfallen, aber die EU fordert dies von uns …«

»Pass bloß auf, sonst scheißen dir die Schwalben auf den Kopf«, sagt jemand hinter mir.

»… und wer enteignet wird, wird korrekt bezahlt und betreut werden«, fährt der Vermittler fort.

»Das ist Diebstahl«, ruft ein kräftiger Bauer. »Ich bin vor ein paar Jahren schon teilweise enteignet worden und habe dreißigtausend Euro pro Hektar bekommen. Dafür kann ich mir woanders nicht einmal einen halben Hektar kaufen.«

»Was Sie sagen, stimmt nicht«, mischt sich der Enteignungskommissar ein. »Wir bezahlen jetzt mehr. Und die meisten Leute stimmen freiwillig zu.«

»Freiwillig?«, explodiert ein anderer Bauer. »Schon beim ersten Telefonat wurde mit dem Richter gedroht. Und wir wissen alle, was für ein Leidensweg dann auf uns zukommt.«

»So etwas habe ich nie gesagt. Hier steht Ihr Wort gegen meines.«

Robbie, der schon einen anderen Betrieb in Limburg im Auge hat, dort aber keine Genehmigung für seine Schweinehaltung erhält, fasst allen Mut zusammen und steht zitternd auf: »Mir wurde zugesagt, dass ich bis 2017 bleiben kann.«

»Nein, nein, das haben wir niemals zugesagt«, lächelt Hemelaer.

Robbie, dessen Mutter erst kürzlich gestorben ist, bricht in Tränen aus. Er geht nach vorne und wirft mit einem Schluchzer ein Stück Papier auf den Tisch: »Hier steht es schwarz auf weiß: 2017. Und jetzt auf einmal muss es sofort sein. Diese paar Jahre machen aber einen Riesenunterschied für mich aus.«

»Mich müsst Ihr in der Kiste raustragen«, schreit der Rattenfänger von Ouden Doel. »Nur über meine Leiche!«

Der Saal kocht. Hans, der bereits in Doel enteignet wurde und jetzt zum zweiten Mal aus seinem Haus muss, packt eine Tortenschachtel und springt brüllend auf. Der Vermittler duckt sich wie ein aufgeschrecktes Tier. Ihm quellen die Augen aus den Höhlen. Die Schachtel trifft ihn am Kopf. Er seufzt sichtlich erleichtert. Auch die anderen Beamten atmen auf. Die Schachtel war leer.

»Kuckuck«, lacht der alte Mann, während fast alle anderen den Saal aus Protest verlassen.

***

Auf dem Bauernhof ist die Dunggrube zu meinem persönlichen Naturgebiet mit Schilf und Rohrkolben geworden, in dem Wasservögel schwimmen und Libellen fliegen. Treibende Wasserpflanzen bilden bereits einen dicken Teppich. Weidensträucher schießen in die Höhe. Dies ist mein Ökosystem, Habitattyp »Tümpel und Ufer«, auch wenn das Ufer aus Beton ist. Dies ist meine Qualitätsnatur, auch ohne Biber und Rohrdommel.

Ich denke lange über meine »big five« des Bauernhofs nach und komme nach reiflicher Überlegung zum vorläufigen Schluss:

1. Das steinalte, sterbende Huhn, das sich trotz eines lahmen Flügels immer weiterschleppt.
2. Das einbeinige Teichhuhn in der Dunggrube.
3. Die Rauchschwalben, auch wenn sie tatsächlich das Fenster vollgeschissen haben.
4. Das Austernfischerpaar, das so viel Rabatz macht.

5. Der Schwarzkopfrudererpel mit seinem großen Penis im Wasserbecken hinter dem Bauernhof.

Einen Fuchs habe ich leider immer noch nicht zu Gesicht bekommen, nur einen überfahrenen Kadaver neben der Nationalstraße. Ich wollte ihn mit nach Hause nehmen, aber meine Partnerin war dagegen. Auf dem Büfett wäre kein Platz mehr.

Was die Pflanzen betrifft, ist mein Gewinner klar: die einheimische Pflanze, die mir im Gartenzentrum von Nieuw-Namen empfohlen wurde, um Beruhigungstee daraus zu machen. Nie zuvor habe ich einen derart kraftvollen Wuchs erlebt. Viel kräftiger als das Gemüse und die Kartoffeln, die ich jeden Tag mit Genuss esse. Der Sämling, den ich an einer sonnigen Stelle in natürlichen Kompost gesetzt habe, schoss bereits im Mai wie ein Pfeil in die Luft und wuchs im Sommer jeden Tag mindestens zwei oder drei Zentimeter. Unglaublich!

Könnte ich doch damit unsere Felder bepflanzen, fing ich an zu träumen. Notfalls zwischen dem Mais, was im Grenzgebiet öfter vorkommt. Mit der Folge, dass das Grünfutter auch die Kühe zur Ruhe bringen würde.

»Nicht zurückschneiden, einfach wachsen lassen«, war der Rat der Jungs in Nieuw-Namen. Aus den Achseln der Pflanze schossen Seitenzweige in alle Richtungen. Frische, saftige, tiefgrüne Blätter, die sich weich, fast seidig anfühlten. Ein starker, fleischiger Stiel. Ein feines und köstliches Aroma. Ich habe noch eine Schubkarre Mist daraufgeworfen. Die Pflanze hat sich daraufhin auch forsch in die Breite gedehnt. Gegen Oktober war sie ein robuster Strauch, knapp zwei Meter hoch, beladen mit schweren Blütentrauben. Ein Monster von einer Pflanze, was mir Respekt, aber auch Furcht einflößte. Als manche Blätter im Herbst braun wurden und Schimmel ansetzten, habe ich zur Axt gegriffen.

Die Natur ist stark, sagen die Bauern. Vital. Widerspenstig. Sogar auf einem Misthaufen oder einer Müllkippe gedeiht sie prächtig. Sogar durch den Betonpfad auf dem Bauernhof schießt das Unkraut.

Die Natur schlägt immer zurück.

Ja, immer schlägt die Natur zurück.

***

Ich sitze lange auf der niedrigen Mauer beim alten Schweinestall und betrachte die orangefarbene Glut der untergehenden Sonne über der Weide. Klettenlabkraut kriecht unter mir über die Steine. Aus den Ritzen krabbeln Ameisen und Asseln. Ein Mückenschwarm tanzt um mich herum.

Ich bemerke, dass die Tür des Schweinestalls, ein schiefes Gebäude mit bemoostem Dach und farblosen Türen, einen Spaltbreit offen steht. Habe ich sie offen gelassen? Nein, das ist der einzige Stall, den ich nie betreten habe. Der Wind vielleicht? Ich muss sofort an den Spätnachmittag denken, an dem ich auf den Hof gefahren bin und im Schweinestall das Licht gebrannt hat. Es war in den letzten Wochen, bevor ich nach Haiti aufgebrochen bin. Schwere Wolken hingen über den Scheunen. Ein Windstoß wehte den Hof sauber. Die Sparren knarzten und ächzten. Kurz blieb ich neben dem Auto stehen, um mich dem Unwetter auszuliefern, dem Donnern und Wirbeln, ein Spektakel, das mich schon immer bezaubert hat.

Im Stall zwischen den Kühen fand ich meinen Bruder. Die Wärme und der Geruch der Tiere schlugen mir ins Gesicht. Ich sah die Panik in seinen Augen, das Gesicht vor Anstrengung zu einer Grimasse verzogen, sein schütteres Haar, den wie Wagenfett glänzenden Kopf. Er stemmte sich mit aller Macht gegen einen gebrochenen und abgesackten Balken. Eine flackernde Neonröhre hing noch an ihm. Wenn der Balken herunterkrachen würde, könnte vielleicht das gesamte Dach einstürzen. Auf die Kühe, die Kälber und, schlimmer noch, seine fünf besten Stiere.

Es war so frostig, dass wir unseren Atem sahen. Die kalte Jahreszeit kam unerbittlich näher. Der November war oft ein Saukerl. Und der Dezember war manchmal noch schlimmer. Wir blickten uns direkt in die Augen, er ungeduldig, ich hilflos.

»Schnell, ich kann ihn nicht mehr lange halten, verdammt«, schrie er.

»Was soll ich tun?«

»Den Wagenheber, hol den Wagenheber!«

Ich kämpfte mich durch den heftigen Wind hinüber zum Wagenschuppen. Früher hatten die Kräfte der Natur immer einen beruhigenden Effekt auf mich. Ihre Gleichgültigkeit, ihre Selbstverständlichkeit. Lass mich nur um deine Nase wehen, sagt der Wind, nach Regen kommt Sonnenschein, und immer, immer wieder geht die Sonne auf. Aber mein Bruder ging mit Sturm, Hagel und Regen anders um. Immerzu redete er sich ein, dass die Kühe vom Blitz getroffen, die Scheune abbrennen oder die Ställe einstürzen könnten. Was im Polder ja auch oft genug geschah. So wie jetzt.

Ich fand den Wagenheber und nahm noch ein paar Bretter und Klötze mit. Damit baute ich hastig eine Querstrebe unter den abgesackten Balken. Ich kurbelte den Wagenheber hoch. Das Holz brach und splitterte. Ich kurbelte weiter. Der Wagenheber schoss weg, der Turm fiel um, das Gehölz verschob sich. Staub rieselte hinunter. Spinnweben klebten auf meinem Gesicht.

Mein Bruder fluchte, seine Hände waren gequetscht worden und mit tiefen roten Schrammen übersät. Aber er stützte die Dachbinder mit seinem ganzen Gewicht. Die Kühe schwiegen, verfolgten aufmerksam unsere Arbeit, spürten die Spannung. Einige hatten von kürzlich durchgeführten Kaiserschnittoperationen glattgeschorene Bäuche, baumelnde Fäden, Narben.

»Alles bricht zusammen«, rief er.

Ich stapelte die Klötzer und Bretter wieder auf und kurbelte den Wagenheber hoch. Diesmal schien es zu klappen. Der Balken lag jetzt gerade. Schnell griff mein Bruder mit seiner blutenden Hand nach einer schweren Bohle, die er sich zurechtgelegt hatte, und zimmerte sie an die Seite des gesplitterten Balkens. Er hämmerte lange Schmiedenägel hinein. Auf der anderen Seite machte er es genauso. Dann setzten wir uns an die Stallmauer. Mein Herz klopfte bis zum Hals, meine Beine zitterten, der Schweiß tropfte an mir herunter. Die neue Fertigscheune auf der anderen Hofseite kam direkt so aus der Fabrik, aber den alten Schweinestall hatte Pa, als wir klein waren, noch eigenhändig gebaut. Er gehörte einfach zu uns. Tausende Ferkel waren dort geboren worden. Mein Bruder hatte daraus später einen Rinderstall gemacht, links der Stellplatz für etwa zwanzig Kühe, dahinter ein Verschlag für die heranwachsenden Kälber und rechts eine Reihe großzügiger Boxen für die Stiere. Und dort lagen sie nun im dicken Stroh, die fünf jungen schönen Stiere, um die er sich in den vergangenen Monaten so intensiv gekümmert hat.

Mit Schweinen hat mein Bruder nie viel anfangen können. Er war ein Mann der Kühe. Die gemolken werden mussten. Die entbunden werden mussten. Zu denen er ein persönliches Band hatte. Er kannte sie alle, ihren Charakter, ihre Abstammung, ihre Nachkommen. Ein neugeborenes Kalb, das saubergeleckt werden musste, berührte ihn nach all den Jahren noch immer.

Das hat schon früh begonnen. Als wir noch Kinder waren, hat er mich eines Abends auf den Schoß genommen, um mir das Melken beizubringen. Wir saßen zusammen auf einem Hocker, ein Dreifuß, die Stirne an den warmen Kuhbauch gedrückt. Mein Bruder, der knapp dreieinhalb Jahre älter war als ich, konnte schon damals melken wie kein zweiter. Jeden Tag warf er nach der Schule seinen Ranzen in die Ecke und lief in den Stall.

Er nahm die Zitzen in die Hand, drückte die Fingerspitzen sanft dagegen, strich hinunter. Der sahnige Milchstrahl machte ein klatschendes Geräusch und schäumte im Eimer. Die Kuh hatte ein volles, geschwollenes Euter, vier große Zitzen und noch zwei kleinere. Aber als ich daran zog, kam nichts heraus. Hastig probierte ich es noch einmal, pure Konzentration, während die Kuh mit ihrem Schwanz nach mir schlug und mit dem Hinterbein stampfte. Ich fand es genauso spannend, wie gegen einen Stromzaun zu pinkeln.

»Nicht ziehen«, sagte mein Bruder, »drücken.«

Er klemmte die Kuh mit einem Haken über dem Rücken ein und band ihr den Schwanz ans Bein. Er machte ein besorgtes Gesicht, als wäre dies das schlimmste Problem der Welt. Es war noch die Zeit, in der die Kühe älter waren als ich. Kurz danach hielten automatische Melkmaschinen und Kühltanks Einzug auf unserem Hof, und das begeisterte ihn noch mehr.

Ich saß als kleiner Junge unter dem schweren Euter und drückte, kniff und zog, aber es gelang mir nicht. Es ist mir nie gelungen. Aber ich kann mich noch genau an den Geruch der Rübenschnitzel in den Futtertrögen erinnern, ein kräftiger Geruch, der uns komplett umgab, der in unsere Kleider kroch und uns begleitete, wohin wir auch gingen. Ich weiß noch, wie still es damals draußen war, eine Stille, die gerade durch einzelne Geräusche noch verstärkt wurde, wie das Poltern eines Bauernkarrens auf der Straße, das Muhen einer kranken Kuh, der Schrei einer Eule. Ich erinnere mich noch an die tiefe Dunkelheit, die so viel schwärzer war als heute, unter einem Himmel, der vor lauter Sternen funkelte.

Heute ist es eigentlich nirgendwo mehr dunkel. Nirgendwo mehr still.

Mein Bruder und ich saßen zusammen auf dem Melkschemel. Wir kamen natürlich nicht auf den Gedanken, dass es den Bauernhof irgendwann nicht mehr geben könnte. Er erschien so zeitlos, so unvergänglich. Das lag damals an der Ordnung der Dinge, die sich so schnell nicht änderten. Wir hatten eine unbesorgte Zeit, eine Jugend ohne Angst, einen guten Hof, um aufzuwachsen. Wir hatten wenig, aber es mangelte uns an nichts. Wieso sollte das jemals aufhören?

»Ma wird sterben und die Landwirtschaft untergehen«, sagte er an dem Nachmittag, als wir an der Stallmauer saßen, um zu verschnaufen.

»Ich kann doch immer vorbeikommen und dir helfen«, sagte ich.

»Was macht das noch aus? Ich entscheide selbst, was ich mache.«

Es waren schwere Zeiten. Zeiten der Rückschläge und des Unglücks. Zeiten der wachsenden Angst, von Stress und Deprimiertheit, ohne dass wir uns darüber wirklich im Klaren waren oder uns damit groß beschäftigten.

»Investiere einfach in einen neuen Stall«, sagte ich. »Geld hast du genug.«

»Rede nicht vom Geld, das interessiert mich nicht. Ich weiß nicht einmal, wie viel ich auf der Bank habe.«

Mein Bruder, mittlerweile über fünfzig, ohne Nachfolger, ohne Perspektive, sah das Ende des Bauernhofs bereits kommen. Im Nachhinein betrachtet. Trotzdem hatte er einen neuen Traktor gekauft, einen kleinen blauen New Holland, ausgestattet mit einem Frontlader zum Ausmisten der Ställe. Er hatte in den vergangenen Jahren seinen Viehbestand noch erweitert, obwohl ich ihm regelmäßig sagte, er sollte besser weniger Kühe halten, besonders seit Ma krank geworden war. In den letzten Monaten hatte sich ihr Zustand noch verschlechtert, trotzdem ging sie noch immer mit ihrem Gehgestell zu den Kälbern und in den Gemüsegarten. Er kümmerte sich um sie, so gut es unter den gegebenen Umständen eben ging. Wenn er draußen arbeitete, schaute er regelmäßig nach ihr, bis sie dann stürzte und ins Krankenhaus gebracht werden musste. Und gerade in dieser Woche hatte der Arzt uns mitgeteilt, dass sie nie wieder gesund werden würde und deshalb auch nie wieder auf den Bauernhof zurückkehren könnte.

Mein Bruder hatte länger mit Ma als Paar zusammengelebt als unser Vater. Sie hatte aus ihm ihren zweiten Ehemann gemacht. Zusammen hatten sie den Mutterkuhbetrieb aufgebaut. Und nun, nach einem Leben aus Schufterei und Schweiß, nun bemerkte er die Leere um sich.

»Ich werde die fünf jungen Stiere verkaufen«, sagte er an diesem Nachmittag während des Unwetters.

Es schockierte mich, auch wenn ich ihm selbst geraten hatte, den Viehbestand zu reduzieren. Ich zitterte und wollte ins Haus. In der Küche fand ich einen Berg schmutzigen Geschirrs vor. Ich holte ein paar Lauchstangen aus dem Garten und schälte Kartoffeln über einer Zeitung. In einer Bratpfanne brutzelte ich einen Rotbarsch, den ich in der Kühltruhe gefunden hatte. Ich hatte ihm mal eine Mikrowelle mitgebracht, aber die benutzte er nicht, außer um darin Milch für die Kälbchen aufzuwärmen. Für sich selbst kochte er fast nie. Brot genügte ihm. Und Dosensuppe.

Als das Essen fertig war und er sich immer noch nicht blicken ließ, ging ich in den Stall, wo noch Licht brannte. Er stand beim Klappergestell. Das große, spindeldürre Kalb stand hinter dem Silo in einer Box aus Strohballen. Es wankte und schwankte von links nach rechts. Mein Bruder versuchte, ihm die Nase in einen Eimer zu stecken, der mit frisch gemolkener Milch gefüllt war. Das Klappergestell prustete, seine krummen Beine knickten ein. Ein Kalb mit Leidenschaft versorgen und Tag für Tag mitanzusehen, wie es ihm schlechter ging, das war furchtbar für ihn. Schlafen zu gehen und zu wissen, dass es am nächsten Morgen tot sein könnte.

»Es ist ein Wunder«, sagte er, ohne aufzublicken, »wie dieses Klappergestell am Leben bleibt.«

»Ich muss dringend ins Krankenhaus«, sagte ich, denn Ma forderte damals von uns alle Aufmerksamkeit. Ich fragte mich nun, genau wie Ma, was aus ihm werden sollte, wenn sie nicht mehr da sein würde.

Er blieb im Stall, als wollte er vor irgendetwas entkommen. Er sagte kein Wort mehr. Niemand konnte so schweigen wie er. Er streichelte das Klappergestell, der rote Kater döste neben ihm im Stroh. Ich sah seine zerschrammte Hand. Der Dreck brannte in den Wunden. Ich holte den Verbandskasten und klebte ein Pflaster darüber. Ich fühlte die Schwielen, die Schrunden, die Narben auf seiner Hand, die alle eine Geschichte erzählen konnten. Die Hand, die so viele Kälbchen aus den Kühen gezogen, Kartoffeln gesetzt und Maschinen gesteuert hat.

Ich sollte jetzt am besten nichts mehr sagen. Ich stand auf und ging. Niedergeschlagen blickte er mir nach.

Jetzt sitze ich alleine auf der niedrigen Mauer und betrachte den Tomatenbetrieb, die Windräder, die Villa, alles, was er nie zu Gesicht bekommen hat. Das Dach des Schweinestalls hat gehalten. Hält weiter. Über der Stalltür hängt noch immer ein vertrockneter, geweihter Palmzweig. Ich habe in den vergangenen Monaten viele Schwalben ein- und ausfliegen sehen, ihre Nester hängen an dem Balken, den wir damals repariert haben. Vor einigen Wochen haben sie sich auf der Stromleitung zwischen Haus und Scheune versammelt. Die Leitung hat sich unter ihrem Gewicht durchgebogen. Dort haben sie noch ein paar Tage gesessen und gezwitschert, danach sind sie weggeflogen. Und die Stalltür haben sie einen Spaltbreit offen gelassen. Es ist, als könnte mein Bruder jeden Moment herauskommen. Aber er kommt nicht aus dem Stall, und ich gehe nicht hinein.

11.

Epilog

Es beginnt wie so oft mit den Dohlen. Ihre schrillen Rufe dringen bis ins Haus. Es ist, als würden sie wegen dem, was kommen wird, aufgeregt und unruhig schreien. Zu Hunderten kreisen sie um die große Pappel. Sie zanken und kämpfen, tanzen in der Luft, drehen ab, kommen zurück, landen auf den Ästen, fliegen wieder auf, ein einziger langgestreckter Schwarm, genauso trübe, dunkel und bedrohlich wie der Himmel über ihnen.

Dann muss der Wind aus Westen kommen. Die junge, starke Eiche fängt unruhig zu rascheln an, die Rohrrispen rauschen und brausen in der Dunggrube. Ich sehe, wie sich das Wasser kräuselt, das Gras wogt. Der Wind frischt auf, fegt durch die Bäume, lässt tote Äste knacken. Er pfeift rund um das alte Bauernhaus und taucht ab in den Schornstein, wodurch der Ofen wie eine schlafende Katze brummt.

Ständig laufe ich von dem einen zum anderen Fenster, damit ich den gesamten Hof überblicken kann. Ich sehe eine graue Wolkenfront ankommen, die nach und nach alles verdüstert. Noch ist die Sonne eine neblige, bleiche Scheibe. Ein blauer Schleier liegt über dem Hof. Die Silhouetten der Bäume werden schwärzer. Ich höre dumpfes Grummeln, das hinter dem Tomatenbetrieb beginnt. Das

Trommeln der ersten dicken Regentropfen auf dem Dach. Die Hühner, die gackernd zu ihrem Stall rennen. Die Luke steht offen.

Nun rollt der Wind wie ein Panzer auf die alte Scheune zu. Ich laufe nach draußen, der Regen peitscht mir ins Gesicht, unter meinen Stiefeln klebt und knatscht die nasse Erde. Ich versuche, so schnell wie möglich alle Luken und Türen zu verriegeln, damit der Wind nirgendwo hereinkann. Das Wasser strömt vom Dach, klatscht auf den Asphalt, fließt in Bächen in die Dunggrube. Der dunkle Himmel reißt auf, ein Blitz über der Weide, gefolgt von einem krachenden Donnerschlag, der noch lange nachhallt.

Was ist das nur für ein miserabler Herbst gewesen. Im Sommer hat es zu regnen angefangen und seitdem nicht mehr aufgehört. Dann kam der November, und es regnete noch immer. In der letzten Woche sind bestimmt hundert Liter vom Himmel gefallen. Es ist so schlimm, dass die Bresche im Wassergraben wieder geöffnet werden musste, die Bresche, die vor fünfzehn Jahren noch derart umstritten gewesen ist, dass Deichgraf und Bürgermeister beinahe aufeinander losgegangen sind. Heute ist sie ein Betondüker, der sich automatisch öffnen und schließen lässt. Das Wasser strömt wieder in den Polder.

Der Regen sickert sogar vom Mutterbalken im Wohnzimmer, so dass ich einen Eimer darunterstellen muss. Im Keller steht das Wasser, das alte Pökelfass schaukelt darin, wie ein Boot in einem Dock. Die dunklen Tage stehen vor der Tür. Es wird wieder ein scheußlicher Winter.

Erst jetzt merke ich, dass ich klatschnass bin. Ich stehe tropfend am Ofen, der heute schlecht zieht. Die Glimmerscheiben sind schwarz vor Ruß. Eine Regenwand geht vor dem Fenster nieder. Die Dachrinnen sind verstopft und laufen über. Die Windräder wirbeln in irrsinniger Freude im Kreis. Je schlechter das Wetter, desto besser für sie. Die riesigen Flügel schwirren und knarren.

Die Flachsbündel, die ich draußen ans Fenster gehängt habe, flattern wild hin und her. Die Ernte unseres Flachsackers war trotz des Fraßes noch ganz passabel. Qualitätsflachs, weich wie Schafwolle.

Der Sturm greift nun in Böen und Stößen an, brüllend wie eine Bestie, die es auf unseren Hof abgesehen hat. Äste, Blätter, Stängel fliegen vorbei. Die hohen Sparren hängen schief, beißen die Zähne zusammen, gehen nicht entzwei. Aber der Wind löst einen Ziegel von der alten Scheune, kriegt ihn zu fassen, drückt einen anderen Ziegel weg, zerbricht eine Dachlatte, und die ganze Ecke sackt ab, ein Stück vom Dach kommt herunter, und der ganze Boden liegt voller Scherben. Es ist, als würde sich der Bauernhof selbst auflösen.

Ich sehe die Zeit, die kommen wird, vor mir. Ich, von beiden Seiten von großen Bauerngeschlechtern abstammend, muss der jahrhundertealten Kette des Bauernlebens ein Ende machen, obwohl für uns die Landwirtschaft immer genauso selbstverständlich war, wie es ist, eine Mutter zu haben. Ich bin das letzte Glied dieser Kette. Ich bin die Zange, die sie durchkneift.

Es hört nicht auf zu regnen, aber jetzt weniger heftig und in einem gleichmäßigen Tempo. Der Donner rollt davon, der Sturm legt sich. Ich ziehe die großen Stiefel wieder an, überquere den Hof und gehe in die alte Scheune. Es sind drei riesige Löcher im Dachfirst, die Seitenfassade scheint sich wieder gewölbt zu haben, einige Bretter sind lose, ein

Schwalbennest liegt auf dem Boden. Es wäre schrecklich, wenn die Scheune durch einen Sturm zusammenbrechen würde, aber man kann es nur hinnehmen, da fragt man nicht nach dem Warum. Das fragt man sich aber schon, wenn die Scheune gegen den eigenen Willen von einem Bulldozer abgerissen werden würde.

Ich laufe an den leeren Ställen und den leeren Boxen vorbei aus der leeren Scheune. Unwillkürlich denke ich wieder daran, wie es wäre, wenn dort noch Kühe stünden. Und wie wir sie in ein paar Monaten auf die Weide treiben würden. Ich denke an die Orte, die ich zurücklassen muss, daran, was sie gewesen sind, was aus ihnen werden wird, was sie uns bedeutet haben.

Der Bauernhof sind wir. Und die Bäume sind wir. Und die Wiese sind wir auch.

Der Himmel bricht auf. Das nasse, zerbröckelte Dach glitzert in der Sonne. Ein Lichtstrahl fällt zwischen den Scheunen hindurch auf den kräftig gewachsenen Goldliguster meines Bruders. Ein Regenbogen mit einer vollendeten Krümmung erscheint über den Häusern von Turkeye. Einige Spatzen zwitschern zu meiner Zufriedenheit unter den Dachziegeln. Im alten Kirschbaum beginnt eine Amsel mit langen, aufmunternden Trillern zu singen. Ich sitze auf dem schwarzen Ledersofa und höre dem Wind und den Vögeln um unser Haus zu. Ich beobachte eine grünglänzende Fliege, die an der Decke schwirrt. Weiter tue ich nichts. Stundenlang. Ich sitze den ganzen Mittag am Fenster und schaue hinaus.

Nach einem Unwetter ist das Licht so schön.

Mit den kaputten Dachlatten mache ich abends hinter der Scheune ein Feuer. Sollen die Kontrolleure doch kommen.

Noch lange betrachte ich den Vollmond, der tief über unserem Hof hängt.

***

Müde und matschig, erholen sich die Felder vom Sommer. Die Straßen sind speckig vom Schlamm. Ich höre den Polder weinen. Ich fahre tief ins Deichland hinein. Unterwegs begegne ich einem Lastwagen und sehe Schweinerüssel zwischen den Gitterstäben. Der Himmel ist so weiß wie der Rauch über dem Atomkraftwerk in Doel.

Über dem Bauernhof von Guido Van Mieghem hängt schwere Herbstluft. Er hat heute einen »Tag des offenen Bauernhofs« organisiert, den letzten.

Vor einiger Zeit gab es schon eine »Labsaltour«. Tausende Menschen besuchten seinen und andere bedrohte Höfe, ein großer Erfolg, wenn auch ohne Echo in den Medien. Guido hatte man zuerst gesagt, dass sein Bauernhof verschont bliebe, bis beschlossen wurde, dass er 2018 wegmuss. Jetzt aber hat man auch das widerrufen: Er wird auf der Stelle enteignet.

Der wütende Wachhund, mit dem er den Vermittler von seinem Grundstück fernhalten wollte, ist inzwischen tot. Und das Gewehr, von dem er immer drohend gesprochen hat, hat er nie besessen. Dieser harte Mann, der eben nicht hart ist, hat nun in einer letzten Zuckung seine Türen geöffnet.

Wie Menschen an Allerseelen sittsam über den Friedhof spazieren, so gehen sie nun in hellen Scharen über diesen herausgeputzten Hof, der schon seit Jahrhunderten der Familie gehört. Vier Generationen sind hier, wie üblich, auf diesem Bauernhof anzutreffen. Guido, ein Nervenbündel, führt

Gruppen durch die Stallungen. Im neuen Schweinestall, der erst vor einem Jahr gebaut wurde, wird die Quintessenz des Züchtens erklärt. Im Kuhstall zeigen die Weißblauen Belgier ihre glattgeschorenen Hinterteile. Man könnte hier vom Boden essen. Und hinter dem Hof wird demonstriert, wie ein Traktor mit Bordcomputer und GPS-gesteuertem Pflug die Äcker umpflügt, tja, die Zukunft liegt nun mal in diesen cleveren Maschinen.

Das romantische Bauerndasein verschwindet rasant, das findet auch Guido. Sein Bauernhof war ein typisches Beispiel eines gemischten Familienbetriebs, der so viele Jahrhunderte das Land gehegt hat, aber Guido denkt, dass solche Betriebe nun der Agroindustrie weichen müssen. Und seine Bauernlandschaft, die Generationen in Verzückung versetzt hat, muss der neuen Natur Platz machen.

»Aber das ist keine Natur«, ruft er aus. »Das ist nur ein Gemälde.«

Er verweist auf den Entwicklungsplan für Prosperpolder-Zuid, der vor kurzem vorgestellt wurde: Hundertsiebzig Hektar Tümpelgebiet mit Dutzenden quadratischen oder rechteckigen Inseln in den Formen der Ackerparzellen, »um so den Wert des Kulturerbes zu respektieren«. Ein kubistisches Gemälde. Picasso in seiner blauen Periode. Die Bauern sahen so aus, als hätten sie es in Köln donnern gehört. Die Höfe werden abgerissen, die Bäume gefällt, knapp eine Million Kubikmeter Poldererde wird abgegraben, aber an den Wert des Kulturerbes wird dadurch erinnert, dass die Inseln viereckig gestaltet werden. Das Planungsbüro *Arcadis*, das die meisten Pläne zeichnet, hat sich selbst übertroffen. Die Landschaft wird nach und nach immer kleinkarierter.

»Allez, ich weiß, wie das vor sich geht«, sagt Guido. »Menschen in Anzug und Kostüm, die einen Fasan nicht von einem Huhn unterscheiden können, zeichnen ein paar Striche und schaffen so Natur, als wären sie Gottvater persönlich. Also dann, viereckige Inseln. Und die Grünen sind froh, dass sie 2500 Hektar für Naturkompensationen dazukriegen, und schlucken im Tausch dafür ihren Widerstand gegen die Hafenerweiterung und die Scheldevertiefung herunter. Und die Folge ist, wir müssen weg. Du hast keine Ahnung, wie schlimm es ist, mitanzusehen, wie das Lebenswerk einer ganzen Familie verlorengeht.«

Zynischerweise hat er zum Abschied einen Brief von den Behörden erhalten, in dem steht, dass die Luftemission seiner Ställe in Zukunft eine Bedrohung für die vierzehn Kilometer weiter gelegene Kalmthouter Heide darstellen wird. In diesen vierzehn Kilometern, die dazwischenliegen, steht der größte Chemiekonzern Europas und qualmt, aber das erwähnt der Brief mit keiner Silbe.

Es gab für Guido immer nur die Landwirtschaft davor und die Landwirtschaft danach. Er hat nach einer endlosen und verzweifelten Suche nun endlich ein Vorkaufsrecht für einen Bauernhof in den flämischen Ardennen bekommen, der Heimat meiner Eltern. Wenn er erst einmal dorthin umgezogen ist, will er niemals wieder in sein Geburtsdorf zurückkehren. Er fühlt sich jetzt schon entwurzelt. Seine Seele lässt er hier, aber er macht »mit purer Willenskraft« weiter. Dass er den Kampf aufgibt, trifft den gesamten Polder wie ein Keulenschlag: »Ja, ich schmeiße das Handtuch, was soll ich denn tun?«, ruft er. »Friss oder stirb. Ich kann in meinem Wohnwagen wohnen, aber meine Kühe bekomme ich da nicht rein. Ich finde immer noch, dass es grüner Wahnsinn ist, aber ich habe jetzt den Schalter umgelegt. Für meine Söhne.«

Der Landesvorsitzende des belgischen Bauernverbands kommt in düsterem, schwarzem Anzug auf dem Hof an, was links und rechts für Gemurmel sorgt. Nach dem Aufstand der Polderabteilung in Kieldrecht haben sich die meisten bedrohten Bauern wieder mit ihm versöhnt. Ja, sie haben seine Hilfe und seinen Beistand bitter nötig, auch wenn es jetzt nur noch darum geht, ein »Erste-Klasse-Begräbnis«, wie das früher genannt wurde, zu erhalten.

Colette, die von einem Kranwagen von der Straße gedrängt wurde, ist vergangene Woche in aller Stille eingeäschert und in die Schelde gestreut worden, erzählt einer der enteigneten Bauern. Diesen Winter wird sie also nicht mehr sehen können, wie die Wildgänse Stücke aus dem eiskalten Himmel schneiden. Ihr Hooghuis in Doel soll abgetragen und irgendwo anders wieder aufgebaut werden. Und ihr Schorrenhuis auf dem Deich geht an *Natuurpunt.*

Ein anderer Polderbauer zieht mich am Ärmel: »Die Pächter vom Hedwigepolder haben alle Besuch von einem Gerichtsvollzieher bekommen, der uns einen Brief des Eigentümers ausgehändigt hat. Und der schreibt, dass er nun selbst aus seinem Polder ein Naturgebiet machen will. Wenn ihm das gelingt, kann er womöglich sein Haus retten und seine Pferdchen behalten. Aber wir Pächter müssen alle weg, obwohl wir so oft Aktionen für ihn durchgeführt haben. Jeder lässt uns im Stich.«

Die Bauern sind die Verlierer des Fortschritts, davon ist auch Guido überzeugt. Über ihren Überlebenskampf wird wenig oder nichts notiert. Es ist nicht der Mühe wert, es auf Papier zu bringen, und die Bauern selbst schreiben keine

Tagebücher oder Lebenserinnerungen auf. Es ist schlimm, alles kaputtgehen zu sehen, meint Guido, aber es ist noch schlimmer, wenn niemand das festhält. Oder wenn niemand übrig bleibt, der die Geschichten weitergibt.

Hier, am Rande des sogenannten Geisterdorfs Doel mit seinen kahlgeschlagenen Straßen und Ruinen und mit seinen vertriebenen Bauern und Bewohnern, erinnere ich mich an meine Reise nach Haiti und wie ich über das Erdbeben in der Hauptstadt Port-au-Prince berichtet habe. Ich habe Menschen im Barackenlager des Unbekannten Sklaven dahinsiechen sehen. Ich habe Cholerapatienten in den Gassen von Cité Soleil vor meinen Augen sterben sehen. Es waren fast ausschließlich Bauersleute, die dem verarmten Landleben entflohen waren. Überall hing der Tod in der Luft. Es gab niemanden, der nicht irgendwen verloren hatte. Und dennoch war man überall von überschäumender Lebensfreude umgeben.

»Wie ist es, nach so einer Naturkatastrophe weiterzuleben?«, fragte ich Lourdes, eine verwitwete Bäuerin, die wie durch ein Wunder unversehrt aus der eingestürzten Kathedrale hatte herauskommen können. Ihre Kinder hatte sie zurück aufs Land geschickt.

»Es ist Bondieus Werk«, sagt sie lächelnd.

»Weshalb sollte der liebe Gott so etwas tun?«

»Bondieu hat mich doch gerettet. Und drei meiner Kinder. Und Millionen andere. Wir sind so froh, noch da zu sein.«

Ich begleitete Gerrit in die Berge, dem Koordinator von *Broederlijk Delen,* Brüderlich teilen, der den Überlebenswillen der Kleinbauern bewunderte. Wir besuchten einige bettelarme Bauern in ihren traditionellen blauen Lehmhöfen. Ein Anführer der Bauern sprach über das soziale Drama, das sich als Folge von Misswirtschaft und Liberalisierung auf dem Land abgespielt hat. So wurde die lokale Reisproduktion durch den Welthandel vollkommen verdrängt. Was übrig blieb, waren Überlebenslandwirtschaft und Raubbau an der Umwelt. »Natürlich war das Erdbeben reine Naturgewalt, dass es aber Hunderttausende Opfer gab, ist vor allem durch die Konzentration all dieser verarmten Bauern in den Slums zu erklären.«

Für ihn ist das kreolische Schwein das Symbol für den Untergang der Landwirtschaft. Das schwarze einheimische Schwein hatte sich gut an die örtlichen Umstände angepasst und lebte von Abfällen. Als die Schweinepest ausbrach, wurde auf amerikanischen Druck der gesamte Schweinebestand ausgerottet, aus Angst, der Virus könnte sich auch in den Vereinigten Staaten ausbreiten. Daraufhin wurden große rosa Schweine aus Amerika eingeführt, die die grelle karibische Sonne nicht vertrugen und die teures Futter benötigten. »Das amerikanische Schwein wollte nicht nur mit Sonnenöl eingeschmiert werden, es wollte auch noch mit Messer und Gabel essen«, lachte der Anführer.

Auf Haiti gibt es eine Bauernweisheit, die besagt, dass auch der gewöhnliche Mensch wichtig ist: »Der Mensch ist klein, aber seine Ausscheidungen sind groß.« Und ein anderer beliebter Spruch ist: »Wir mögen vielleicht hässlich sein, aber es gibt uns trotzdem.«

Ich erinnere mich noch, wie ich in Gerrits Haus auf dem Berg stand, als der Anruf kam. Ich sollte nach Hause kommen. Gerrit brachte mich zum Flughafen. Auf dem Weg von Haiti nach Miami blickte ich wie in Trance auf die unwirklich smaragdgrünen Moraste und Lagunen der Everglades hinunter. Es war, als würde ich in eine neue Dimension hineinfliegen. Anderthalb Tage später kam ich im Polder an, der weiß verschneit war.

***

Wieder läuft der Pfarrer mit der Letzten Ölung vorbei, zwei graue Nonnen folgen ihm. Die Flure im Pflegeheim riechen nach Tod. Die Zimmer nebenan wurden bereits einige Male neu belegt.

Mit angespannter Aufmerksamkeit starrt Ma in die Tiefe. Sie beobachtet die Betriebsamkeit auf dem Bauernhof unter ihrem Fenster. Sie geht als Bäuerin ihrem Ende entgegen, auch wenn sie mitten in der Stadt gelandet ist.

»Schau, der neue Bauer plackt sich wieder ab. Siehst du ihn?«

»Ja, er trägt einen blauen Overall.«

»Heute Morgen wurden alle Kühe aufgeladen. Der Gerichtsvollzieher und die Polizei waren dabei. Bestimmt das Werk der Kontrolleure.«

»Die Bauern haben es nicht leicht, Ma.«

Sie schaut blinzelnd zu mir auf. Sie prüft meine Reaktionen.

»Ich habe gehört, du und Hilde werdet morgen heiraten. Und ihr gebt ein großes Fest.«

»Aber nein, das stimmt doch nicht.«

»Lüg mich nicht an. Alle Pflegerinnen reden darüber.«

»Das ist Hokuspokus, Ma.«

Mit wässrigen Augen sieht sie mich lange an, auch noch, nachdem ich mich weggedreht habe.

»Ich verliere den Verstand«, sagt sie dann, als würde ihr kurz bewusst werden, dass es nicht wahr ist.

Leise fängt sie tatsächlich zu schluchzen an. Sie jammert

mit verkrampftem Mund, eine vereinzelte Träne kullert ihr über die Wange. Ihre schlaffen, zerbrechlichen Schultern zucken. Dann hellen sich ihre Augen auf. Sie ist überrascht, dass sie es doch noch kann. Weinen.

Ich halte ihren Arm, um sie zu beruhigen. Dann keucht sie schwer, fühlt sich beklommen, schnappt nach Luft. Reden fällt ihr immer schwerer, und sie sieht fast nichts mehr. Sie kann die Zeitung nicht mehr lesen, nicht mehr fernsehen. Manchmal kann sie das Wasser nicht mehr halten. Sie sackt im Stuhl zusammen. Ich muss ihren entkalkten Körper ständig hochziehen und habe Angst, sie könnte in meinen Armen zerbrechen.

»Ich bin vielleicht ein Wrack«, sagt sie, »aber ich bin immer noch da.«

»Ja, Ma. Alles wird gut.«

»Ist das Buch immer noch nicht fertig?«, fragt sie mich wieder. »Steht immer noch nicht alles drin? Ich kann es nicht erwarten, bis es da ist.«

Dann blickt sie auf eine der vier Uhren im Zimmer, noch immer besessen von jeder Minute, die vergeht. Für mich ist die Zeit immer geradeaus vergangen, immer mit einem Auge auf die sich leerende Sanduhr, doch jetzt, jetzt ist es, als würde die Zeit in Kurven verstreichen.

»Warum hat er das getan?«, fragt sie mit einem trockenen Schluchzer.

»Wer?«

»Er.«

»Was?«

»Das.«

Ich sehe den schutzlosen Blick in ihren Augen. Ihr Körper ist ein Trümmerhaufen, ihr Kopf ist ein Urwald. Wenn sie heute zurückblickt, sieht sie nur ihre Fehler, als hätte sie nie irgendetwas Gutes getan. Dass sie vielleicht keine gute Mutter gewesen ist. Und dass Gott ihr deshalb zürnt.

»Ich hätte nicht fallen dürfen«, sagt sie.

»Ich hätte nicht abreisen dürfen«, sage ich.

Wir betrachten die goldene Maria auf dem Kirchturm, das Kind in ihren Armen, die Krone auf dem Kopf. Unter ihren vergoldeten Füßen hängt nun ein Nistkasten für Wanderfalken. Es wird noch eine Webcam angebracht, damit die ganze Welt ihr Balzen und Brüten im Internet verfolgen kann. Aber die erste Brut war kein Erfolg.

»Ihr hattet es doch gut auf dem Bauernhof?«, fragt Ma.

»Ja, Ma, es war das beste Nest für mich, um aufzuwachsen.«

»Wir lassen unsere Scheune reparieren«, sagt sie. »Sie kann noch eine Zeitlang von Nutzen sein.«

Die Instinkttheorie des Gänseexperten Konrad Lorenz besagt, dass am Anfang eines Lebens der »Anhänglichkeitsmechanismus« in Kraft tritt, der dafür sorgt, dass man in dem Ort, in dem man geboren wird, und dem ersten Menschen in seinem Leben verankert ist. Wie mein Bruder, Ma und der Hof. Aber trifft das auch auf mich zu? Ich bin aufgetaucht, ich bin verschwunden, so ging das jahrzehntelang. Erst als ich vierzig wurde, bin ich zurückgekehrt, so wie diese Aale, die nach circa zehn Jahren zur Sargassosee schwimmen, in der sie geboren wurden. Seither ist es, als würde die Schwerkraft hier schwerer wiegen als anderswo.

Ma konnte nie einfach nur den Dingen ihren Lauf lassen. Das Leben sollte nicht schön sein, sondern einen Nutzen und einen Sinn haben. Wie in jeder Bauernfamilie ging Pflichtgefühl über Glück, das Schuldgefühl war wie Zement, und das Verantwortungsbewusstsein lastete auf allen. Für den Bauernhof und die Familie alles zu geben, die Tradition fortzusetzen und den guten Namen zu bewahren, gemeinsam etwas für die nächste Generation aufzubauen, hart zu arbeiten und zu verzichten, wenn es sein musste, und immer durchzuhalten, das alles und nicht das Aufgeben stand in ihrem Wörterbuch. Und noch andere Bauernwerte, von denen sogar mein Bruder sagte: »Sie passen nicht mehr in diese Zeit. Wir passen nicht mehr in diese Zeit.« Als würde er die Bauern als die Aborigines des Westens ansehen.

Ma hält noch immer durch, solange nur ein Funken Leben in ihr steckt. Sie ist fest entschlossen, die Leiter des Verfalls bis ganz nach unten hinabzusteigen. Sie klammert sich starrsinnig an die unterste Stufe ihres Lebens.

Ich denke manchmal an das selbstausgedachte Lied, das sie früher an der Treppe zu unserem Zimmer gesungen hat:

Auf-wachen, auf-wachen.
Zeit zum Weitermachen.

Die Pflegerin kommt herein, meine Zukünftige. Ma zufolge eine gute Partie, als Bauerntochter und Großnichte von Bruder Isidoor.

Hilde wäscht sie, wechselt ihr die Windel, steckt sie ins Bett. Aber sie redet auch mit ihr, sie kämmt ihr das weiße Haar, sie fasst sie an.

Im Türrahmen sieht Hilde mich zögernd an. »Sie ist manchmal ein bisschen durcheinander«, sagt sie leise.

»Es hat mit diesen Schlaftabletten angefangen«, sage ich. »Vielleicht würde eine halbe genügen?«

»Ja, eine halbe, das können wir ausprobieren.«

»Morgen gibt's ein großes Fest«, höre ich Ma im Hintergrund sagen.

Und Ma lacht, und Hilde lacht, und ich lache betreten mit.

Aber als die Pflegerin fort ist, sagt Ma, dass morgen während des Fests hoffentlich keine Kuh kalbt. Und dass ich nicht so viele Zigaretten rauchen soll. Sie verwechselt mich mit meinem Bruder. Sie hat sich versprochen.

»Der neue Bauer hat schon das Feld für den Winter gepflügt«, sagt Ma.

»Pass bloß auf, sonst bist du wieder der Letzte im Zaligem«, sagt Ma.

»Gib unterwegs acht«, sagt Ma und klammert sich an meine Hand. »Versprich mir, vorsichtig zu fahren, versprich es …«

Die Verwirrung ist kurz verschwunden. Das Zimmer füllt sich mit ihrer überwältigenden Sorge. Eine erdrückende Anwandlung ihres Mutterinstinkts. Sie ist wieder, wer sie war, unsere Ma.

***

Heute Morgen, ich liege auf dem Sofa, ist die Welt kalt und stumm. Eisblumen an den Fenstern. Draußen, unter einer dicken Schneeschicht, sehe ich einen neuen Bauernhof: zahllose Eiszapfen an der Dachkante der nun weißen Scheune, die wie glitzernde Nadeln an den Sparren hängen, die Schönheit der jungen Eiche bei der Hecke, mit ihrer sich scharf abzeichnenden Krone und den feinen Ästen und Zweigen, den gesamten winterlichen Hof, auf den eine Straßenlaterne ein dunstiges Licht wirft.

Ich zittere vor Kälte. Ich ziehe ein Holzfällerhemd an, eine

Cordhose, zwei Pullis übereinander, eine schwere Jacke, dicke Socken, Wollhandschuhe, Mütze und Schal. Ich mache den Ofen sauber, bringe ihn aber nicht in Gang. Ich pumpe mit dem Hebel an der rechten Seite, aber es kommt kein Öl heraus. Das Kondenswasser in der Leitung muss eingefroren sein.

Im Badezimmer fließt kein Wasser aus dem Hahn. Es gelingt mir, das Rohr in der Ecke mit dem Föhn aufzutauen, aber die Rohre zu Boiler und Badewanne koppele ich sicherheitshalber ab.

Ich höre den Wetterbericht, klopfe mit den Knöcheln auf das Barometer, schaue auf das Thermometer. Es ist minus dreizehn Grad. Früher haben wir den Zeigefinger in den Mund gesteckt, um die Windrichtung festzustellen. Nun brauche ich bloß die Windräder zu betrachten, denn die Flügel wenden sich vollautomatisch zum Wind. Nordwind.

Ein Rotkehlchen sitzt auf der Fensterbank und tickt mit dem Schnabel gegen die Scheibe. Ich lege meine Hand auf das eisige Glas, und es tickt weiter, minutenlang. Ein altes, flauschiges Kaninchen hinkt über den Gehweg. Durchgefrorene Dohlen und Tauben wehen vorbei. Die Hühner bleiben aus Schreck vor der weißen Welt in ihrem Stall.

Meine Stiefel sinken im knirschenden Schnee ein. Hinter der Hecke finde ich den roten Kater steif gefroren auf der Auffahrt. Irgendjemand hat ihn hier hingelegt. Er muss von einem Auto angefahren worden sein. Die Straße ist spiegelglatt.

Ich bin eingeschneit, eingefroren. Der Obstgarten und die Weide sind eine einzige blendend weiße Fläche, dem Nordpol gleich. Der Traktor springt nicht an, er brodelt, er röchelt, er stößt seinen letzten Atem aus. Die Windräder ragen gespenstisch aus dem Nebel auf. Auf einem Schild steht: »Bei Frost: Gefahr durch Eisfall«.

Ich spüre, wie mir die Kälte durch all meine Kleider hindurch in die Knochen kriecht. Meine Zähne klappern. Nur mit viel Mühe kriege ich das Tor auf und betrete die alte Scheune. Früher wehte mir der Dampf der Kuhleiber entgegen. Nun ist der Boden vom Schnee, der durch die Löcher und Spalten gewirbelt ist, weiß bestäubt. Ich versuche, den Haupthahn der Wasserleitung, den ich wegen des Frosts schon mit Decken und Strohballen umhüllt habe, richtig zuzudrehen, aber es gelingt mir nicht. Alles sitzt fest. Vermutlich ist die Leitung irgendwo auf dem Hof eingefroren.

Ich stehe an der Stalltür und stelle mir wieder einmal vor, die Ställe wären noch voller Rinder, wie damals, als ich auf Haiti war, als es wie jetzt genauso tüchtig gefroren und geschneit hat, als mein Bruder hier alleine war. Ich stelle mir vor, wie die Tränken in allen Ställen, für alle Tiere zufrieren würden. Ich würde verzweifelt kesselweise heißes Wasser darübergießen, um sie wieder aufzutauen. Gelingt es irgendwo, gefriert es sofort wieder. Ich muss all den Kälbern, Kühen und Stieren mit dem Eimer das Wasser geben, das ich aus dem einzigen noch funktionierenden Kran hole, morgens, abends, Tag für Tag, stundenlang, in der klirrenden Kälte, bis meine Hände und Füße Eisklumpen sind. Und wenn dann nachts das Tauwetter einsetzt, sprudelt es aus allen Lecks. Und dann stehen einige Tiere am Morgen bis zum Rist im Wasser …

Das Erdbeben auf Haiti konnte ich nicht verhindern, und ich konnte auch den Frost nicht verhindern, den mein Bruder traf, als er alleine auf dem Bauernhof war. Als ich endlich wieder da war, habe ich sein Schmusekalb, das magere

Klappergestell gefunden, das so lange nicht hatte trinken wollen, das so lange in dem Verschlag hinter dem Getreidesilo geblieben ist, in das er so viel Pflege und Zuneigung gesteckt hatte, für das so viele Saugflaschen in der Mikrowelle aufgewärmt wurden. Es lag tot neben dem Misthaufen im Schnee, die knochigen Beine steif in den Himmel gestreckt, die gefrorene Zunge hing aus dem Maul, die glasigen Augen starrten ins Nichts. Im Futterstall standen schon Mehl und Mais für den nächsten Morgen bereit, aber das war nicht mehr notwendig. Das Klappergestell fuhr als letztes Rind im Lastwagen des Tierkörperverwerters vom Hof.

Es ist Viertel nach vier und totenstill im Haus. Ich lasse den Tee zwanzig Minuten ziehen. Ich gebe einen Löffel Honig hinein. Ich sitze am Ofen, der jetzt gut brennt, döse vor mich hin und betrachte lange das große Kruzifix an der Wand, und rechts davon das Foto von Ma, links mein Kommunionsfoto in einem goldenen Rahmen. Auf dem Kaminsims steht ein Weihwasserfläschchen in Form einer Marienstatue. Unter dem altmodischen Telefon hängt ein Kupferstich von Christus mit der Dornenkrone. Die alten katholischen Symbole dominieren das Zimmer immer noch und versetzen mich, wenn ich sie nur lange genug betrachte, in einen Rausch. Doch die Kirche in 't Kalf, zu der mein Bruder jeden Sonntag mit Ma gefahren ist, wurde mittlerweile entweiht und wird jetzt abgerissen.

Das jungfräuliche Weiß gibt mir das Gefühl, als könnte alles, unser ganzes Leben, die ganze Welt, wieder von vorne anfangen. Ein Urgefühl. Urrr.

Immer war alles auf dem Bauernhof so viel heftiger als woanders, der Wind, die Kälte, die Hitze, die Leidenschaft, der Herzschmerz und der ganze Rest. Doch nun spüre ich auch eine tiefe Ruhe um mich herum. Der Friede des Hofs. Nach jahrhundertelanger Schinderei. Geronnene Zeit. Kein Windhauch. Eine paradiesische Stille. Eine Leichtigkeit, als hätte sich der Bauernhof von der unwirklichen Schöpfung, die ihn umgibt, losgelöst. Ich kenne diese Aussicht schon mein ganzes Leben, zu allen Jahreszeiten, bei allen Wetterverhältnissen, in allen Augenblicken des Tages. Blind kann ich hier auf dem Hof herumlaufen, kenne jeden verborgenen Ort, jede geheime Ecke. Eine in sich gekehrte Welt, in der man, zurückgeworfen auf sich selbst, zurückgezogen wie auf einer Insel, alleine sein kann mit seinem Glück – oder mit seinem Unglück, wie ich inzwischen nur zu gut weiß.

Dass wir nur einmal leben und dass der Tod sich lange hinziehen kann, das weiß Ma.

Dass der Hof leer und tot und dennoch voller Leben ist, das weiß ich.

Dass die Natur hart sein kann und der Mensch hart sein kann und dass das Leben hart sein kann.

Dass wir aus der Zeit gefallen sind, die Zeit uns aber auch im Stich gelassen hat.

Dass die alten Namen bedeutsam sind. Zaligem. Kriekeputte. Kijkverdriet.

Dass es gut ist, Teil einer alten Geschichte zu sein, das weiß ich.

Dass etwas im Kopf echter als die Wirklichkeit sein kann, das weiß Ma.

Dass die Pantoffeln von mir und meinem Bruder noch immer unter dem Bett stehen.

Dass dieser Ort uns gehört und es immer so bleibt. Ein Ort mit nichts, mit allem.

Dass der kleine Junge auf dem Foto mit seinem in Kalbsleder gebundenen Gebetbuch in der Hand derselbe ist, der nun dieses Buch schreibt.

Dass es geschrieben steht, das ist es, was zählt.

Das ist alles.

Literatur

Bailly, Jean-Christophe: *Le Dépaysement*, Paris 2011

Bakker, Gerbrand: *Der Umweg*, Berlin 2013

Bakker, Gerbrand: *Oben ist es still*, Berlin 2013

Berger, John: *Von ihrer Hände Arbeit: Eine Triologie*, München 1995

Brugge, Galbert van: *De moord op Karel de Goede*, Löwen 1999

Buisse, Marc und George Sponselee: *Saeftinghe*, Kloosterzande 1996

Cock, Bert de: *Welig en woelig Waasland*, Zele 1976

Colleman, Kenneth und André Robbens: *Klein volk, straffe verhalen*, Sint-Gillis-Waas 2011

Creve, Jan, u. a.: *Waarom Doel en de polders (niet) weg moeten voor de Antwerpse haven*, drukkerij Room, Sint-Niklaas 2012

Decavele, Johan, u. a.: *De oude abdij van Drongen. Elf eeuwen geschiedenis*, Oude Abdij van Drongen-Kadoc, Löwen 2006

Deliège, Glenn: *Wat natuur nog kan betekenen. Essay over de toekomst van het landschap*, Löwen 2013

Deweerdt, Herwig: *Westerschelde. Droom van een stroom*, Gent 2011

Elliott, Robert: *Faking Nature. The Ethics of Environmental Restoration*, London 1997

Geilleit, Johan: *Uit ons verleden*, Lokeren 1984

Gerven, Rijkhard van: *De Scheldepolders van de Linkeroever*, in: Polder van het Land van Waas, Beveren 1977

Haring, Bas: *Plastic panda's. Over het opheffen van de natuur*, Amsterdam 2011

Ijlander, Gijs: *Geen zee maar water*, Amsterdam 2007

Keulartz, Jozef: *De strijd om de natuur*, Amsterdam 1995
Kolen, Jan und Ton Lemaire: *Landschap in meervoud*, Utrecht 1999
Kraker, Adrie de: *Landschap uit balans*, Utrecht 1997
Lanoye, Tom: *Sprakeloos*, Amsterdam 2009
Leeuwen, Lizzy van: *De hanenbalken*, Amsterdam / Antwerpen 2014
Lorenz, Konrad: *Er redete mit dem Vieh, den Vögeln und den Fischen*, Wien 1949
Martens, Evelyne: *Boerentrots en ondernemersgeest*, Löwen 2010
Meire, Patrick: *Schelde. Rivier zonder grenzen*, 2000
Meire, Patrick, und Mark van Dyck: *Naar een duurzaam rivierbeheer*, Brüssel 2014
Metz, Tracy: *Pret! Leisure en Landschap*, Rotterdam 2002
Metz, Tracy: *Nieuwe natuur*, Amsterdam 1998
Molle van, Leen und Yves Segers: *Leven van het land*, Löwen 2004
Monbiot, George: *Feral. Rewilding the Land, See and Human Life*, London 2013
Moor de, Margriet: *Sturmflut*, München 2006
Ooghe, Bart, Carine Goossens en Yves Segers (Hrsg.): *Van Brouck tot Dyckagie*, Sint-Niklaas 2012
Reyn, Edmond: *Rijk polderland I* und *II*, 2007/2013
Rombaut, Erik, u. a.: *Landschapsecologie en natuurbehoud in het ruilverkavelingsblok Meerdonk*, Gent 1982
Royen, Harry van, u. a.: *Parrin*, Tielt 2012
Schipper, Paul de: *De Sterke van Saeftinghe*, Amsterdam / Antwerpen, 2010
Schoots, Hans: *Stromenland*, Amsterdam 2013
Siebelink, Jan: *De kwekerij*, Amsterdam 2007
Smits, Herbert: *De ontwikkeling van de haven van Antwerpen*, Waterbouwkundig Laboratorium, Antwerpen, 2011
Steinbeck, John: *Früchte des Zorns*, Zürich 1940
Streuvels, Stijn: *Der Flachsacker*, Leipzig 1937
Treur, Franca: *Dorsvloer vol confetti*, Amsterdam 2010
Triest, Monica: *Het grote taboe na de Grote Oorlog*, Löwen 2013

Toorn, Willem van: *Het grote landschapsboek*, Amsterdam 2011
Vera, Frans: *Wildernis in Nederland*, Baarn 2004
Vertstraete, Katrien: *Het erf van mijn moeder*, Löwen 2011
Vriend, Eva: *Het nieuwe land*, Amsterdam 2012
Wigbets, Vincent: *Oostvaardersplassen*, Staatsbosbeheer, Overijssel-Flevoland, 2003
Wilssens, Marie-Anne, u. a.: *Singelberg*, Tielt 2007

Josef H. Reichholf

Mein Leben für die Natur

Auf den Spuren von Evolution und Ökologie

496 Seiten. Gebunden

Vögel, die sich in Wasserfälle stürzen, Ameisen, die unterirdische Pilzgärten anlegen, Kolibris, die Fahrstuhl spielen. Kaum jemand hat so viele Tiere beobachtet – seltene und weitverbreitete – wie der große Naturforscher und bekannte Autor Josef H. Reichholf. Basierend auf der Vielfalt seiner Erfahrungen und Forschungen entwickelte er seine viel diskutierten Thesen zur Ökologie, Evolution und zum Naturschutz. Nun blickt er zurück und zieht Bilanz. Das Opus magnum eines großen Wissenschaftlers und Naturfreundes, das zugleich eine Verneigung vor den Wundern des Lebens ist.

»Wer [Reichholfs] Bücher liest, versteht, dass wir in einer wahrhaft aufregenden naturgeschichtlichen Epoche leben.«
Eckhard Fuhr, Die Welt

»Schöner, aufschlussreicher kann Empirie nicht sein.«
Christopher Schwarz, Wirtschaftswoche

»Lehrreich, verblüffend und wunderbar anschaulich geschrieben ist dieses Buch. Keine Lebensgeschichte, sondern die Geschichte des Lebens.«
Druckfrisch, ARD

fi 1-062947 / 1

Thomas D. Seeley
Bienendemokratie
Wie Bienen kollektiv entscheiden und
was wir davon lernen können
Aus dem Amerikanischen von Sebastian Vogel
320 Seiten. Gebunden

Die Bienenkönigin ist keine absolute Herrscherin. Im Gegenteil: Bienen entscheiden alle gemeinsam als Schwarm, sie erforschen kollektiv einen Sachverhalt und debattieren lebhaft, um letztlich einen Konsens zu finden.
Der bekannte Verhaltensforscher Thomas D. Seeley untersucht seit Jahrzehnten in akribischer Kleinarbeit das Leben der Bienen. In seinem spannend geschriebenen Buch, das seine gesamte bisherige Forschung erstmals zusammenfasst, zeigt er anschaulich, was wir von diesen wunderbaren Insekten lernen können: Die Entscheidung Mehrerer kann klüger sein als die Einzelner. Ein reich bebildertes, ebenso faszinierendes wie anregendes Buch.

»Seeleys Enthusiasmus und Bewunderung
für Bienen sind ansteckend,
seine Forschungen meisterhaft.«
New York Times

»Brillant.«
Nature

fi 1-075138 / 1